Michael Vogel Welcher Stern ist das?

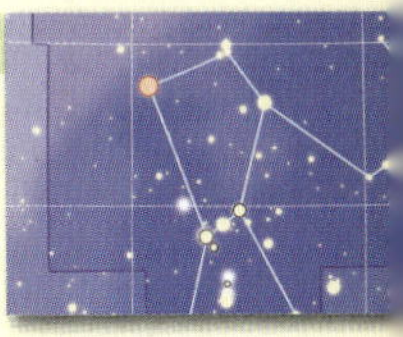

Zur Benutzung des Buches

Alle 88 Sternbilder des gesamten Himmels sind im gleichen Maßstab abgebildet und in alphabetischer Reihenfolge ihres lateinischen Namens angeordnet (mit einigen Ausnahmen, wo es aus technischen Gründen nicht anders möglich war). Helle Sterne sind als große Kreise dargestellt, schwache Sterne als kleine Punkte. Wie international üblich, werden die Sterne durch kleine griechische Buchstaben (siehe Tabelle unten) und ihre Eigennamen bezeichnet. Sterne mit einem roten Rand verändern ihre Helligkeit, Sterne mit einem schwarzen Rand markieren Doppel- oder Mehrfachsterne. Ebenfalls eingezeichnet sind die Positionen von Sternhaufen, Nebeln und Galaxien, beschriftet durch die Katalogbezeichnungen des Messier-Kataloges (abgekürzt durch „M"), des New General Catalogues („NGC") und der Index Catalogues („IC").

Größe und Rang des Sternbildes, Sichtbarkeitsraum zwischen Breitengraden der Erde.

Wissenswertes
Hier finden Sie Spannendes zu Bedeutung und mythologischem Hintergrund des Sternbildes.

Die Sternbildkarte
Die Figur des Sternbildes ist durch hellblaue Verbindungslinien eingezeichnet, die offizielle Grenze durch einen dunkelblauen Rand.

Nachbarsternbilder
Auf angrenzende Sternbilder wird verwiesen, die Seitenzahl in diesem Buch angegeben.

Tabelle wichtiger Objekte
Die hellsten Sterne, schöne Doppelsterne und sehenswerte Deep-Sky-Objekte. Die Abkürzung „LJ" steht für die astronomische Entfernungseinheit Lichtjahr (rund 10 Billionen Kilometer).

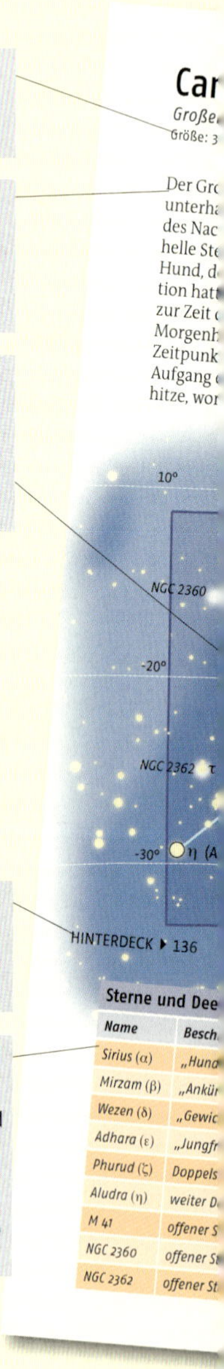

Das griechische Alphabet

Alpha	α	Nü	ν
Beta	β	Xi	ξ
Gamma	γ	Omikron	ο
Delta	δ	Pi	π
Epsilon	ε	Rho	ρ
Zeta	ζ	Sigma	σ
Eta	η	Tau	τ
Theta	ϑ	Ypsilon	υ
Jota	ι	Phi	φ
Kappa	κ	Chi	χ
Lambda	λ	Psi	ψ
Mü	μ	Omega	ω

Lateinischer Name
Deutscher Name, lat.
Genitiv und Abkürzung

Umgebungskarte
Eine kleine Übersichtskarte zeigt die Position des Sternbildes relativ zu seinen Nachbarn.

Auf einen Blick
Die wichtigsten Informationen zum Sternbild in Kurzform.

Typische Merkmale
Angaben zur jahreszeitlichen Sichtbarkeit, den hellsten Sternen und der Figur des Sternbildes.

Weltkarte
Die Sichtbarkeit des Sternbildes ist abhängig vom Breitengrad des Beobachters; vom hellen Bereich aus ist das Sternbild nicht zu sehen.

Farbcode
Die einzelnen Kapitel des Buches sind mit einer Farbe gekennzeichnet (siehe auch Seite 1).

Fotos von Deep-Sky-Objekten
Professionelle Aufnahmen der schönsten Deep-Sky-Objekte. Doppelsterne sind als Illustrationen dargestellt.

Beobachtungstipp
Was man mit einem Fernglas oder kleinem Fernrohr selbst beobachten kann: Doppelsterne, Nebel, Sternhaufen und Galaxien.

Die Himmelskarten für Mitteleuropa

Seite 168 **Zur einfachen Orientierung** am Sternenhimmel sind für jeden Monat des Jahres vier Himmelskarten enthalten: jeweils eine für den Blick nach Norden, Osten, Süden und Westen. Sie zeigen den Sternenhimmel jeweils zur Monatsmitte um Mitternacht. Wer zu anderer Stunde beobachten möchte, wirft einen Blick auf links stehende Tabelle oder die kleinen Uhrsymbole unterhalb der Nord-Sternkarten ab Seite 168.

Die Himmelskarten für Südeuropa

Seite 218 **Für Reisen in südliche Länder** wie die Türkei, Griechenland, Nordafrika oder Südspanien sind die für eine geografische Breite von 35 Grad entworfenen Himmelskarten ab Seite 218 geeignet. Sie zeigen den Sternenhimmel in Zweimonatsschritten um Mitternacht, zur Beobachtung in anderen Monaten oder zu anderen Zeiten bedient man sich der Uhrsymbole unterhalb der Nordsternkarten ab Seite 218 oder wirft einen Blick auf unten stehende Tabelle „Welche Sternkarte brauche ich wann in Südeuropa?".

Welche Sternkarte brauche ich wann in Südeuropa?

Uhrzeit MEZ	*18h*	*19h*	*20h*	*21h*	*22h*	*23h*	*24h*	*1h*	*2h*	*3h*	*4h*	*5h*	*6h*	*7h*
Uhrzeit MESZ	*19h*	*20h*	*21h*	*22h*	*23h*	*24h*	*1h*	*2h*	*3h*	*4h*	*5h*	*6h*	*7h*	*8h*
1. Januar				Nov				Jan				Mrz		
15. Januar			Nov				Jan				Mrz			
1. Februar		Nov				Jan				Mrz				Mai
15. Februar	Nov				Jan				Mrz				Mai	
1. März				Jan				Mrz				Mai		
15. März			Jan				Mrz				Mai			
1. April		Jan				Mrz				Mai				Jul
15. April	Jan				Mrz				Mai				Jul	
1. Mai				Mrz				Mai				Jul		
15. Mai			Mrz				Mai				Jul			
1. Juni		Mrz				Mai				Jul				Sep
15. Juni	Mrz				Mai				Jul				Sep	
1. Juli				Mai				Jul				Sep		
15. Juli			Mai				Jul				Sep			
1. August		Mai				Jul				Sep				Nov
15. August	Mai				Jul				Sep				Nov	
1. September				Jul				Sep				Nov		
15. September			Jul				Sep				Nov			
1. Oktober		Jul				Sep				Nov				Jan
15. Oktober	Jul				Sep				Nov				Jan	
1. November				Sep				Nov				Jan		
15. November			Sep				Nov				Jan			
1. Dezember		Sep				Nov				Jan				Mrz
15. Dezember	Sep				Nov				Jan				Mrz	

Himmelsbeobachtung für Einsteiger

Das Himmelsgewölbe

Eine Halbkugel, die am Horizont endet

Höchster Punkt: Zenit; tiefster Punkt: entlang des Horizonts

***Am Himmel** Blickt man nach Norden, so ist rechts Osten, links Westen und im Rücken hat man Süden. Sterne, Mond und Planeten scheinen wie die Sonne im Osten aufzugehen, im Süden ihre größte Höhe zu erreichen und im Westen wieder unterzugehen. Zumindest sind so die Verhältnisse auf der Nordhalbkugel.*

> **Die Rotationsachse der Erde zeigt zufällig auf den Polarstern.**

> **Alle Sterne scheinen sich in Kreisbahnen um den Polarstern zu bewegen.**

In $23^h\ 56^m$ dreht sich die Erde einmal um ihre Achse

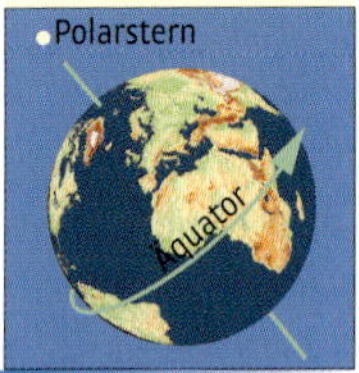

Blickt man an den Nachthimmel, so ist die Vorstellung unserer Vorfahren von der Erde als Scheibe, über die sich der Himmel wie eine Käseglocke stülpt, gar nicht so falsch. An dieser Himmelshalbkugel scheinen alle Gestirne befestigt zu sein. Der höchste Punkt über uns heißt Zenit, der Horizont begrenzt den Blick an den Himmel. Im Lauf einer Nacht wandern alle Sterne, aber auch Mond und Planeten, von Osten nach Westen. Im Süden erreichen sie ihre größte Höhe, die Kulmination. Diese scheinbare Wanderung ist eine Folge der Erdrotation: Unser Planet dreht sich in 23 Stunden 56 Minuten einmal um seine Achse. Hierdurch entsteht auch der Wechsel zwischen Tag und Nacht. Die Rotationsachse der Erde zeigt am Himmel auf zwei einander gegenüberliegende Punkte, die als nördlicher und südlicher Himmelspol bezeichnet werden. Zufällig steht nahe beim Himmelsnordpol ein recht heller Stern: der Polarstern. Um ihn scheinen alle Gestirne mehr oder minder weitläufige Kreisbahnen zu beschreiben.

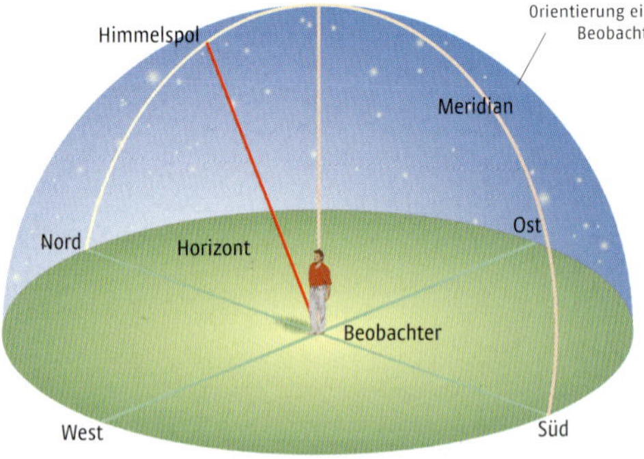

Wanderung der Sterne aufgrund der Erddrehung

Der Jahreslauf

Jede Jahreszeit hat ihre typischen Sternbilder

Monatlich verschiebt sich ein bestimmter Himmelsanblick um zwei Stunden

Jede Nacht gehen die Sterne vier Minuten früher auf. Vom einen auf den anderen Abend fällt das zwar nicht besonders auf, aber im Lauf eines Monats summiert sich diese Verschiebung auf zwei Stunden. Sterne, die beispielsweise im Mai abends gerade über dem Horizont standen, sind im Juni zur selben Zeit bereits merklich in die Höhe gestiegen. Diese Verschiebung kommt dadurch zustande, dass die Erde um die Sonne läuft. Im Lauf eines Jahres sehen wir daher zu einer festen Uhrzeit immer andere Sterne in einer bestimmten Himmelsrichtung stehen. Aus diesem Grund teilt man die Sternbilder auch in Frühlings-, Sommer-, Herbst- und Wintersternbilder ein. Nach einem Jahr sind die Verhältnisse wieder ausgeglichen, da sich die zweistündige Verschiebung pro Monat dann zu einem ganzen Tag addiert hat. Das Spiel kann von neuem beginnen.

***Am Himmel** Der Anblick der Sternbilder ändert sich innerhalb von drei Monaten grundlegend. Sternbilder, die im Osten standen, findet man dann im Süden, jene vom Süden dann im Westen, und die Sternbilder im Westen sind untergegangen.*

- ***Ein bestimmtes Sternbild kann man am besten beobachten, wenn es im Süden steht.***
- ***Am auffälligsten ist das täglich frühere Aufgehen eines hellen Sterns, wenn neben ihm im Vordergrund ein Haus oder Baum steht.***

Zur gleichen Uhrzeit betrachtet, rückt der Sternenhimmel Monat für Monat von Ost nach West

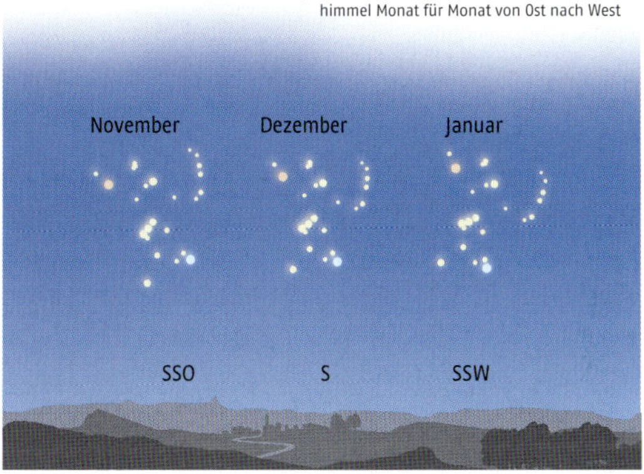

Der Himmel teilt sich wie die Jahreszeiten

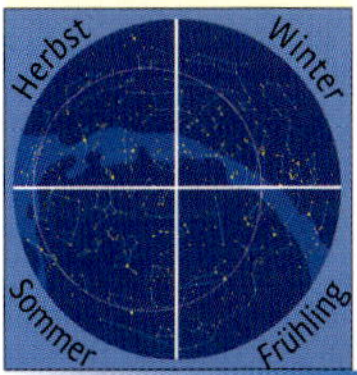

Die Bahn der Erde um die Sonne

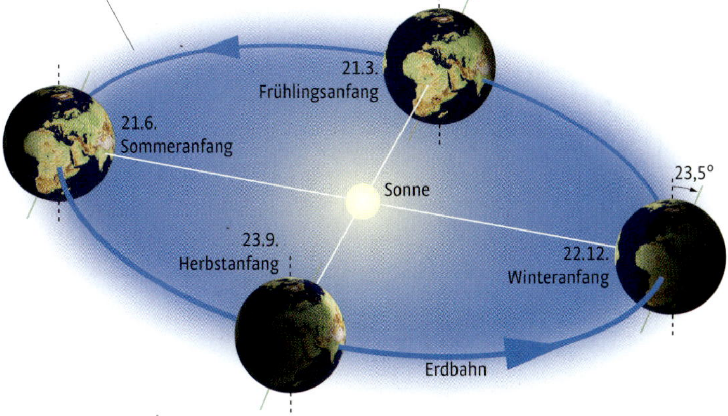

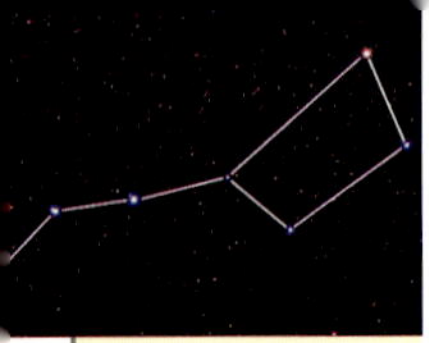

Die Sternbilder

Der Himmel ist in 88 Sternbilder eingeteilt

Größtes Sternbild: Wasserschlange; kleinstes Sternbild: Kreuz des Südens

Am Himmel *Manche Sternbilder wie der Orion oder der Große Wagen fallen sofort ins Auge. Andere Sternbilder besitzen nur lichtschwächere Sterne oder steigen nie weit über den Horizont empor. Sie sind daher deutlich schwieriger zu finden.*

- ***Erst 1930 sind die heute noch gültigen Sternbilder international festgelegt worden.***
- ***Auch Sterne verändern ihre Position am Himmel, aber diese Eigenbewegung macht sich erst nach Jahrtausenden für den Betrachter bemerkbar.***

Historische Darstellung des Sternbildes Orion

Schon seit mehreren tausend Jahren haben Menschen auffällige Sternanordnungen zu Sternbildern zusammengefasst und meist mythologisch gedeutet. Jene Sterne, die die Menschen dabei zu Sternbildern zusammenfassten, haben nichts miteinander zu tun, weil sie in ganz unterschiedlichen Entfernungen von uns stehen. Inzwischen ist der gesamte Himmel lückenlos in 88 verbindliche Sternbilder eingeteilt. Die jeweilige Fläche eines Sternbilds erstreckt sich also über die eigentliche Figur hinaus. Den hellsten Stern eines Sternbilds nennt man Hauptstern, oft tragen er und weitere helle Sterne Eigennamen. 1603 bezeichnete Johann Bayer die Sterne eines Sternbilds systematisch mit griechischen Buchstaben, vom hellsten (Alpha) bis zum schwächsten (Omega). Nicht immer hielt er die Helligkeitsreihenfolge ein. Daneben gibt es noch verschiedene andere Bezeichnungen für Sterne, meist Ziffern oder Kombinationen aus Ziffern und Buchstaben. Galaxien, Sternhaufen oder Nebel sind in verschiedenen anderen Verzeichnissen (so genannten Katalogen) erfasst. Der berühmteste ist der Messier-Katalog (Abkürzung M) aus dem 18. Jahrhundert. Später folgten weitere, etwa der „New General Catalogue“ (NGC) oder die „Index Catalogues“ (IC).

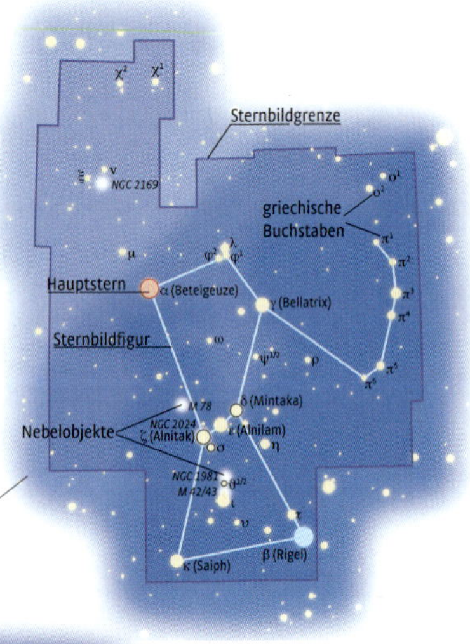

Das Wintersternbild Orion

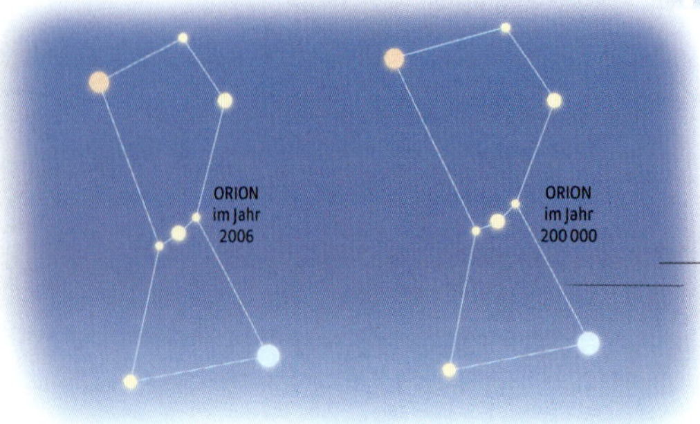

Im Laufe von Jahrtausenden verändern die Sternbilder ihre Gestalt

Himmelsäquator und Ekliptik

Ordnende Großkreise am Himmel

Neigung der Ekliptik gegen den Himmelsäquator: 23,5°

Stellt man sich die Erde im Raum vor, wie sie von der Himmelskugel umschlossen wird, so kann man den Erdäquator an die Himmelskugel projizieren. Dieser Kreis, der die Himmelskugel in zwei Hälften teilt, heißt Himmelsäquator. Oberhalb von ihm liegt die nördliche Himmelshälfte, unter ihm die südliche. Außer von einem Standort am Erdäquator kann man immer nur eine Himmelshälfte vollständig und einen Teil der anderen im Lauf eines Jahres sehen. Steht man an einem Pol der Erde, sieht man nur genau eine Himmelshälfte. Die Sterne bewegen sich dort auf Bahnen parallel zum Horizont, gehen also nie unter. Solche Sterne heißen zirkumpolar. Reist man auf der Erde vom Pol zum Äquator, nimmt die Zahl der zirkumpolaren Sterne ab.
Da die Erde um die Sonne wandert, sieht es für uns so aus, als ob die Sonne im Lauf eines Jahres einen Kreis am Himmel beschreiben würde. Man nennt diesen Kreis Ekliptik. Die Sonne wandert auf der Ekliptik durch die zwölf Tierkreissternbilder – und für kurze Zeit durch ein Stück des Sternbilds Schlangenträgers.

Am Himmel *In Mitteleuropa steht der Himmelsäquator im Süden rund zwei gespreizte Hände (am ausgestreckten Arm) über dem Horizont. Von dort verläuft er bis zum Ost- beziehungsweise Westpunkt am Horizont. Der Verlauf der Ekliptik am Himmel lässt sich gut anhand der zwölf Tierkreissternbilder nachvollziehen.*

> ***Sterne, die an einem Standort nie untergehen, heißen zirkumpolar.***
> ***Bekannte Zirkumpolarsternbilder Mitteleuropas: Kleiner und Großer Bär, Kassiopeia.***

Manche Sternbilder gehen niemals unter

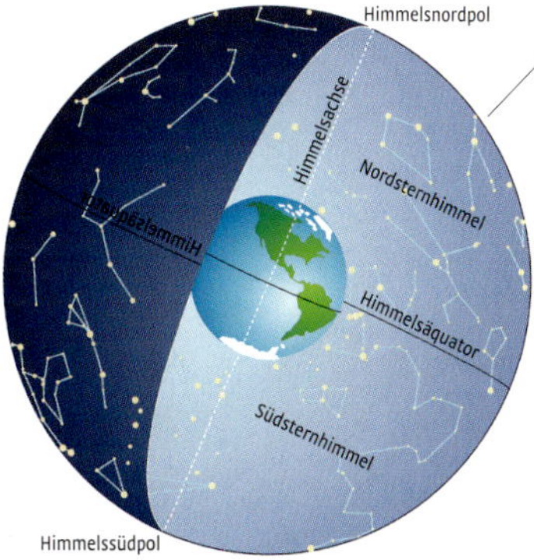

Die Erde wird scheinbar von einer „Himmelskugel" umgeben

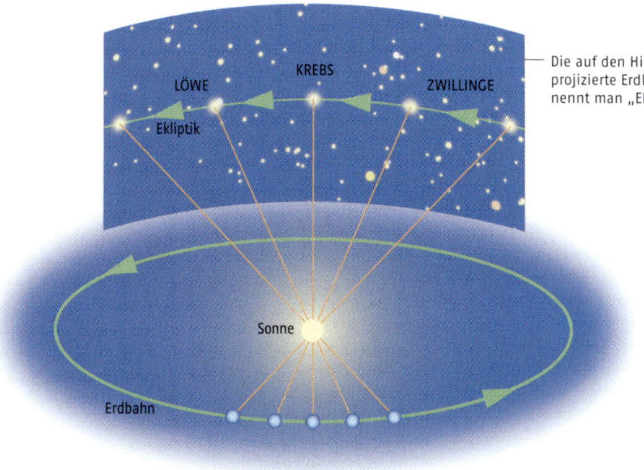

Die auf den Himmel projizierte Erdbahn nennt man „Ekliptik"

Mond und Planeten

Sie bringen Bewegung in den unveränderlichen Anblick des Sternhimmels

Schnellster Planet am Himmel: Merkur; langsamster: Neptun

Am Himmel *Die Eigenbewegung von Objekten des Planetensystems fällt am meisten beim Mond auf. Von Tag zu Tag wandert er merklich vor dem Hintergrund der Sternbilder weiter. Die Planeten bewegen sich nicht so schnell. Je weiter ein Planet entfernt ist, desto langsamer ändert sich seine Position.*

> ***Verfolgt man die Bewegung der Planeten über mehrere Wochen hinweg, scheinen sie kunstvolle Schleifen zu beschreiben.***
>
> ***Der Mond wandert in 29,5 Tagen um die Erde und zeigt dabei einen Lichtwechsel (s.unten).***

Die Reihenfolge der Mondphasen

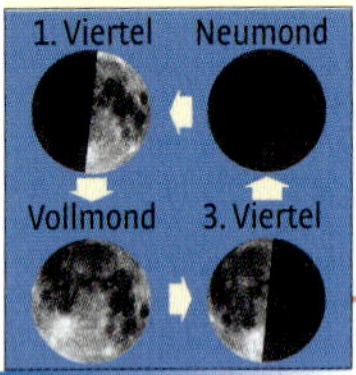

Anders als die Sterne stehen uns der Mond und die Planeten so nahe, dass sich ihre Bewegung im All merklich auf ihre Position am Himmel auswirkt. Der Mond wandert in rund einem Monat einmal um die Erde (s.a. S. 20). In dieser Zeit beschreibt er einen vollständigen Kreis am Himmel. Die Planeten benötigen für einen Umlauf um die Sonne deutlich länger, so dass sich auf ihre scheinbare Wanderung am Himmel die Bewegung der Erde auf ihrer Bahn um die Sonne auswirkt. Es kann sogar passieren, dass ein Planet außerhalb der Erdbahn (ein „äußerer Planet") scheinbar rückwärts am Himmel läuft, weil ihn die schnellere Erde auf der Innenbahn überholt. Steht die Erde zwischen der Sonne und einem äußeren Planeten, dann ist der günstigste Zeitpunkt für dessen Beobachtung. Bei Merkur und Venus ist der günstigste Zeitpunkt, wenn Erde, Planet und Sonne ein rechtwinkliges Dreieck bilden. Da die Mond- und Planetenbahnen alle ungefähr in derselben Ebene liegen wie die Bahn der Erde um die Sonne, findet man Mond und Planeten immer in der Nähe der Ekliptik.

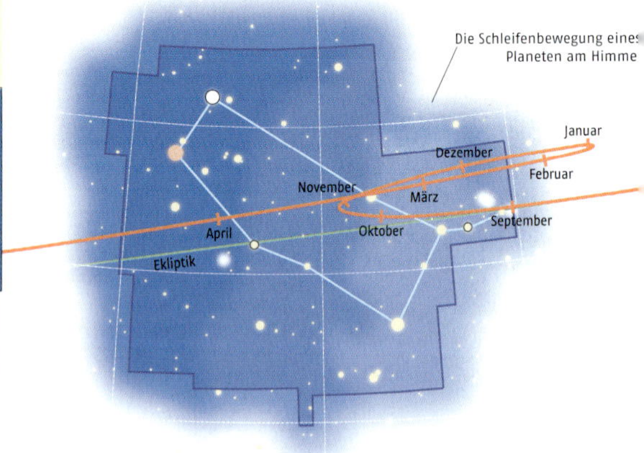

Die Schleifenbewegung eines Planeten am Himme

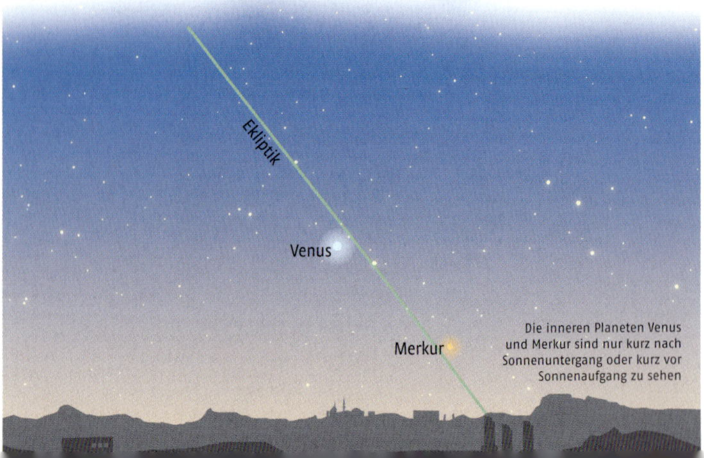

Die inneren Planeten Venus und Merkur sind nur kurz nach Sonnenuntergang oder kurz vor Sonnenaufgang zu sehen

Finsternisse

Schattenspiele von Sonne, Mond und Erde

Im Schnitt kommt es pro Jahr zu zwei bis drei Sonnen- und ein bis zwei Mondfinsternissen

Auf seinem Weg um die Erde kreuzt der Mond manchmal genau die Verbindungslinie Erde–Sonne. Da die Entfernungen von Sonne und Mond zufällig im selben Verhältnis zueinander stehen wie ihre Durchmesser, kann der Mond die Sonne dann teilweise oder vollständig verfinstern. Der Mondschatten trifft auf der Erdoberfläche dabei immer nur ein maximal 265 Kilometer breites Gebiet. Nur hier kann es zu einer totalen Sonnenfinsternis kommen. Und da der Mondschatten mit Überschall über die Erdoberfläche rast, ist das Ereignis an diesem Ort nach spätestens siebeneinhalb Minuten vorbei. Oft schon früher.

Wandert der Mond auf seiner Bahn um die Erde durch den Erdschatten, dann kommt es zu einer Mondfinsternis. Je nachdem, ob er ganz oder teilweise in den zentralen Bereich des Erdschattens eintaucht, gibt es eine partielle oder eine totale Mondfinsternis. Mondfinsternisse treten an einem Standort häufiger auf, weil es genügt, dass der Mond über dem Horizont steht, um sie zu sehen.

***Am Himmel** Eine Sonnenfinsternis ist während der teilverfinsterten (partiellen) Phase ohne optische Hilfsmittel nicht zu sehen. Während der Totalität wird es schlagartig dunkel. Bei einer Mondfinsternis erscheint der Mond rötlich oder gelblich.*

- > ***Außer während der Totalität muss man seine Augen vor dem grellen Sonnenlicht schützen.***
- > ***Totale Sonnenfinsternisse dauern nur Minuten.***
- > ***Totale Mondfinsternisse dauern ungefähr eine Stunde.***

Mondfinsternis: Der Mond erscheint dunkelrot

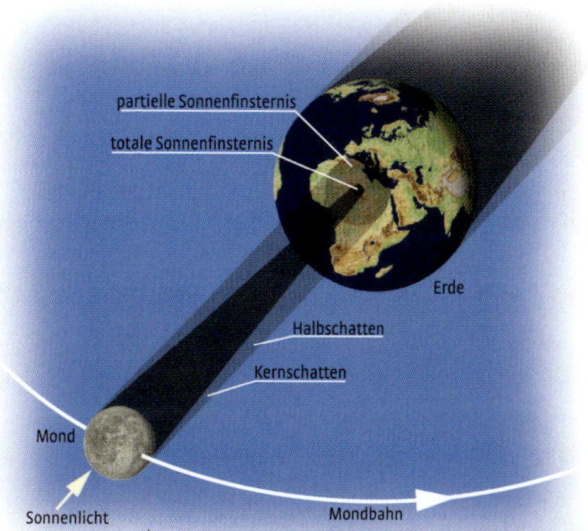

So kommt eine totale Sonnenfinsternis zustande

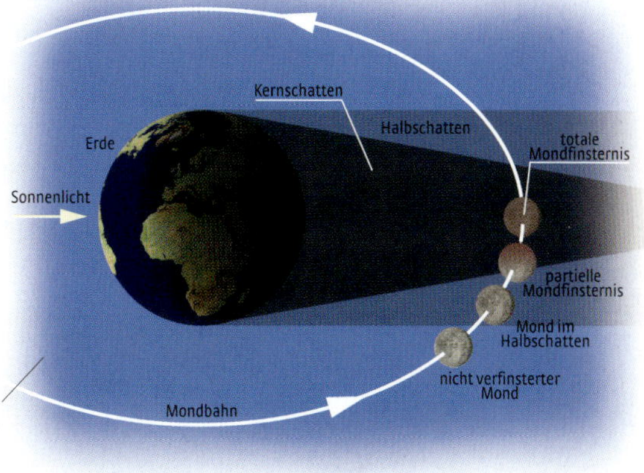

Zur Entstehung einer totalen Mondfinsternis

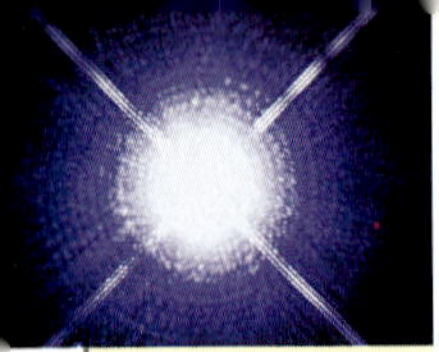

Helligkeit und Entfernung

Wie hell ein Stern tatsächlich erscheint, hängt von seiner Entfernung ab

Hellste Objekte: Sonne (–26,7 Größenklassen), Vollmond (–12,6 Größenklassen); hellster Stern: Sirius (–1,5 Größenklassen)

***Am Himmel** Sterne sechster Größenklasse sind gerade noch mit bloßem Auge zu sehen, Sterne heller als erste Größenklasse haben 0., –1., –2. usw. Größenklasse. Nur mit dem Fernrohr sichtbare Sterne haben 7., 8., 9. usw. Größenklasse.*

> ***Ein Stern 1. Größenklasse ist 100-mal heller als einer der 6. Größenklasse.***
> ***Die Sonne ist acht Lichtminuten (149,6 Mio. km) entfernt, der Stern Proxima im Zentauren 4,22 Lichtjahre (40 Bio. km).***

Proxima Centauri, unser Nachbarstern

Am Himmel sieht man ganz verschieden helle Sterne. Bereits 129 v. Chr. hat der griechische Astronom Hipparch diese Unterschiede in einem System aus sechs Größenklassen festgehalten. Die hellsten Sterne ordnete er der ersten Größenklasse zu, die schwächsten der sechsten. 1856 stellte der Astronom Norman Pogson diese Skala auf eine solide mathematische Basis. Eine Differenz von einer Größenklasse entspricht seitdem einem 2,5-fachen Helligkeitsunterschied. Wie hell ein Stern erscheint, hängt von seiner Entfernung ab und wie viel Licht er tatsächlich abstrahlt. Die Helligkeit eines Sterns am Himmel heißt daher scheinbare Helligkeit. Um die tatsächlichen Sternhelligkeiten zu vergleichen, rechnet man sie in so genannte absolute Helligkeiten um: Dabei handelt es sich um die scheinbaren Helligkeiten der Sterne, wenn sie alle 32,6 Lichtjahre entfernt stünden. Da die Dimensionen im All unvorstellbar riesig sind, gibt man sie in Lichtjahren an. Ein Lichtjahr ist die Strecke, die das Licht innerhalb eines Jahres zurücklegt: 9,46 Billionen Kilometer. Das Licht reist mit knapp 300 000 Kilometern pro Sekunde.

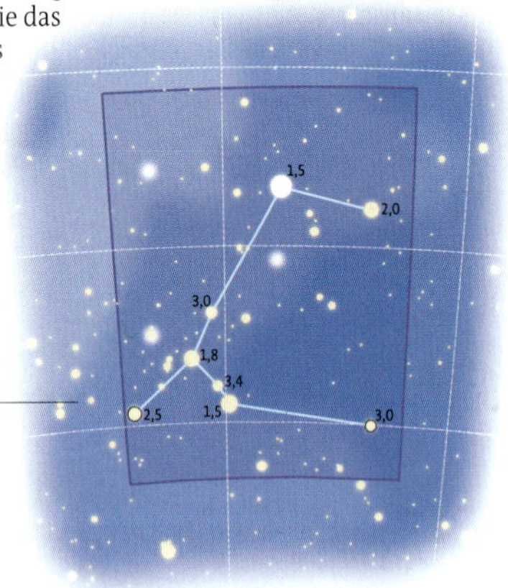

Beispiel für die unterschiedlichen Helligkeiten der Sterne

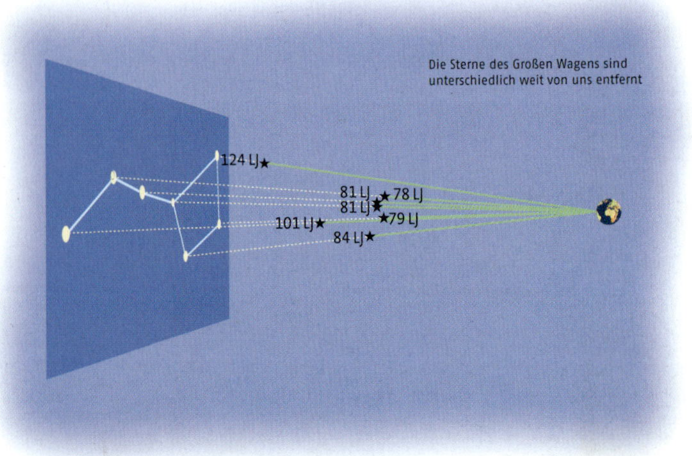

Die Sterne des Großen Wagens sind unterschiedlich weit von uns entfernt

Die Beobachtung

Eine Sache der Erfahrung

Schwächste Sterne, die das Auge erkennen kann: 4. – 6. Größenklasse

Wer zum ersten Mal bewusst zum Sternhimmel blickt, hat möglicherweise bereits viele schöne Aufnahmen astronomischer Objekte in Büchern oder dem Internet gesehen. Doch die prächtigen Farben dieser Bilder haben nichts mit der Realität zu tun, die der Mensch mit seinen Augen wahrnimmt. Kameras können das Licht über einen langen Zeitraum sammeln, teils bei Wellenlängen, für die die Augen nicht empfindlich sind. Die Augen dagegen liefern dem Gehirn immer nur eine Momentaufnahme, sozusagen einen Schnappschuss. Dafür ist das Auge viel empfindlicher für zarte Helligkeitsunterschiede und Strukturen. Man wird also keine farbigen Objekte am Himmel sehen. Ausnahmen bilden helle Sterne, die hellen Planeten, mancher diffuse Nebelfleck und ein bisschen auch der Mond. Das will aber gelernt sein, denn der Erfolg bei der Beobachtung ist ganz stark von der Übung abhängig. Je häufiger man astronomische Objekte mit bloßem Auge, Fernglas oder Teleskop anschaut, desto mehr Details und desto schwächere Objekte wird man sehen. Das „optische System" aus Auge und Gehirn ist trainierbar.

Am Himmel *Geht man in einer klaren Nacht nach draußen und blickt zum Himmel, dann sieht man zunächst nur die hellsten Sterne. Im Lauf der kommenden 20 bis 30 Minuten steigt die Zahl der erkennbaren Sterne immer weiter.*

- ***Die Pupille des Auges weitet sich in der Dunkelheit auf maximal 4 bis 7 mm.***
- ***Diese Dunkeladaption dauert mindestens 20 bis 30 Minuten.***
- ***Helles Licht dagegen lässt die Pupille innerhalb von Sekunden schrumpfen.***

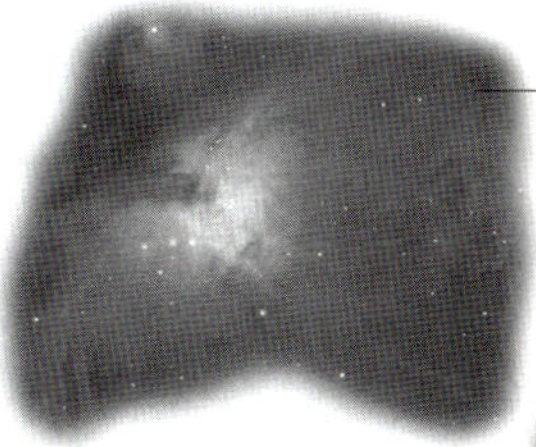

Der Orion-Gasnebel im Teleskop

Der Orion-Gasnebel als Fotografie

Anblick des Ringplaneten Saturn im Teleskop

Im Winter sind besonders viele helle Sterne zu sehen

Fernglas und Fernrohr

Geräte zum Lichtsammeln

Lichtempfindliche Öffnung: 6–7 mm (Auge), 50 mm (Fernglas 8x50)

***Am Himmel** Beim Blick durch die meisten Fernrohre stehen die Bilder auf dem Kopf und sind seitenverkehrt. Die Ursache liegt im Konstruktionsprinzip der Teleskope begründet. Ferngläser zeigen dagegen aufrechte und seitenrichtige Bilder.*

> **Der Sprung vom bloßen Auge zum Fernglas ist in punkto Lichtsammelvermögen so groß wie der Sprung vom Fernglas zum 36-cm-Teleskop.**

Ferngläser und Fernrohre (Teleskope) zeigen auch schwächere Sterne und Deep-Sky-Objekte, die ansonsten nicht zu sehen wären. Entscheidend ist dafür der Durchmesser der Frontlinse oder des Hauptspiegels (auch Objektiv genannt): je größer er ist, desto schwächere Objekte zeigt das Gerät. Ein Teleskop wird von einer Montierung (einem Kreuz aus zwei beweglichen Achsen, die senkrecht aufeinander stehen) getragen, die wiederum auf einem Stativ ruht. Im Extremfall tun es auch ein stabiler Neigekopf und ein Fotostativ. Mit Hilfe der Montierung lässt sich das Fernrohr auf jeden Punkt des Himmels ausrichten. Linsenfernrohre (Refraktoren) haben ein Objektiv aus mindestens zwei Glaslinsen, Spiegelfernrohre nutzen dagegen einen Hohlspiegel, um das Bild zu erzeugen. Vor allem unter den Spiegelteleskopen gibt es unterschiedliche Bauweisen. Die häufigsten heißen Newton und Schmidt-Cassegrain. Bei beiden Typen sitzt ein zweiter Spiegel im Strahlengang des Hauptspiegels, der ebenfalls an der Bildentstehung beteiligt ist. Ein 6-cm-Fernrohr hat einen Objektivdurchmesser von 60 mm, ein 20-cm-Fernrohr einen von 200 mm.

Beim Blick durch ein Fernrohr steht alles auf dem Kopf

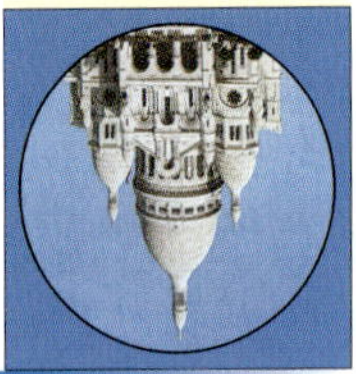

Ein azimutal montiertes Linsenteleskop

Ein parallaktisch montiertes Spiegelteleskop

Ein kompaktes Schmidt-Cassegrain-Teleskop

Vergrößerung und Auflösungsvermögen

Die Folgen eines bestimmten Objektivdurchmessers

Auflösungsvermögen: 60 Bogensekunden (Auge), 2,3 Bogensekunden (5-cm-Fernrohr)

Dort, wo man in das Teleskop oder Fernglas hineinblickt, befinden sich die Okulare. Da sie sich beim Fernrohr auswechseln lassen, kann man verschiedene Vergrößerungen erzielen. Die Vergrößerung lässt sich aus Objektiv- und Okularbrennweite berechnen. Bei Ferngläsern sind Vergrößerung und Objektivdurchmesser in Millimeter aufs Gehäuse graviert. Je höher die Vergrößerung, desto kleiner wird die Bildhelligkeit und meistens auch das Gesichtsfeld – also der Himmelsausschnitt, den man noch im Fernrohr oder Fernglas überblicken kann. Jedes Fernrohr verträgt nur eine gewisse maximale Vergrößerung, alles darüber hinaus bringt nichts. Eine weitere wichtige Größe des Teleskops ist das Auflösungsvermögen – ein Maß für die Fähigkeit, zwei gleich helle Lichtpunkte getrennt zu sehen. Das Auflösungsvermögen eines astronomischen Instruments liefert einen Anhaltspunkt dafür, ob man die Komponenten eines bestimmten Doppelsterns noch getrennt sehen kann. Ein kleines Fernrohr besitzt je nach Objektivöffnung ein Auflösungsvermögen zwischen einer und drei Bogensekunden.

Am Himmel *Das Gesichtsfeld eines astronomischen Beobachtungsinstruments wird in Grad angegeben. Ferngläser besitzen Gesichtsfelder von 3 bis 7°, Fernrohre von ungefähr 4° bis weit unter 1°. Das Vollmondscheibchen füllt 0,5° Durchmesser aus.*

> ***Ein 8x50-Fernglas hat achtfache Vergrößerung und 50 mm Objektivdurchmesser.***
> **Vergrößerung = Objektivbrennweite / Okularbrennweite**
> **1° (Grad) = 60′ (Bogenminuten) = 60″ (Bogensekunden); Vollkreis: 360°**

Die Vergrößerung eines Teleskops wird durch die Brennweite des eingesetzten Okulares bestimmt

Je größer das Teleskop, desto besser die Trennschärfe

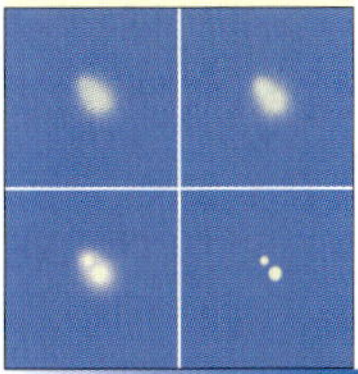

Mit steigender Vergrößerung schrumpft das Gesichtsfeld

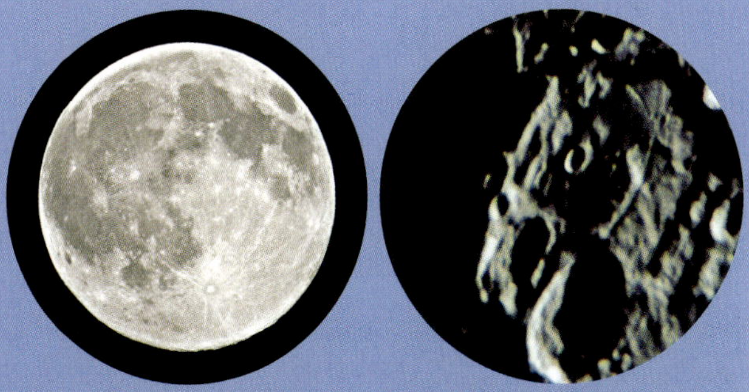

niedrige Vergrößerung

hohe Vergrößerung

Merkur

Innerster Planet des Sonnensystems

Durchmesser: 4879 km; mittlerer Sonnenabstand: 70 Mio. km

Am Himmel *Merkur entfernt sich als sonnennächster Planet nie sehr weit von unserem Zentralgestirn. Er steht nach Sonnenuntergang oder vor Sonnenaufgang in Mitteleuropa also nur relativ niedrig über dem Horizont. Merkur ist mit bloßem Auge zu sehen und kann heller als Mars werden.*

- > ***Zeigt im Fernrohr ein kleines Scheibchen, das Lichtphasen durchläuft.***
- > ***Die günstigste Sichtbarkeit ergibt sich bei „Halbmerkur".***
- > ***Keine Monde***

Größenvergleich von Merkur und Erde

Durch seine große Sonnennähe heizt sich die Tagseite von Merkur auf bis zu 400 °C auf und die Nachtseite kühlt auf -180 °C ab. Diese extremen Temperaturschwankungen liegen daran, dass der Planet keine Atmosphäre besitzt, die die Wärme speichern könnte. Und an der Geometrie, denn Merkur dreht sich innerhalb von 59 Tagen um seine eigene Achse, was zwei Drittel der Zeit entspricht, die der Planet für einen Sonnenumlauf benötigt. Wegen dieses Verhältnisses von Merkurtag zu Merkurjahr geht für einen Beobachter auf der Oberfläche des Planeten die Sonne nur alle 176 Erdtage unter. Die Gesteinsoberfläche des Merkur ist von Einschlagkratern übersät, da das frühere Bombardement aus dem All durch keine Atmosphäre gemildert wurde. Die Oberfläche des Merkur ist übrigens noch immer nicht vollständig von Raumsonden kartiert worden. Möglicherweise kollidierte der Planet in der Frühzeit des Sonnensystems mit einem großen Brocken und verlor dabei einen wesentlichen Teil seiner Masse.

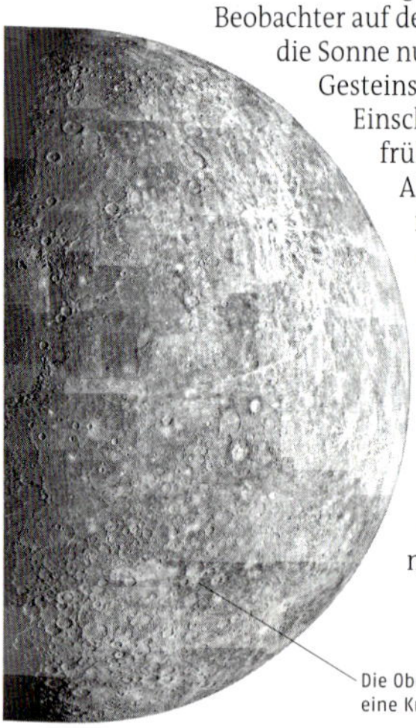

Die Oberfläche des Merkur: eine Kraterlandschaft

Venus

Zweiter Planet des Sonnensystems

Durchmesser: 12 100 km; mittlerer Sonnenabstand: 108 Mio. km

Venus galt Anfang des 20. Jahrhunderts noch in jeder Hinsicht als Schwesterplanet der Erde. Unter ihrer dichten Atmosphäre, so die Vorstellung, trifft man auf eine urzeitliche Dschungelwelt. Doch die ersten Raumsonden machten dieses Wunschbild endgültig zunichte: Mit Temperaturen von 480 °C und einem Atmosphärendruck, der 90-mal so groß ist wie der irdische, kann man sich kaum einen unwirtlicheren Ort vorstellen. Auf der Venus schmilzt sogar Blei. Ihre Atmosphäre besteht zum Großteil aus Kohlendioxid und sorgt dafür, dass die Oberfläche unseres Nachbarplaneten ständig in ein Dämmerlicht getaucht ist. Schuld ist ein Treibhauseffekt, der die Wärmestrahlung zurückhält und die Venus dadurch extrem aufheizt. Die Oberfläche des Planeten ist in der Vergangenheit durch vulkanische Aktivität geprägt worden: erstarrte Lavaströme und erloschene Vulkane gibt es zuhauf. Eine Umdrehung der Venus dauert 243 Tage, länger als die 225 Tage, die der Planet für einen Umlauf um die Sonne benötigt.

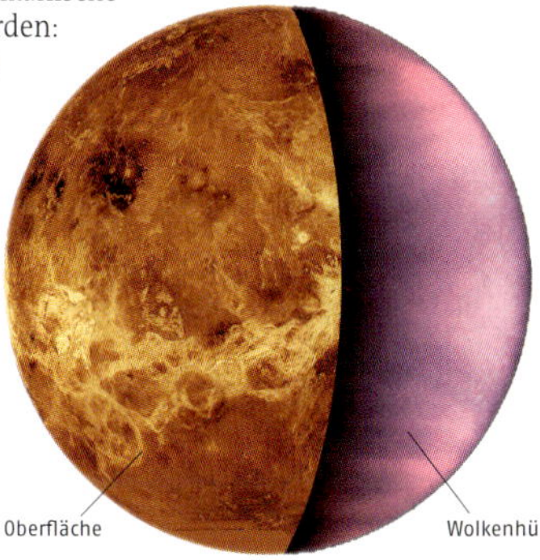

Am Himmel *Venus ist nach Sonne und Mond das hellste Objekt. Mit dem bloßen Auge findet man sie nach Sonnenuntergang im Westen oder vor Sonnenaufgang im Osten. Im Fernrohr zeigt Venus Lichtphasen wie der Mond. Zur Zeit ihrer besten Sichtbarkeit ist ungefähr „Halbvenus".*

- **Unübersehbar mit bloßem Auge**
- **Ihren größten Durchmesser zeigt die Venus, wenn sie nahe der Sonne steht. Dann sieht man sie als schmale Sichel.**
- **Keine Monde**

Größenvergleich von Venus und Erde

Erde und Mond

Dritter Planet des Sonnensystems mit Begleiter

Durchmesser: 12 756 km (Erde), 3476 km (Mond); mittlerer Sonnenabstand: 149,6 Mio. km; mittlerer Abstand Erde–Mond: 384 000 km

Am Himmel *Der Mond durchläuft seinen Lichtwechsel in 29,5 Tagen. Nach der Sonne ist er das hellste Objekt. Besonders günstig sind jeweils die Oberflächenstrukturen an der Tagundnachtgrenze zu beobachten.*

> ***Bei schmalen Mondsicheln sieht man das „aschgraue Licht", bei dem es sich um Sonnenlicht handelt, das von der Erde reflektiert wird.***

> ***Erde und Mond werden wegen ihrer ähnlichen Größen auch als Doppelplanet bezeichnet.***

Größenvergleich von Mond und Erde

Die Erde ist der einzige Planet des Sonnensystems, an dessen Oberfläche flüssiges Wasser existieren kann und dessen Atmosphäre in nennenswertem Umfang Sauerstoff enthält. Sie ist der größte der vier Gesteinsplaneten. Verglichen mit anderen Planeten besitzt die Erde einen sehr großen Mond. Vermutlich handelt es sich beim Mond um Bruchstücke der Erde, die vor 4,5 Milliarden Jahren ins All geschleudert worden sind, als unser Planet mit einem riesigen Brocken zusammenstieß. Der Mond besitzt keine Atmosphäre, weshalb seine Oberfläche von vielen Einschlagkratern übersät ist, deren Größen von mehreren tausend Kilometern bis wenigen Millimetern reichen. Die hellen Bereiche der Oberfläche heißen Terrae (Hochländer), bei den dunklen Flächen (den Maria oder Mondmeeren) handelt es sich um erstarrte Lava. Heute ist der Mond geologisch weitgehend tot. Für einen Umlauf um die Erde benötigt unser Begleiter gut 27 Tage. In dieser Zeit dreht er sich auch einmal um seine eigene Achse, weshalb er uns immer dieselbe Seite zuwendet.

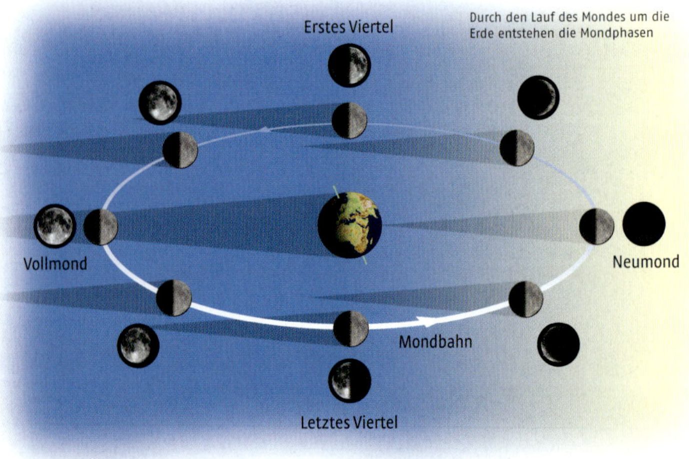

Durch den Lauf des Mondes um die Erde entstehen die Mondphasen

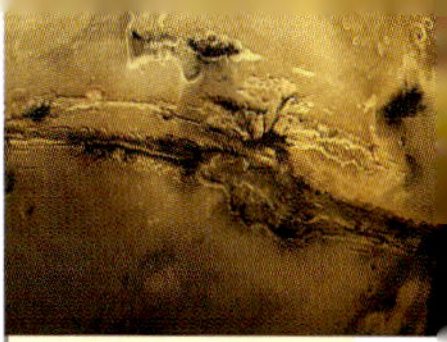

Mars

Vierter Planet des Sonnensystems

Durchmesser: 6790 km; mittlerer Sonnenabstand: 228 Mio. km

Mars ist der Gesteinsplanet, der den größten Abstand von der Sonne hat. Er umrundet sie alle 687 Tage, das Marsjahr ist also fast doppelt so lang wie das Erdjahr. Der Marstag dauert mit 24,6 Stunden dagegen nur unwesentlich länger als ein Erdtag. Der rote Planet bekommt seine Farbe durch die ausgedehnten Sand- und Gesteinswüsten, die charakteristisch für seine Oberfläche sind. Sie enthalten sehr viel Eisenoxid – Mars „rostet" also. Auf dem Planeten liegt der 27 km hohe, erloschene Olympus Mons, der als der größte Vulkan des Sonnensystems gilt. Der Planet besitzt eine sehr dünne Atmosphäre aus Kohlendioxid und weist am Äquator Sommertemperaturen zwischen 20 °C und –85 °C auf. Mars ist heute einer der trockensten Planeten, trockener als jede irdische Wüste. Trotzdem gibt es viele geologische Strukturen, die darauf hindeuten, dass früher auf der Marsoberfläche Wasser floss. Der Planet wird von zwei winzigen kartoffelförmigen Monden umrundet, die Phobos („Angst") und Deimos („Schrecken") heißen.

***Am Himmel** Mars kann nach Venus und Jupiter zum hellsten Planeten werden und leuchtet auffallend rötlich. Bereits im kleinen Fernrohr sind Strukturen auf dem Marsscheibchen zu erkennen, vor allem die Polkappen und die „Große Syrte".*

- > ***Mit bloßem Auge zu sehen***
- > ***Gute Fernrohrbeobachtungen sind nur möglich, wenn Mars gleichzeitig in Erdnähe und in Opposition steht.***
- > ***Zwei Monde (im Amateurfernrohr unsichtbar)***

Größenvergleich von Mars und Erde

Die besten Sichtbarkeiten des Planeten Mars in den kommenden Jahren

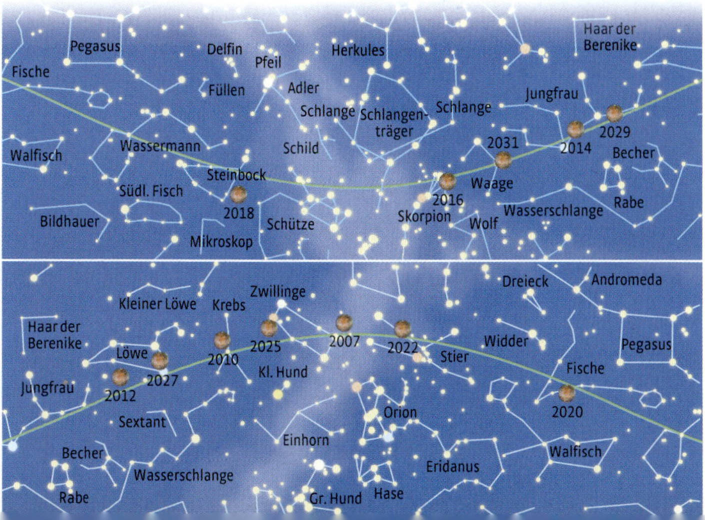

Jupiter

Fünfter Planet des Sonnensystems

Durchmesser: 143 000 km; mittlerer Sonnenabstand: 778 Mio. km

***Am Himmel** Jupiter ist nach der Venus der hellste Planet und jedes Jahr für einige Monate zu beobachten. Bereits ein gutes Fernglas zeigt seine vier größten Monde als kleine Lichtpunkte. Mit einem Fernrohr erkennt man die beiden dunklen Äquatorbänder in Jupiters Gashülle.*

- ***Mit bloßem Auge zu sehen***
- ***In manchen Jahren ist der Große Rote Fleck sehr auffällig.***
- ***Mindestens 63 Monde (vier im Amateurfernrohr sichtbar)***

Größenvergleich von Jupiter und Erde

Jupiter ist der größte Planet unseres Sonnensystems. Für einen Umlauf um die Sonne benötigt er 11,9 Jahre, ein Jupitertag dauert dagegen nur knapp zehn Stunden. Der Planet besteht in weiten Teilen aus den Gasen Wasserstoff, Helium, Ammoniak und Methan und besitzt keine feste Oberfläche wie die erdähnlichen Planeten. Durch seine schnelle Rotation sind die Wolken in seiner Gashülle zu Bändern auseinandergezogen, die parallel zum Äquator verlaufen. In den Bändern gibt es viele, zeitlich veränderliche Strukturen, die eine Folge von Jupiters turbulenter Atmosphäre sind. In den Wirbelsturm Großer Roter Fleck, der seit mindestens 400 Jahren tobt, würde die Erde dreimal hineinpassen. Die schnelle Rotation des Planeten verursacht auch eine merkliche Abplattung: Pol- und Äquatordurchmesser unterscheiden sich um mehr als 900 km. In den oberen Schichten der Gashülle herrschen Temperaturen von -150 °C. Jupiter besitzt einen Ring, der mit Amateurgeräten aber nicht zu sehen ist. Seine vier größten Monde heißen Io, Europa, Ganymed und Kallisto. Ganymed ist mit 5268 km Durchmesser der größte Mond des Sonnensystems.

Die besten Sichtbarkeiten des Planeten Jupiter in den kommenden Jahren

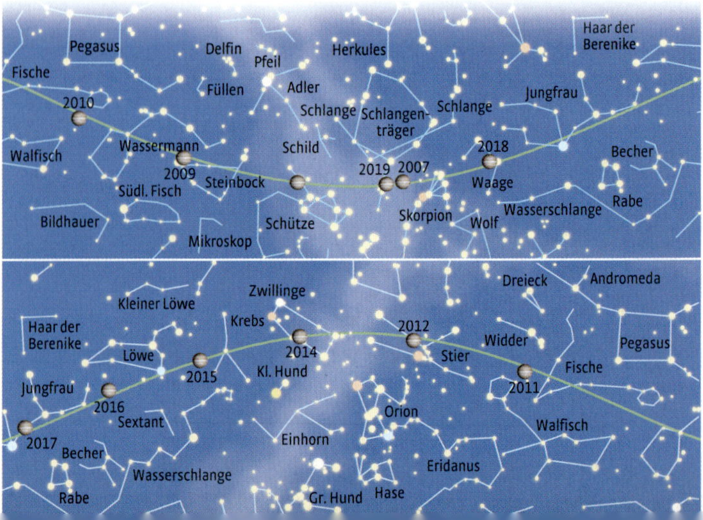

Saturn

Sechster Planet des Sonnensystems

Durchmesser: 120 500 km; mittlerer Sonnenabstand: 1,43 Mrd. km

Nach Jupiter ist Saturn der zweitgrößte Planet des Sonnensystems. Er ähnelt in seinem Aufbau und seiner Struktur auch sonst seinem größeren Bruder. Seine Gashülle besteht aus Wasserstoff, Helium, Methan und Ammoniak und bildet wegen der schnellen Rotation des Planeten Wolkenbänder parallel zum Äquator. Der Saturntag dauert nur etwas mehr als zehneinhalb Stunden, das Saturnjahr – ein Umlauf um die Sonne – 29,5 Jahre. Saturn besitzt eine so geringe Dichte, dass er sogar in Wasser schwimmen würde. Seine Abplattung ist noch stärker als die des Jupiter. Der Planet besitzt ein komplex strukturiertes Ringsystem, das aus vielen kleinen Brocken besteht, die zwischen einigen Millimetern und mehreren Metern groß sind. Es handelt sich dabei um ein Gemisch aus Staub und Eis, das Saturn wie kleine Monde in der Äquatorebene umkreist. Der hellste Saturnmond heißt Titan und besitzt wie die Erde eine Atmosphäre. Sie ist zehnmal so dicht wie die irdische und besteht hauptsächlich aus Stickstoff. Möglicherweise ähnelt sie der frühen Erdatmosphäre vor Entstehung des Lebens.

***Am Himmel** Saturn ist jedes Jahr einige Monate lang zu sehen. Details auf seinem Scheibchen sind deutlich schwieriger auszumachen als bei Jupiter. Die Ringe können, je nach Orientierung von Erde und Saturn zueinander, weit geöffnet oder fast von der Kante zu sehen sein.*

- ***Mit bloßem Auge sichtbar***
- ***Bereits kleine Fernrohre zeigen den Ring***
- ***Mindestens 56 Monde (fünf im Amateurfernrohr sichtbar)***

Größenvergleich von Saturn und Erde

Die besten Sichtbarkeiten des Planeten Saturn in den kommenden Jahren

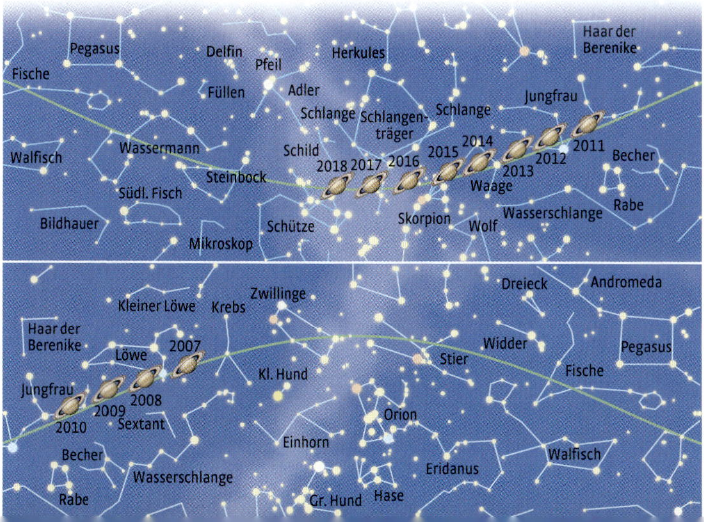

Uranus

Siebter Planet des Sonnensystems

Durchmesser: 51 100 km; mittlerer Sonnenabstand: 2,9 Mrd. km

Am Himmel *Uranus ist zwar theoretisch mit bloßem Auge zu erkennen, aber er ist nicht leicht zu finden. Im Fernrohr sieht man ein winziges Scheibchen, das eine auffällig grünliche Färbung besitzt. Details in der sehr zart strukturierten Gashülle des Uranus bleiben Amateurfernrohren verborgen.*

> ***Einfach im Fernglas***
> ***Bewegt sich nur langsam vor dem Hintergrund der Sterne***
> ***Mindestens 27 Monde (im Amateurfernrohr nicht zu sehen)***

Größenvergleich von Uranus und Erde

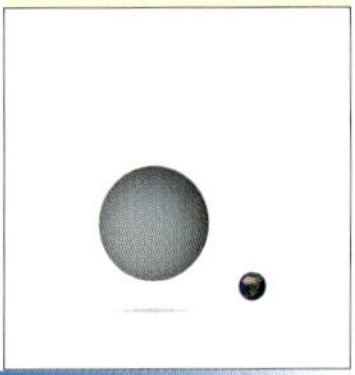

Uranus ist der erste Planet, der nicht bereits in der Antike bekannt war. William Herschel entdeckte ihn 1781. Der Planet benötigt für einen Umlauf um die Sonne mehr als 84 Jahre, ein Uranustag dauert rund 17 ¼ Stunden. Uranus gehört zu den Gasriesen und besitzt daher eine Hülle aus Wasserstoff, Helium, Ammoniak und Methan. Durch seine große Sonnenentfernung sind die Wetterphänomene in seiner Atmosphäre jedoch nicht so ausgeprägt wie bei Jupiter und Saturn. Trotzdem treten gelegentlich markante Details in Erscheinung, deren Beobachtung allerdings Profiteleskopen und Raumsonden vorbehalten bleibt. In den oberen Schichten der Gashülle herrschen Temperaturen von -215 °C. Uranus' Rotationsachse ist um 98 Grad gegen die Senkrechte geneigt: Der Planet „rollt" also auf seiner Umlaufbahn entlang. Uranus besitzt einen Ring, der von der Erde kaum zu beobachten ist. Sein größter Mond heißt Titania. Viele Uranusmonde sind wie im Fall der Jupiter- und Saturnmonde nur unregelmäßig geformte Gesteinbrocken mit wenigen Kilometern Größe.

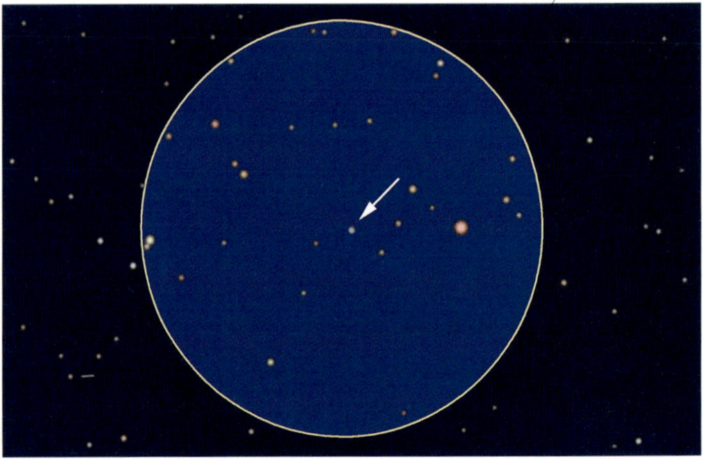

Neptun

Achter Planet des Sonnensystems

Durchmesser: 49 500 km; mittlerer Sonnenabstand: 4,5 Mrd. km

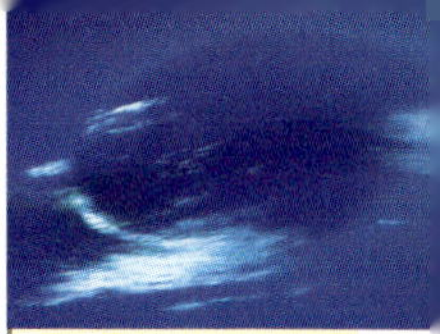

Johann Gottfried Galle entdeckte Neptun im Jahr 1846 aufgrund von Störungen der Bahnbewegung des Uranus. Der Planet ist ein Zwilling des Uranus, enthält aber etwas mehr Methan, was seine stärkere Blautönung erklärt. Ein Neptuntag dauert gut 16 Stunden, für einen Umlauf um die Sonne benötigt der Planet knapp 165 Jahre. Seit seiner Entdeckung durch die Erdenbürger ist auf Neptun also noch kein ganzes Jahr vergangen! Die Durchschnittstemperatur in den oberen Schichten von Neptuns Gashülle beträgt –214 °C. Der Planet zeigt trotz der größeren Sonnenentfernung stärkere Turbulenzen in seiner Atmosphäre als Uranus, was wohl nur durch eine – unbekannte – Wärmequelle im Innern zu erklären ist. So gab es beispielsweise Ende der 1980er Jahre einen Großen Dunklen Fleck, bei dem es sich um einen großen Wirbelsturm handelte; 1994 war er verschwunden. Neptun besitzt einen Ring, der von der Erde aus unsichtbar ist, sein größter Mond heißt Triton.

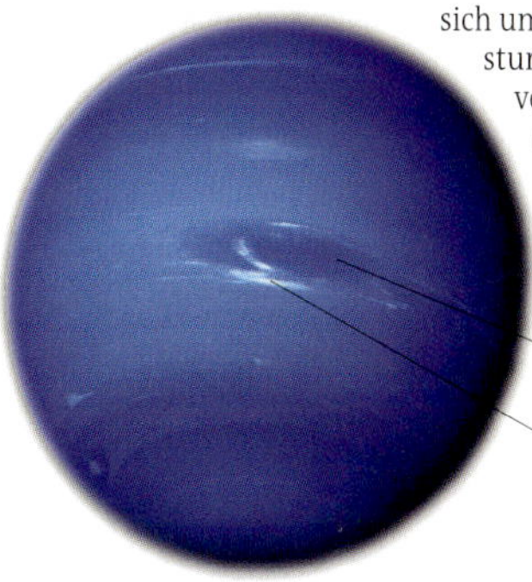

***Am Himmel** Neptun ist nur mit optischen Hilfsmitteln zu sehen, ein Fernglas genügt aber. Sein winziges Scheibchen, ungefähr halb so groß wie das des Uranus, ist nur bei hohen Vergrößerungen von einem Stern zu unterscheiden. Der Planet ist jedes Jahr mehrere Monate lang zu beobachten.*

- ***Im Fernglas zu erkennen***
- ***Bewegt sich nur langsam vor dem Hintergrund der Sterne***
- ***Mindestens 13 Monde (im Amateurfernrohr nicht zu sehen)***

Größenvergleich von Neptun und Erde

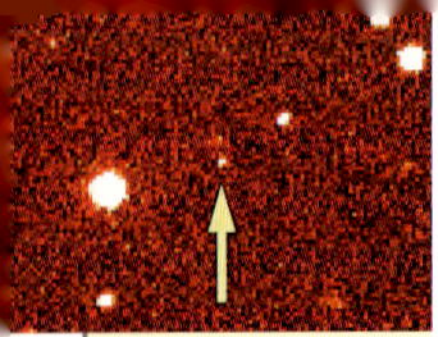

Pluto und die Kuiper-Gürtel-Objekte

Zwergplanet des Sonnensystems

Durchmesser: 2300 km; mittlerer Sonnenabstand: 5,9 Mrd. km

Am Himmel *Pluto ist so lichtschwach, dass er mit einem kleinen Fernrohr nicht zu sehen ist. Um ihn zu finden, muss man genau wissen, wo er steht, da er sich im Aussehen nicht von den Sternen in seiner Umgebung unterscheidet. Pluto bleibt auch bei hohen Vergrößerungen punktförmig.*

- ***Nur mit größeren Fernrohren zu sehen***
- ***Kuiper-Gürtel-Objekte sind mit Amateurteleskopen nicht zu sehen***
- ***Pluto hat drei Monde (unsichtbar im Amateurfernrohr)***

Größenvergleich von Pluto und Erde

Seit einigen Jahren stand die Frage im Raum: Ist Pluto der neunte Planet oder nur ein Objekt unter vielen? Als Clyde Tombaugh im Jahr 1930 den Pluto entdeckte, galt er als der neunte Planet des Sonnensystems. Doch im Sommer 2006 entschied die Internationale Astronomische Union, Pluto den Planetenstatus abzuerkennen und ordnete ihn der neu geschaffenen Klasse der Zwergplaneten zu. Seit den 1990er Jahren hatten Astronomen immer mehr Objekte jenseits der Neptunbahn entdeckt. Bislang kennt man in dieser Region, die als Kuiper-Gürtel bezeichnet wird, mehr als 800 Körper. Das bislang größte Objekt, ebenfalls ein Zwergplanet, wurde im Jahr 2005 entdeckt, trägt den Namen Eris und übertrifft mit 2397 km Durchmesser sogar Pluto. Eris hat einen mittleren Sonnenabstand von mehr als 10 Mrd. km, seine Entdeckung stieß Pluto endgültig vom Planetenthron. Plutos Umlaufzeit beträgt 248 Jahre, und der Plutotag dauert 6,4 Erdtage. Die möglicherweise felsige Oberfläche des Zwergplaneten ist von gefrorenen Gasen wie Stickstoff, Kohlenmonoxid und Methan bedeckt. Auf Pluto erscheint die Sonne nur noch wie ein heller Stern. Der größte Mond dieses Zwergplaneten heißt Charon.

Die Kuiper-Gürtel-Objekte unterscheiden sich nicht nur hinsichtlich ihrer Bahnen, sondern auch in ihrer Zusammensetzung von den Kleinplaneten des Asteroidengürtels, trotzdem sind sie miteinander verwandt (s. a. gegenüberliegende Seite).

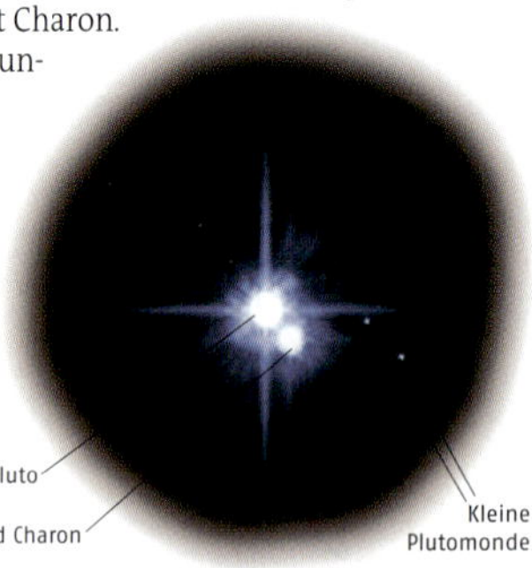

Illustration eines Kuiper-Gürtel-Objekts fern der Sonne

Asteroiden, Kometen, Meteore

Die Kleinkörper des Sonnensystems

Durchmesser des größten Asteroiden (Ceres): 940 km;
Durchmesser typischer Komet: einige Kilometer

Neben den großen Planeten umkreisen auch viele Kleinkörper auf unterschiedlichen Bahnen die Sonne. Der Großteil der Asteroiden (auch Kleinplaneten oder Planetoiden genannt) umrundet unser Zentralgestirn auf Bahnen, die zwischen Mars und Jupiter verlaufen. Neben diesem Asteroidengürtel gibt es aber auch Kleinplaneten, die der Erde recht nahe kommen können. Bislang sind die Bahnen von mehr als 100 000 Planetoiden genau bekannt, von der Existenz weiterer 300 000 weiß man, hat sie aber noch nicht ausreichend lang beobachtet. Kometen bewegen sich auf stark elliptischen Umlaufbahnen, die sie nur kurz in die Nähe unseres Zentralgestirns führen. Dabei heizt die Sonne diese „schmutzigen Schneebälle" auf, so dass sie langsam verdampfen und einen Millionen Kilometer langen Schweif aus Gasen und Staub hinter sich herziehen. Kreuzt die Erde irgendwann solche Stellen im All, treffen viele Staubkörner auf die Erdatmosphäre und verglühen in ihr als Meteore (auch Sternschnuppen genannt).
Asteroiden, Kometen und Kuiper-Gürtel-Objekte (s.a. gegenüberliegende Seite) dürften eng miteinander verwandt sein.

Am Himmel *Viele Asteroiden sind mit Fernglas oder kleinem Teleskop als Lichtpunkte zu sehen. Die meisten Kometen sind recht lichtschwach, aber manchmal tauchen welche auf, die man bereits mit bloßem Auge beobachten kann*

> ***Manche Kometen werden so hell, dass sie mehrere Tage, Wochen oder Monate mit bloßem Auge zu sehen sind.***

> ***Die meisten Meteore tauchen während des Sternschnuppenstroms der Perseiden Mitte August am Himmel auf.***

Größenvergleich von Kleinplanet Ceres mit der Erde

Sonne

Mittelpunkt unseres Planetensystems

Durchmesser: 1,4 Mio. km; Abstand zum nächsten Stern: 4,22 Lichtjahre (s. Seite 68)

Am Himmel *Um die Sonne zu beobachten bedarf es besonderer Sicherheitsmaßnahmen, da ihre große Helligkeit ansonsten zum Erblinden führen kann. Entweder man projiziert das Sonnenbild durch das Fernrohr auf eine weiße Fläche oder man setzt einen hochwertigen Sonnenfilter vor das Fernrohr.*

- ***Nie mit bloßen Augen in die Sonne blicken!***
- ***Sonnenfinsternisbrillen ermöglichen eine gefahrlose Beobachtung mit bloßem Auge.***
- ***Die Sonne ist der uns am nächsten stehende Stern.***

Größenvergleich von Sonne und Erde

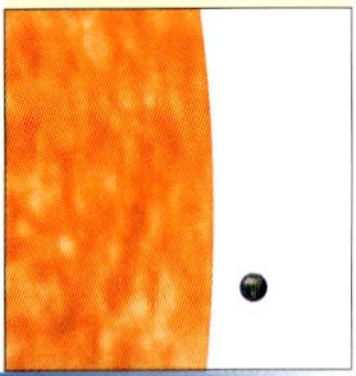

Die Sonne ist die beherrschende Kraft in unserem Sonnensystem. Sie bestimmt mit ihrer gewaltigen Masse die Bahnen aller Planeten, Asteroiden, Kometen und Kuiper-Gürtel-Objekte. 109 Erdkugeln aneinandergereiht ergeben den Durchmesser der Sonne, um ihre Masse aufzuwiegen würde man rund 330 000 Erdbälle brauchen. Die Sonne ist eine Kugel aus Wasserstoff und Helium. An ihrer Oberfläche herrschen Temperaturen von 5500 °C, in ihrem Zentrum 15 Mio. °C. Unter diesen extremen Bedingungen läuft eine Reaktion ab, bei der jeweils vier Wasserstoffkerne zu einem Heliumkern verschmelzen. In jeder Sekunde „verbrennt" die Sonne dadurch 700 Mio. Tonnen Wasserstoff. Die dabei frei werdende Energie gelangt letztlich als sichtbares Licht zu uns. Alle anderen Mitglieder des Planetensystems sehen wir nur, weil sie das Licht der Sonne reflektieren. Die Oberfläche der Sonne ist ein brodelndes Gas, aus dem immer wieder hohe Fontänen herausschießen oder sich an anderen Stellen so genannte Sonnenflecken bilden. Ein entsprechend ausgerüstetes Fernglas oder Fernrohr vorausgesetzt, lassen sich diese Sonnenflecken mit recht geringem Aufwand beobachten. Sie treten ungefähr alle elf Jahre besonders häufig auf.

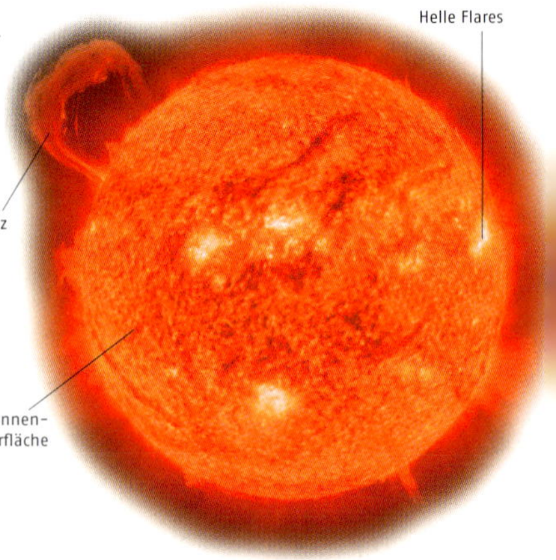

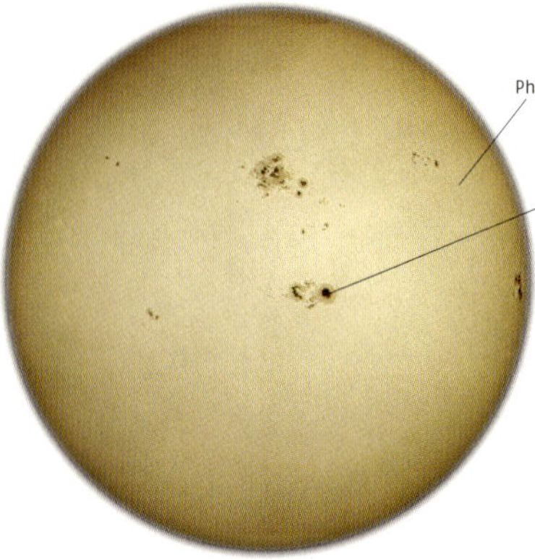

Sterne und Mehrfachsterne

Brüder und Schwestern der Sonne

Durchmesser der Sterne: 0,1 bis 2500 Sonnendurchmesser

Sterne sind leuchtende Gaskugeln aus Wasserstoff und Helium, die in ihrem Innern wie die Sonne durch Kernreaktionen Energie erzeugen. Sie entstehen in riesigen Gas- und Staubwolken. Hat sich im Stern ein Gleichgewicht aus Strahlungsdruck (der nach außen wirkt) und Schwerkraft (die nach innen wirkt) eingependelt, gibt er seine Energie gleichförmig ab. 99 Prozent aller bekannten Sterne befinden sich in dieser Phase, die je nach Sternmasse einige hundert Millionen bis mehrere Milliarden Jahre dauert. Nur am Anfang und am Ende ihrer Entwicklung zeigen die Sterne nennenswerte Helligkeitsschwankungen (s. Seite 30). Die Sonne existiert seit rund fünf Milliarden Jahren und wird nochmals dieselbe Zeitspanne in ihrer heutigen Form leuchten. Sterne sind physikalisch gesehen recht einfache Gebilde: Ihre Entwicklung ist letztlich durch Masse, Leuchtkraft und Durchmesser vorherbestimmt. Seit Mitte der 1990er Jahre entdecken die Astronomen mit ausgeklügelten Verfahren immer mehr Planeten, die um andere Sterne kreisen. Bislang sind mehr als 200 solcher extrasolarer Planeten bekannt.

Gasnebel, aus dem sich Sterne bilden

Junge, heiße Sterne

***Am Himmel** Sterne bleiben auch im Fernrohr immer punktförmig, weil sie sehr weit entfernt sind. Man kann bei ihnen verschiedene Farben unterscheiden, eine Folge ihrer Temperatur an der Oberfläche. Es gibt auch Doppel- oder Mehrfachsterne. Optische Doppelsterne stehen nur zufällig in derselben Richtung, echte Doppelsterne umkreisen ihren Schwerpunkt.*

> ***Sterne zeigen verschiedene Farben.***
> ***Rund 6000 Sterne sind mit bloßem Auge von der Erde aus im Lauf des Jahres zu sehen.***

Albireo im Schwan: ein schöner Doppelstern

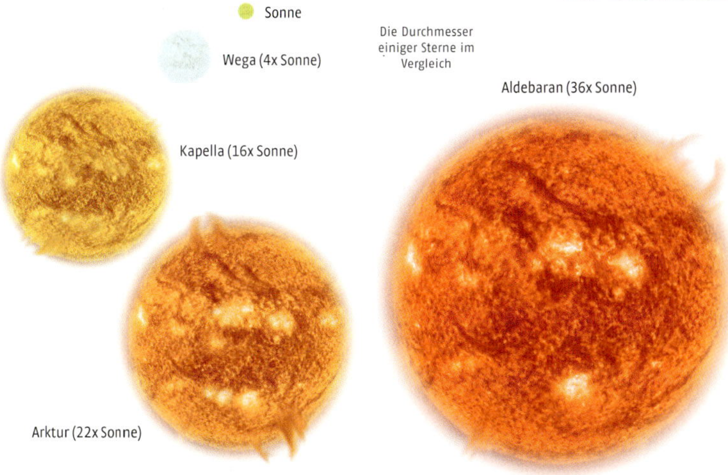

Die Durchmesser einiger Sterne im Vergleich

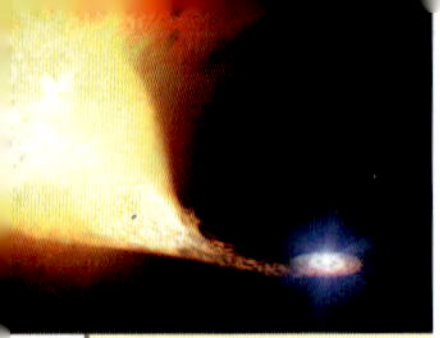

Veränderliche Sterne

Sterne, deren Helligkeit schwankt

Helligkeitsänderungen innerhalb von Millisekunden bis Jahrzehnten

Am Himmel *Geeignete veränderliche Sterne gibt es für jedes Fernglas oder Fernrohr. Der Lichtwechsel von mehr als 30 000 ist dokumentiert. Für eine erfolgreiche Beobachtung muss man den vorausberechneten Zeitpunkt kennen, zu dem sie jeweils ihr Maximal- oder Minimallicht (je nach Veränderlichentyp) erreichen.*

> ***Manche Veränderliche muss man, um ihren Lichtwechsel zu erkennen, über Monate möglichst oft beobachten, andere in bestimmten Nächten über Stunden hinweg alle 15 Minuten.***

Helligkeitsverlauf eines Veränderlichen

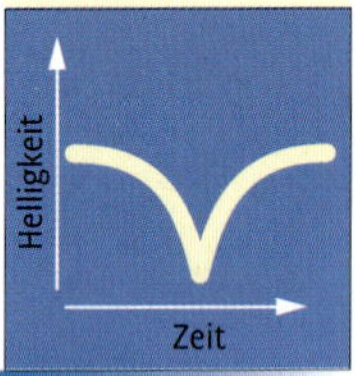

Sterne zeigen am Anfang und gegen Ende ihrer Entwicklung Helligkeitsschwankungen. Je nach Typ und Lebensphase ändern solche Sterne ihre Helligkeit sehr gleichförmig oder abrupt und unvorhersehbar: Man unterscheidet daher zwischen pulsierenden und eruptiven Veränderlichen. Sterne ähnlichen Verhaltens haben die Astronomen zu Gruppen zusammengefasst, etwa die Cepheiden, die Mira-Sterne oder die R-Coronae-Borealis-Sterne. Die Veränderlichen, die am hellsten werden, sind die so genannten Supernovae. Dabei handelt es sich um einen massereichen, sterbenden Stern, der kurzzeitig so hell wie mehrere Millionen Sterne aufleuchtet. In den vergangenen Jahrhunderten gab es drei Supernovae, die mit bloßem Auge zu sehen waren: 1572, 1604 und 1987. Neben diesen physikalischen Ursachen einer Helligkeitsschwankung kann es auch geometrische Ursachen geben: Stehen zwei Sterne dicht beisammen und sind sie so orientiert, dass wir ihre Umlaufbahnen quasi von der Seite sehen, verfinstern sich die beiden Sterne gegenseitig. Solche Bedeckungsveränderliche sind recht häufig, der bekannteste heißt Algol im Sternbild Perseus.

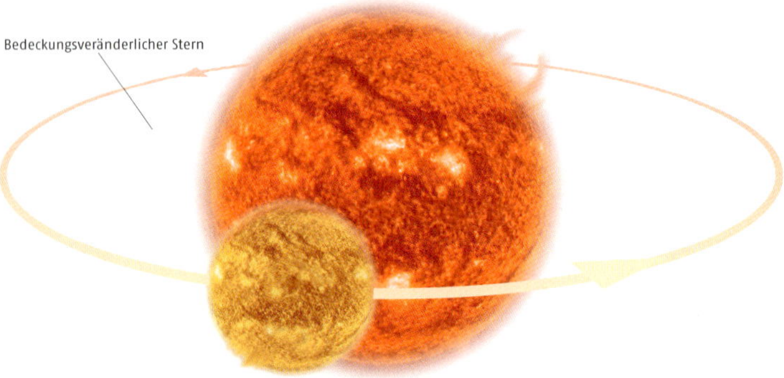

Planetarische Nebel

Die abgestoßene äußere Gasschicht eines alten Sterns

Typischer Durchmesser: ein Lichtjahr

Die Bezeichnung Planetarischer Nebel geht auf William Herschel zurück, der im 18. Jahrhundert den Namen für diese Objekte aufgrund ihrer meist runden Form wählte. Sie haben nichts mit Planeten zu tun, sondern sind Gasnebel, die hauptsächlich aus Wasserstoff bestehen. Planetarische Nebel bilden sich, wenn ein massearmer Stern gegen Ende seines Lebens nach und nach seine äußeren Schichten als Sternwind verliert. Bei manchen Planetarischen Nebeln kann man diesen Zentralstern sogar sehen. Die energiereiche Strahlung des Zentralsterns bringt den Nebel zum Leuchten. In der Entwicklung eines Sterns ist das Stadium als Planetarischer Nebel recht kurz: Nach im Schnitt 50 000 Jahren hat sich der Nebel so stark ausgedehnt, dass er sich nicht mehr von der Umgebung abhebt. Der Zentralstern, ein so genannter Weißer Zwerg, bleibt allein zurück. Auch die Sonne wird am Ende ihrer Entwicklung einen Planetarischen Nebel bilden und zum Weißen Zwerg werden. Wir kennen in unserer Galaxis rund 2000 Planetarische Nebel. Ihre Zahl dürfte aber locker um das Zehn- bis Zwanzigfache höher liegen – wegen Staubwolken können wir den Großteil der Planetarischen Nebel nicht sehen.

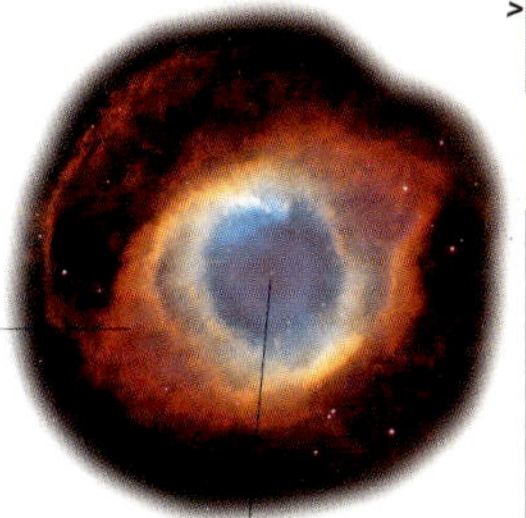

„Helix-Nebel": Blick von oben

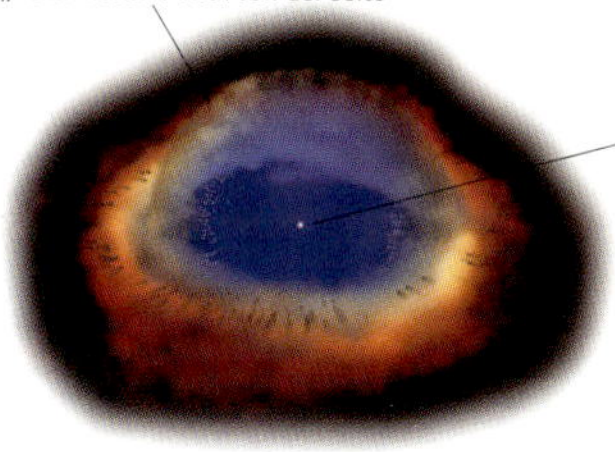

„Helix-Nebel": Blick von der Seite

Zentralstern

Ein Planetarischer Nebel in Seitenansicht

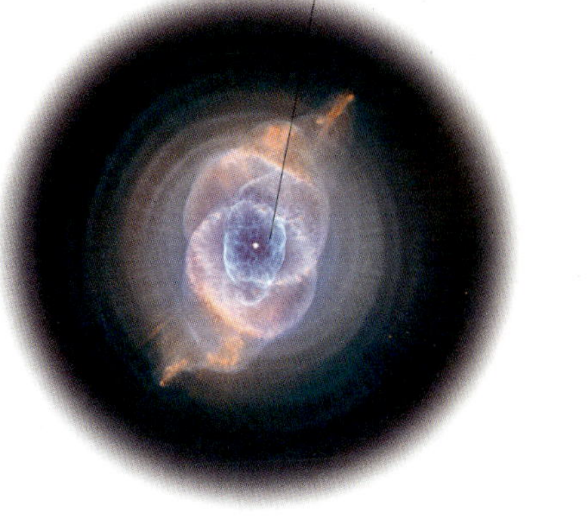

Ein Planetarischer Nebel in Draufsicht

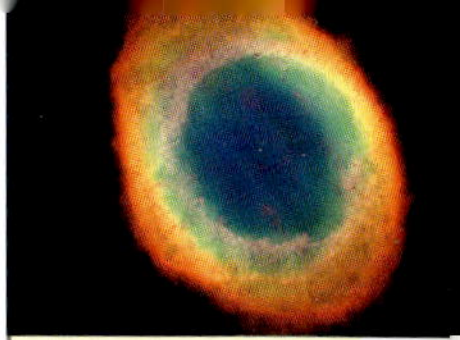

***Am Himmel** Um Planetarische Nebel zu beobachten, ist bis auf wenige Ausnahmen ein Teleskop erforderlich. Da die Objekte oft klein sind, empfiehlt es sich, hoch zu vergrößern. Von den bunten Farben auf lange belichteten Aufnahmen bleibt beim Blick durchs Fernrohr nicht viel übrig.*

- **Objekte für das Fernrohr**
- **Spezielle Nebelfilter (Fachhandel) verbessern die Sichtbarkeit der Planetarischen Nebel**
- **Hellste Vertreter des Nordhimmels: Ring- und Hantel-Nebel**

„Nebelfilter" verstärken den Kontrast im Teleskop

Offene Sternhaufen

Gruppen aus zwanzig bis mehreren tausend Sternen, die gemeinsam entstanden sind

Typische Durchmesser: zehn bis hundert Lichtjahre

Die meisten Sterne entstehen in offenen (oder galaktischen) Sternhaufen. Die Haufen sind das, was übrig bleibt, nachdem der größte Teil einer Gas- und Staubwolke sich zu Sternen verdichtet hat. Man erkennt dies auch daran, dass manche offenen Sternhaufen noch Reste des Nebels enthalten. Daher sind die offenen Sternhaufen astronomisch gesehen relativ jung, oft nur wenige Millionen oder wenige zehn Millionen Jahren alt. Rekordhalter ist NGC 188 (s. S. 70) mit fünf Milliarden Jahren. Da die Haufensterne durch die Schwerkraft nur schwach einander gebunden sind, existieren offene Sternhaufen nur eine begrenzte Zeit: Innerhalb von 150 bis 800 Millionen Jahren verliert ein typisches Exemplar die Hälfte seiner Sterne. Sämtliche offene Sternhaufen liegen nahe der Ebene unserer Galaxis (s.a. S. 35), am Himmel also entlang der Milchstraße. Die Sterne eines offenen Sternhaufens stehen dichter als Feldsterne zusammen: Der Abstand von der Sonne zum nächsten Stern beträgt mehr als vier Lichtjahre, der zwischen zwei Haufensternen typisch 0,5 bis drei Lichtjahre.

Am Himmel *Viele offene Sternhaufen sind bereits mit dem Fernglas zu sehen, ihre Einzelsterne enthüllt aber oft nur ein Teleskop. Solche Haufen vertragen geringe bis mittlere Vergrößerungen und sehen sehr unterschiedlich aus.*

> **Objekte für jede Instrumentengröße**

> **Am Nordhimmel sind sechs Sternhaufen leicht mit bloßem Auge zu erkennen: Plejaden, Hyaden, Coma-Haufen, Praesepe und der Doppelhaufen im Perseus.**

Offener Sternhaufen Hyaden im Sternbild Stier

Offener Sternhaufen Messier 7

Doppelsternhaufen im Perseus

Kugelsternhaufen

Gruppen aus mehreren zehn- bis hunderttausend Sternen, die gemeinsam entstanden sind

Durchmesser: zwischen 15 und 350 Lichtjahren

Im Gegensatz zu offenen Sternhaufen sind Kugelsternhaufen sehr alte Gebilde. Mit 10 bis 13 Milliarden Jahren handelt es sich bei ihnen mit um die ältesten Objekte des Universums. Sie gehören zwar zu unserer Galaxis, bilden aber einen weitläufigen Halo um ihr Zentrum. Man findet sie beim Blick an den Nachthimmel also sowohl in Richtung Milchstraßenzentrum im Sternbild Schütze als auch weit weg vom Milchstraßenband. Quasi alle Kugelsternhaufen stehen weiter als 15 000 Lichtjahre vom Zentrum unserer Galaxis entfernt, fast ein Drittel sogar weiter als 150 000 Lichtjahre. Kugelsternhaufen enthalten meist mehrere hunderttausend Sterne, besonders große Vertreter sogar zehn Millionen. Im Zentrum der Kugelhaufen stehen die Sterne viel dichter als in offenen Sternhaufen: von Stern zu Stern sind es im Schnitt nur 0,3 Lichtjahre. Würde man von einem Planeten im Innern eines Kugelsternhaufens an den Nachthimmel blicken, böte sich daher ein überwältigender Anblick aus unzähligen nahen, hellen Sternen. Unsere Galaxis besitzt rund 150 Kugelsternhaufen.

***Am Himmel** Die helleren Kugelsternhaufen sind zwar als kleine diffuse Flecken im Fernglas zu sehen, aber Einzelsterne werden erst im Teleskop sichtbar. Dabei sollte man mittlere bis hohe Vergrößerungen wählen.*

- ***Objekte für Fernglas und Fernrohr, Details nur im Teleskop sichtbar***
- ***Der hellste Kugelsternhaufen heißt Omega im Zentauren (in Mitteleuropa unsichtbar).***
- ***Am Nordhimmel gehören M 3, M 5 und M 13 zu den hellsten Kugelsternhaufen.***

Anblick eines Kugelsternhaufens im Teleskop

Kugelsternhaufen mit rötlichen, alten Sternen

Kugelsternhaufen befinden sich in einem „Halo" um die Milchstraße

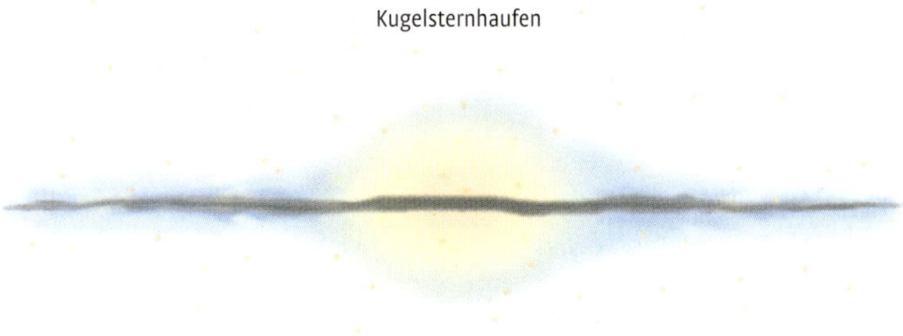

Nebel

Gaswolken, die selbst leuchten oder Sternlicht reflektieren; oder dunkle Staubwolken

Durchmesser: von unter einem Lichtjahr bis zu mehreren tausend Lichtjahren

Die Bezeichnung Nebel ist ein (ungenauer) Sammelbegriff für eine recht heterogene Objektgruppe. Unter den Gasnebeln gibt es solche, die selbst leuchten, weil in ihrer Nähe sehr heiße Sterne stehen, und solche, die nur das Licht benachbarter Sterne reflektieren. Man bezeichnet sie daher als Emissions- beziehungsweise Reflexionsnebel. Streng genommen sind Planetarische Nebel (s. S. 31) ebenfalls Emissionsnebel. Daneben gibt es noch so genannte Dunkelnebel, bei denen es sich um dichte, kalte Staubwolken handelt, die das Licht der hinter ihnen stehenden Sterne verschlucken. Gas- und Staubwolken sind die Geburtsstätten der Sterne, was man auch daran erkennt, dass in Gasnebeln oft heiße blaue Sterne leuchten. Eine weitere Nebelgruppe sind die Supernova-Überreste, bei denen es sich um die Überbleibsel einer Sternexplosion handelt. Bekanntestes Beispiel ist der Krabben-Nebel (s. S. 150). Obwohl sich die Gasnebel deutlich von ihrer Umgebung abheben, ist ihre Dichte gering: Sie enthalten pro Kubikmeter deutlich weniger Teilchen als das beste, technisch erzeugbare Hochvakuum auf der Erde.

Am Himmel *Nebel erfordern recht unterschiedliche Beobachtungsgeräte. Ausgedehnte Objekte kann man nur mit großem Gesichtfeld überblicken, manche Details im Nebel sind dagegen nur bei höheren Vergrößerungen zu erkennen.*

- ***Geeignete Objekte für jedes optische Hilfsmittel.***
- ***Spezielle Nebelfilter (Fachhandel) verbessern die Sichtbarkeit mancher Gasnebel.***
- ***Hellste Vertreter: Orion-Nebel (knapp am Nordhimmel), Eta-Carinae-Nebel (Südhimmel)***

Der Krabbennebel: Rest einer Sternexplosion

Milchstraße

Diffuses Band, das sich in einem Kreis über den Himmel zieht; Innenansicht unserer Galaxis

Durchmesser unserer Galaxis: 100 000 Lichtjahre

Bereits der griechische Philosoph Demokrit hat um 380 v. Chr. vermutet, dass das Milchstraßenband in Wirklichkeit eine Ansammlung vieler Sterne sei. Aber erst Galileo Galilei nahm diese Sterne knapp 2000 Jahre später mit seinem Fernrohr wahr. Alle einzeln stehenden Sterne, die wir mit bloßem Auge oder einem Fernrohr sehen können, gehören zum Milchstraßensystem (auch Galaxis genannt). Dabei handelt es sich um unsere kosmische Heimat, eine Ansammlung aus 200 Milliarden Sternen, die in einer flachen, nur 3000 Lichtjahre dicken Scheibe mit einer zentralen Verdickung angeordnet sind. Aus dem zentralen Bereich der Galaxis winden sich Spiralarme. In einem dieser Spiralarme, rund 27 000 Lichtjahre vom Milchstraßenzentrum entfernt, liegt unser Sonnensystem. Es dreht sich wie alle anderen Sterne der Galaxis um dieses Zentrum und benötigt dafür 220 Millionen Jahre – und das, obwohl wir ständig mit 800 000 Stundenkilometern durchs All rasen. Unsere Galaxis ist nur ein Sternsystem unter vielen Galaxien (s. S. 36).

***Am Himmel** Das Band der Milchstraße ist am besten von einem dunklen Standort aus zu beobachten. Auch der Mond sollte nicht am Himmel stehen. Mit dem bloßen Auge oder einem Fernglas kann man dann viele Sternwolken und Dunkelnebel ausmachen.*

> ***Geeignet fürs bloße Auge oder fürs Fernglas***
> ***Am Nordhimmel verläuft der hellste Abschnitt der Milchstraße durch den Schwan.***
> ***Das Milchstraßenzentrum liegt im Sternbild Schütze.***

Blick zum Zentrum unserer Milchstraße

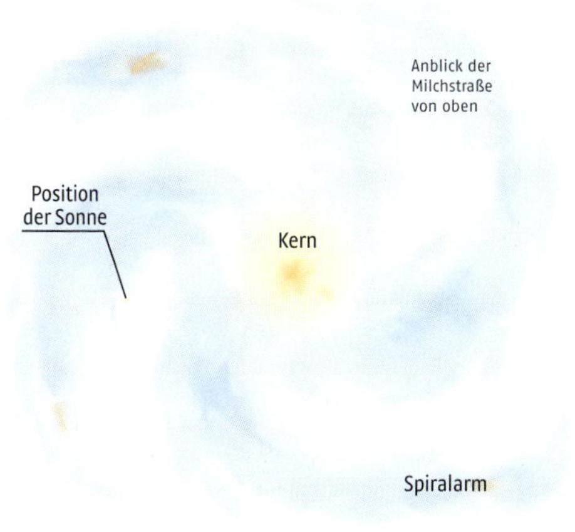

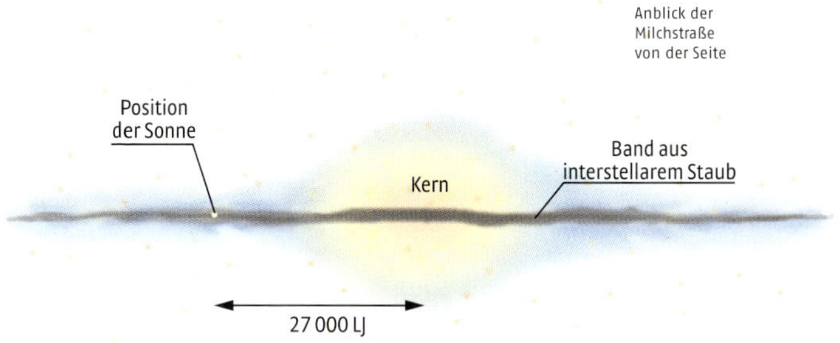

Galaxien

Sternsysteme, wie unsere Galaxis

Durchmesser: von einigen tausend bis sechs Millionen Lichtjahre

Am Himmel *Um die große Mehrzahl der Galaxien zu beobachten, ist ein Teleskop erforderlich. Lediglich einige helle oder nahe stehende Vertreter bilden eine Ausnahme: Für sie genügt ein Fernglas oder sogar das bloße Auge. Galaxien vertragen niedrige bis mittlere Vergrößerungen.*

> ***Die meisten Galaxien sind nur im Teleskop sichtbar.***
> ***Hellste Vertreter: Andromeda-Galaxie (Nordhimmel), Große und Kleine Magellansche Wolke (Südhimmel)***

Galaxie in Schräganansicht mit dunklem Staubband

Die Natur der Galaxien konnte erst im Jahr 1924 endgültig bewiesen werden. Damals gelang dem Astronomen Edwin Hubble die erste Entfernungsbestimmung der Andromeda-Galaxie. Galaxien sind also Welteninseln wie unser eigenes Milchstraßensystem. Es gibt Galaxien, die nur wenig massereicher sind als Kugelsternhaufen, und andere, die 100 Billionen Sonnenmassen enthalten. Astronomen unterteilen Galaxien aufgrund ihres Aussehens in verschiedene Typen: Spiralgalaxien haben einen Kern, aus dem sich Spiralarme herauswinden. Balkenspiralgalaxien (wie unser Milchstraßensystem) besitzen ebenfalls Spiralarme, die aber nicht direkt am Kern, sondern erst an einem balkenförmigen Ausläufer ansetzen. Elliptische Galaxien besitzen keine Spiralarme und ähneln mehr oder weniger einem Ellipsoid. Manche Galaxien zeigen keine symmetrische Form und werden daher als irregulär bezeichnet. Wieder andere ähneln einer Spindel, haben ebenfalls keine Spiralarme und heißen linsenförmige Galaxien. Manche Galaxien senden auch sehr viel Radiostrahlung aus. Wie bei den Sternen gilt auch bei den Galaxien die Regel, dass es mehr kleine als große Vertreter gibt.

Spiralgalaxie Messier 51 in den Jagdhunden

Balkenspiralgalaxie

Galaxienhaufen

Ansammlungen von teilweise mehreren tausend Galaxien

Durchmesser: typisch 10 bis 20 Mio. Lichtjahre

Galaxien stehen nicht isoliert im Universum, sondern bilden mit ihren Nachbarn durch Gravitation gebundene Gruppen. Sie bewegen sich sozusagen in Formation durchs All. Wie bei den Sternen in einer Galaxie ist auch bei diesen Galaxiengruppen die Schwerkraft die ordnende Hand. Unser Milchstraßensystem beispielsweise stellt zusammen mit der Andromeda-Galaxie das Schwerkraftzentrum der so genannten Lokalen Gruppe dar. Ihr gehören mehr als 30 – meist kleine – Galaxien an. Die Lokale Gruppe wiederum ist Nachbar des Virgo-Galaxienhaufens, dessen Schwerkraftzentrum im Sternbild Jungfrau liegt. Ihm gehören rund 2000 Galaxien an, die über einen Raum von ungefähr neun Millionen Lichtjahren verstreut sind. Astronomen schätzen die Zahl solcher Galaxienhaufen in einem Umkreis von einer Milliarde Lichtjahre auf 160 000. Diese Haufen dürften insgesamt drei Millionen große und 30 Millionen kleine Galaxien enthalten. Man weiß heute, dass sich diese 160 000 Galaxienhaufen zu 80 so genannten Superhaufen zusammenschließen, also zu Haufen aus Galaxienhaufen.

Galaxiengruppe „Stephen's Quintet"

Am Himmel *Galaxienhaufen erfordern meist sehr große Teleskope, um sie zu beobachten. Die bekannteste Ausnahme ist der Virgo-Galaxienhaufen. An manchen Stellen des Himmels findet man auch Gruppen aus zwei oder einigen Galaxien.*

- ***Galaxienhaufen sind nur mit Teleskopen sichtbar.***
- ***Helle Mitglieder der Lokalen Gruppe: M 31, M 32, M 33, M 110, Große und Kleine Magellansche Wolke***
- ***Bekanntester Vertreter unter den Galaxienhaufen: Virgo-Haufen***

Spiralgalaxie M 33, Teil der „Lokalen Gruppe"

Ausschnitt aus dem Virgo-Galaxienhaufen

Andromeda

Andromeda – Andromedae – And

Größe: 722 Quadratgrad (Rang 19); vollständig sichtbar von 90° Nord bis 36° Süd

Auf einen Blick *Die Andromeda ist ein typisches Herbststernbild. Um die Königstochter in der Figur zu erkennen, bedarf es etwas Fantasie. Der hellste Stern heißt Sirrah.*

- ***Sichtbar Juni bis Februar***
- ***Drei relativ helle Sterne markieren die Figur, von der Mitte der Kette zweigt ein Ausläufer mit zwei schwächeren Sternen ab***
- ***Heimat der Andromeda-Galaxie***

Zwischen September und Februar ist die Andromeda am Abendhimmel zu sehen. Das Sternbild weist vor allem drei relativ helle Sterne auf, die eine lange Kette bilden. An ihrem rechten Ende schließt sich an die Andromeda das Sternbild Pegasus an. In der griechischen Mythologie wurde die Königstochter Andromeda an einen Felsen gekettet, um einem Meeresungeheuer geopfert zu werden. So sollte Poseidon, der Gott des Meeres, beschwichtigt werden. Der Held Perseus, das Sternbild links neben Andromeda, tötete jedoch das Meeresungeheuer und rettete die Königstochter.

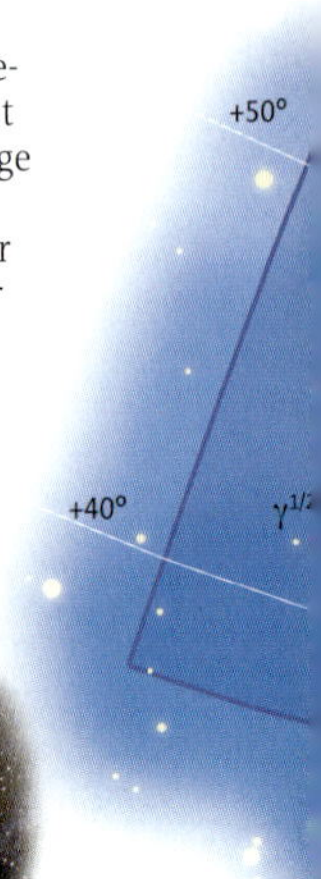

DREIECK ▶ 15

Andromeda-Galaxie
Messier 31

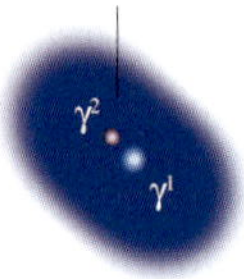

Dreifachstern Alamak

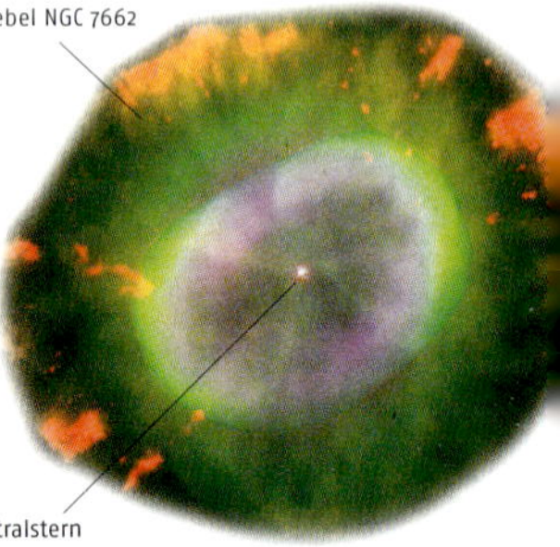

Planetarischer Nebel NGC 7662

Zentralstern

Beobachtungstipp

Oberhalb der Sternkette befindet sich neben einem relativ schwachen Stern die Andromeda-Galaxie. Sie ist bei dunklem Himmel bereits mit bloßem Auge als diffuser Fleck zu erkennen. Im Fernglas werden auch ihre Begleitgalaxien M 32 und M 110 sichtbar, die Spiralarme von M 31 erst im Teleskop.

Sterne der Andromeda

Name	*Beschreibung*	*Helligkeit*	*Entfernung*
Sirrah (α)	*„Pferdeschulter", bläulich*	*2,1*	*97 LJ*
Mirach (β)	*rot*	*2,1*	*199 LJ*
Alamak (γ)	*Dreifachstern*	*2,3/6,3/5,0*	*355 LJ*
56 And	*optischer Doppelstern, orange/rot*	*5,7/5,9*	*360/990 LJ*

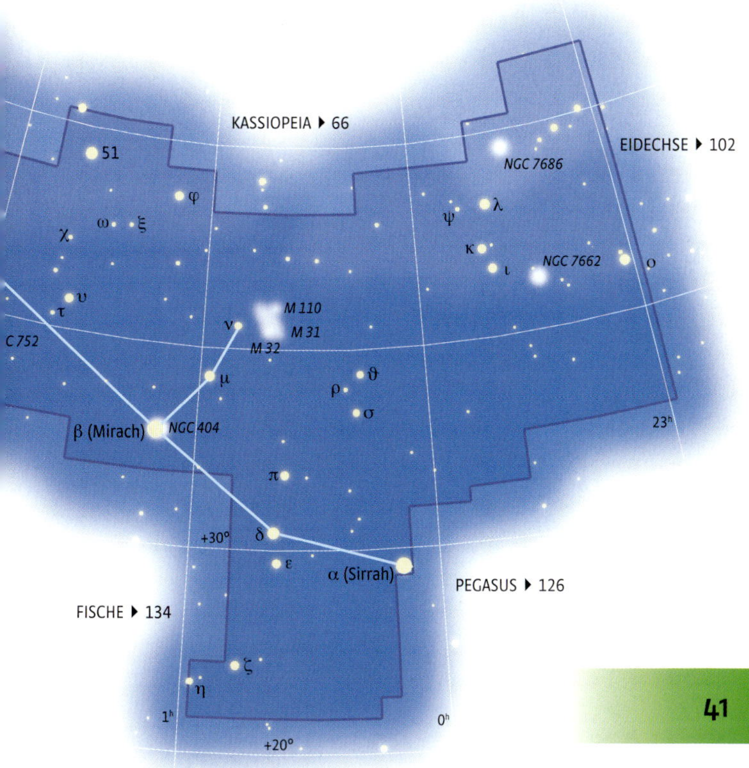

Deep-Sky-Objekte der Andromeda			
Name	**Beschreibung**	**Helligkeit**	**Entfernung**
M 31	„Andromeda-Galaxie", Spiralgalaxie	3,4	3 Mio. LJ
M 32	Elliptische Galaxie, Begleiter von M 31	8,2	3 Mio. LJ
M 110	Elliptische Galaxie, Begleiter von M 31	8,5	3 Mio. LJ
NGC 404	Spiralgalaxie	10,1	8 Mio. LJ
NGC 752	Offener Sternhaufen	5,7	1200 LJ
NGC 7662	„blauer Schneeball", Plan. Nebel	8,6	2610 LJ
NGC 7686	Offener Sternhaufen	5,6	3200 LJ

Beobachtungstipp

Alamak, der linke Stern in der Sternkette der Andromeda, ist ein Dreifachsystem. Die hellen Komponenten sind orange und blau, der dritte Stern steht dicht neben der blauen Komponente. Für eine erfolgreiche Beobachtung ist ein Fernrohr erforderlich.

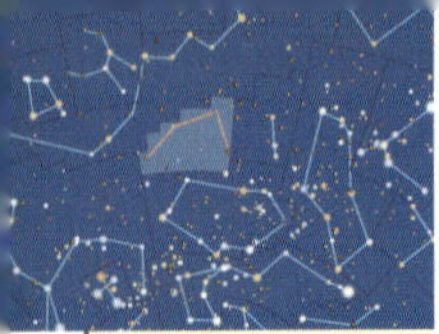

Antlia

Luftpumpe – Antliae – Ant

Größe: 239 Quadratgrad (Rang 62); vollständig sichtbar von 50° Nord bis 90° Süd

Auf einen Blick *Die Luftpumpe ist ein kleines, unscheinbares Sternbild, das tief im Süden liegt. Es enthält keine hellen Objekte und geht daher oft im Horizontdunst unter.*

> ***Sichtbar Januar bis April***
> ***Nur wenige Sterne und Objekte des Sternbilds sind mit Amateurmitteln erkennbar***

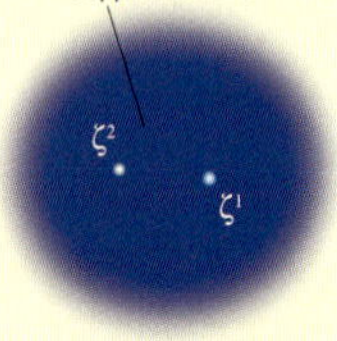

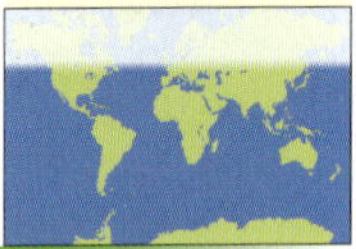

Die Luftpumpe ist ein unscheinbares Sternbild und liegt tief am Südhorizont, so dass sie nur im März und April am Abendhimmel zu sehen ist. Auch in ihrer Nähe befinden sich nur unauffällige Sternbilder. Der französische Astronom Nicolas Louis de Lacaille hat das kleine Sternbild 1756 eingeführt; er widmete es dem Erfinder der Luftpumpe, dem Physiker Denis Papin. Es gibt keine hellen Sterne oder Deep-Sky-Objekte in Antlia.

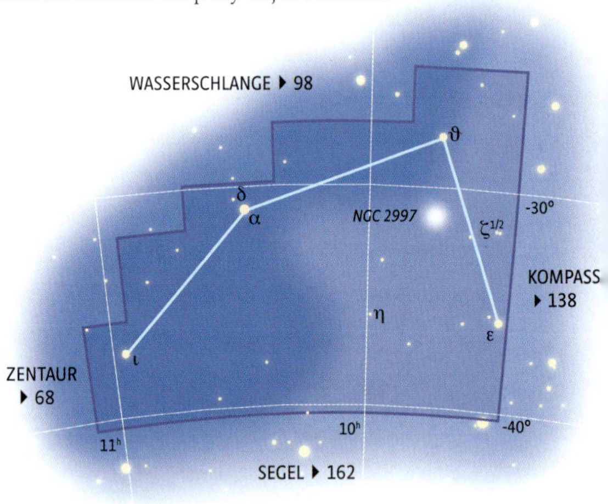

Spiralgalaxie NGC 2997

Beobachtungstipp

Bei Zeta-1 scheint es sich um einen echten Doppelstern zu handeln, obwohl sich der Abstand zwischen den beiden Komponenten seit ihrer Entdeckung kaum verändert hat. Bei guter Horizontsicht sollten die beiden gelben Sterne mit dem Fernrohr zu trennen sein.

Sterne und Deep-Sky-Objekte der Luftpumpe

Name	*Beschreibung*	*Helligkeit*	*Entfernung*
Zeta-1 (ζ^1)	*Doppelstern*	*6,2/7,1*	*372 LJ*
NGC 2997	*Spiralgalaxie*	*10,6*	*32 Mio. LJ*

Apus

Paradiesvogel – Apodis – Aps

Größe: 206 Quadratgrad (Rang 67); vollständig sichtbar von 7° Nord bis 90° Süd

Der Paradiesvogel ist von der Nordhalbkugel aus nicht zu sehen. Die holländischen Seefahrer Pieter Dirkszoon Keyser und Frederick de Houtman haben das kleine, unscheinbare Sternbild gegen Ende des 16. Jahrhunderts eingeführt. Es liegt in der Nähe des Himmelssüdpols. Vier ungefähr gleich schwache Sterne bilden die wenig einprägsame Kontur des Paradiesvogels. Das markanteste Sternbild in der direkten Nachbarschaft ist das Südliche Dreieck, auf das man stößt, wenn man in Gedanken eine Linie weg vom Himmelssüdpol über den Paradiesvogel hinaus zieht.

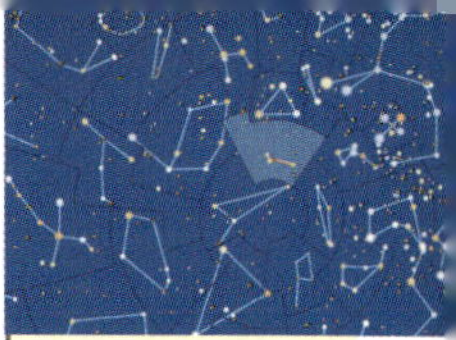

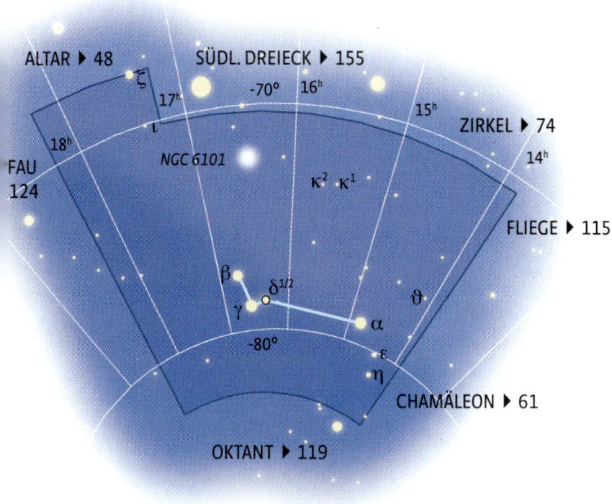

Auf einen Blick *Der Paradiesvogel ist für weite Teile der Südhalbkugel ganzjährig zu sehen. Zufällig sind die vier hellsten Sterne alle orange oder orangerot.*

> ***In Europa unsichtbar***
> ***Vier ungefähr gleich schwache Sterne bilden die Figur des Paradiesvogels***

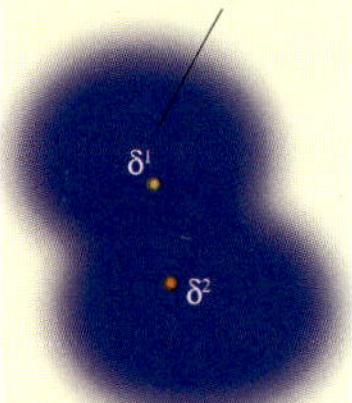

Sterne und Deep-Sky-Objekte des Paradiesvogels			
Name	***Beschreibung***	***Helligkeit***	***Entfernung***
Delta (δ^1, δ^2)	*optischer Doppelstern (rot/orange)*	*4,7/5,1*	*765/663 LJ*
NGC 6101	*Kugelsternhaufen*	*9*	*40 000 LJ*

Beobachtungstipp

Der Kugelsternhaufen NGC 6101 liegt in der Nähe der nördlichen Sternbildgrenze, unweit von Atria, dem hellsten Stern des benachbarten Sternbilds Südliches Dreieck. Für die Beobachtung dieses hellsten Deep-Sky-Objekts im Paradiesvogel ist allerdings ein Fernrohr erforderlich.

Aquarius

Wassermann – Aquarii – Aqr

Größe: 980 Quadratgrad (Rang 10); vollständig sichtbar von 65° Nord bis 87° Süd

Auf einen Blick *Der Wassermann ist ein typisches Herbststernbild, dessen hellere Sterne alle im westlichen Teil des Sternbildes liegen. Die mythologische Figur ist schwierig zu erkennen; im rechten Teil des Sternbilds liegen Arme, Schultern und Kopf.*

> ***Sichtbar Juli bis November***
> ***Namensgeber für die Sternschnuppenströme der Aquariden (relativ schwache Maxima im Frühjahr und Sommer beobachtbar)***

Zwischen September und November ist der Wassermann abends am besten zu sehen. Er ist ein großes Sternbild, das allerdings nur wenige mittelhelle Sterne enthält. Der Wassermann ist eines der zwölf Tierkreissternbilder, westlich von ihm liegt der Steinbock, östlich folgen die Fische. In der griechischen Sagenwelt treibt der Wassermann Deukalion mit seiner Gattin neun Tage und Nächte auf dem Wasser. So überlebten sie den Versuch des Göttervaters Zeus, die sündige Menschheit auszulöschen. In einer anderen mythologischen Deutung handelt es sich beim Wassermann um den Mundschenk des Zeus.

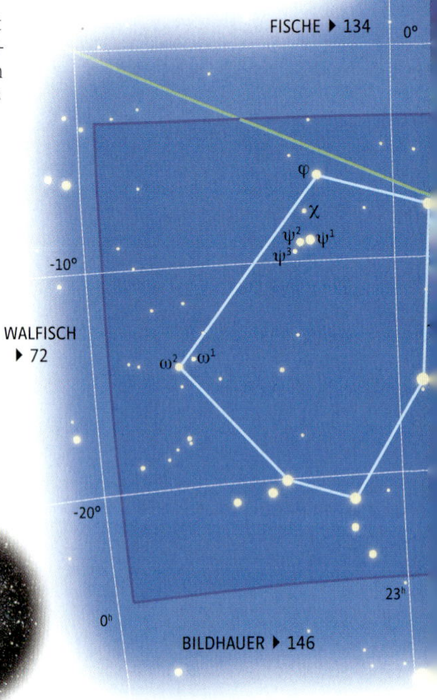

Kugelsternhaufen Messier 2

Beobachtungstipp

Der Kugelsternhaufen M 2 bildet mit den beiden mittelhellen Sternen Sadalmelik und Sadalsud ein rechtwinkliges Dreieck. Er ist bereits mit dem Fernglas als verwaschener Nebelfleck zu sehen; Einzelsterne wie auf dem Foto werden erst im Fernrohr erkennbar.

Sterne des Wassermanns

Name	*Beschreibung*	*Helligkeit*	*Entfernung*
Sadalmelik (α)	*„Glücksstern des Königs", gelb*	*2,95*	*760 LJ*
Sadalsud (β)	*„Glücklichster unter den Glückssternen", gelb*	*2,9*	*612 LJ*
Sadachbia (γ)	*blauweiß*	*3,9*	*158 LJ*
Skat (δ)	*blauweiß*	*3,3*	*159 LJ*
Albali (ε)	*blauweiß*	*3,8*	*229 LJ*
Zeta (ζ)	*gelber Doppelstern*	*3,7/3,9*	*107 LJ*

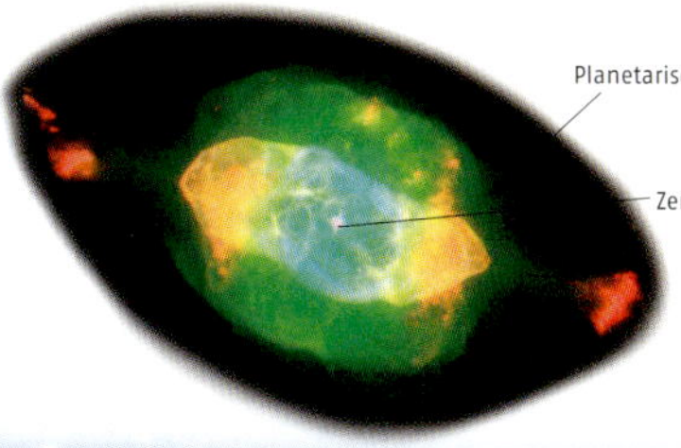

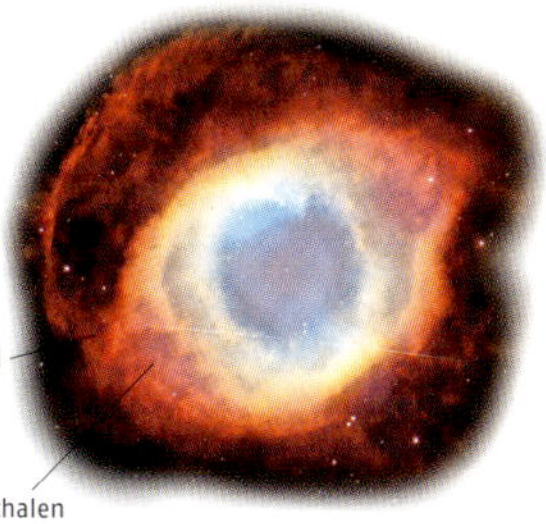

Deep-Sky-Objekte des Wassermanns

Name	*Beschreibung*	*Helligkeit*	*Entfernung*
M 2	*Kugelsternhaufen*	*6,5*	*35 900 LJ*
M 72	*Kugelsternhaufen*	*6,5*	*58 700 LJ*
M 73	*Y-förmige Sterngruppe*	*je 10*	*2000 LJ*
NGC 7009	*„Saturn-Nebel", Plan. Nebel*	*8,0*	*2400 LJ*
NGC 7293	*„Helix-Nebel", Plan. Nebel*	*8*	*450 LJ*

Beobachtungstipp

Der Helix-Nebel ist einer der größten Planetarischen Nebel, die man am Himmel beobachten kann. Er lässt sich am leichtesten finden, wenn man von Fomalhaut im Südlichen Fisch ausgeht. Zu sehen ist ein schwacher, großflächiger Nebel – dunkler Himmel vorausgesetzt.

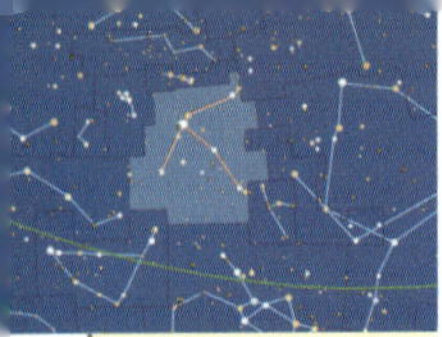

Aquila

Adler – Aquilae – Aql

Größe: 652 Quadratgrad (Rang 22); vollständig sichtbar von 78° Nord bis 71° Süd

Auf einen Blick *Der Adler ist ein Sommersternbild und fällt vor allem wegen Atair auf, der die untere Ecke des Sommerdreiecks bildet. Atair gehört zu den 20 hellsten Sternen des Himmels.*

> ***Sichtbar Mai bis Oktober***
> ***Drei mittelhelle Sterne (Beta, Gamma, Delta) bilden ein auf der Seite liegendes, fast gleichschenkliges Dreieck. Atair steht zwischen Beta und Gamma.***

Von August bis Oktober steht der Adler günstig am Abendhimmel. Die Sterne des Sternbilds sind mittelhell, nur der Hauptstern Atair ist deutlich auffälliger. Atair bildet zusammen mit Deneb im Schwan und Wega in der Leier das Sommerdreieck. Der Adler liegt in der Milchstraße und wird von den kleinen Sternbildern Schild, Pfeil und Delfin begleitet. In der griechischen Sage hat der Adler Ganymed (den Wassermann) entführt und zum Olymp gebracht. Der Adler verwahrte auch die Blitze des Göttervaters Zeus.

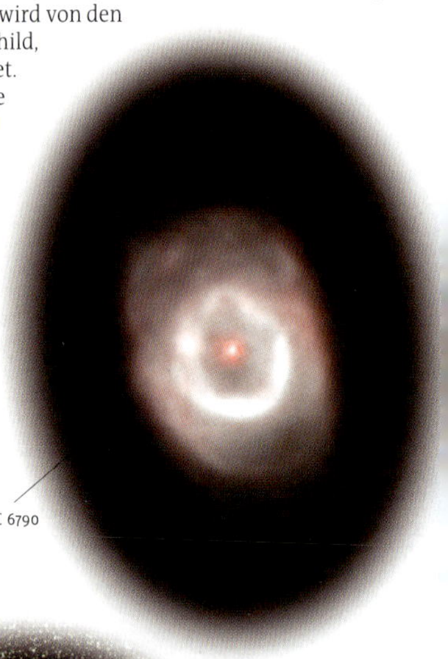

Planetarischer Nebel NGC 6790

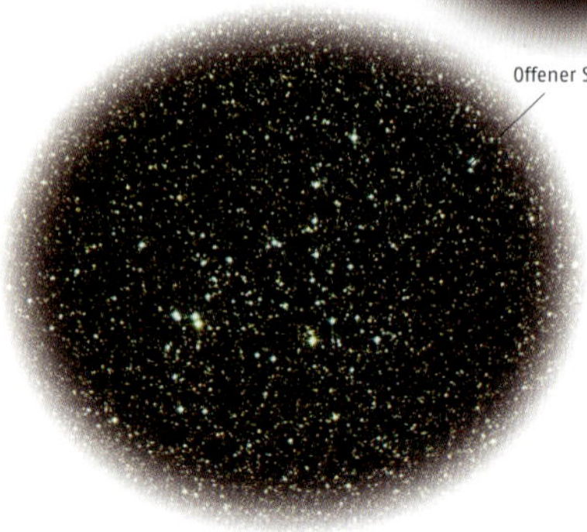

Offener Sternhaufen NGC 6709

Beobachtungstipp

Schräg unterhalb von Zeta und Epsilon liegt der lockere, offene Sternhaufen NGC 6709, der etwa 40 Sterne enthält. Er ist bereits mit dem Fernglas zu sehen, seine Einzelsterne aber erst im Fernrohr. NGC 6709 hat eine scheinbare Ausdehnung, die der halben Vollmondscheibe entspricht.

Sterne des Adlers

Name	*Beschreibung*	*Helligkeit*	*Entfernung*
Atair (α)	„fliegender Adler", weiß	0,8	17 LJ
Alshain (β)	gelb	3,0	45 LJ
Tarazed (γ)	rötlich	2,7	460 LJ
Deneb el Okab (ζ)	blauweiß	3,0	83 LJ
Eta (η)	gelbweißer Veränderlicher	3,5–4,4	1173 LJ
57	Doppelstern	5,7/6,5	350 LJ

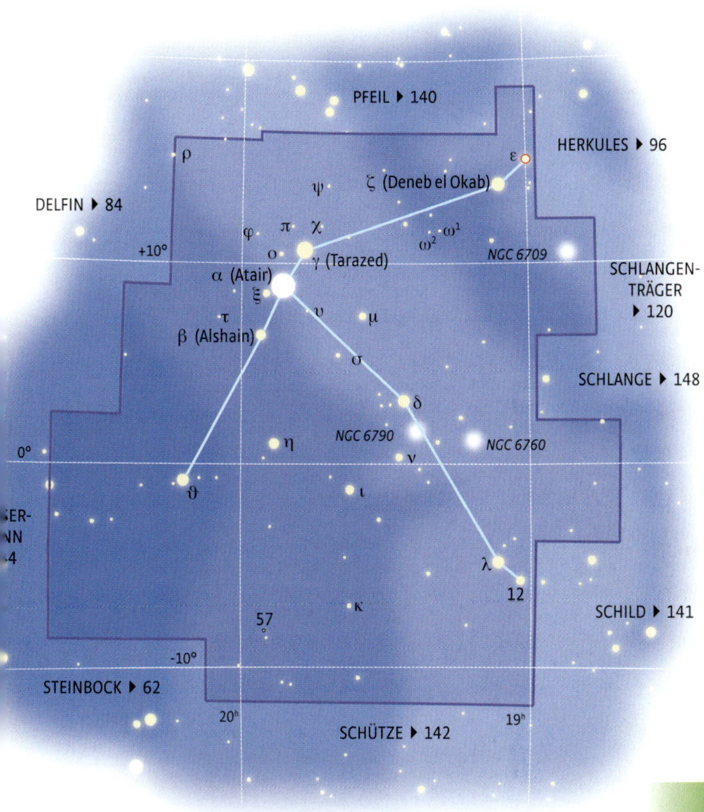

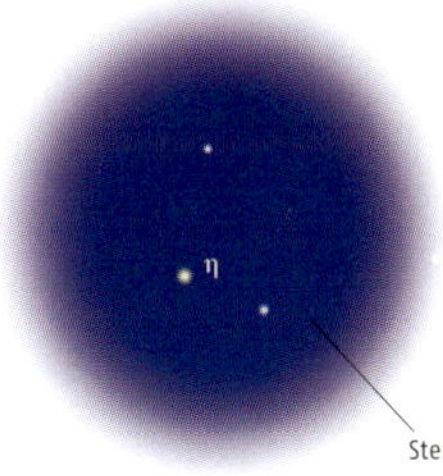

Stern Eta

Deep-Sky-Objekte des Adlers

Name	*Beschreibung*	*Helligkeit*	*Entfernung*
NGC 6709	*offener Sternhaufen*	*7,5*	*3000 LJ*
NGC 6760	*offener Sternhaufen*	*9*	*19 600 LJ*
NGC 6790	*Planetarischer Nebel*	*10,5*	*5200 LJ*

Beobachtungstipp

Eta Aquilae war im Jahr 1874 einer der ersten Veränderlichen, den Astronomen entdeckt haben. Er ist ein Cepheid, ein pulsierender Überriese. Zufällig schwankt seine Helligkeit im gleichen Bereich wie die von Delta Cephei (3,5–4,4 Größenklassen), dem Namensgeber dieser Veränderlichenklasse.

Ara

Altar – Arae – Ara

Größe: 237 Quadratgrad (Rang 63); vollständig sichtbar von 23° Nord bis 90° Süd

Auf einen Blick *Der Altar ist ein kleines, markantes Sternbild am Südhimmel. Er liegt südlich des Skorpions und wird von den unauffälligen Sternbildern Teleskop und Winkelmaß flankiert.*

- ***In Mitteleuropa nicht sichtbar***
- ***Sechs mittelhelle Sterne in der Form eines Stuhls***
- ***Liegt inmitten der Milchstraße mit hellen Sternwolken und Dunkelnebeln***

Von Mitteleuropa ist der Altar nicht zu sehen, da er tief am Südhimmel liegt. Das kleine Sternbild liegt südlich des Skorpions in einem dichten Teil der Milchstraße. Bereits die Griechen haben es am Himmel verewigt. Seine Konturen werden durch mittelhelle Sterne markiert, die ein bisschen an die Form des Bechers (Crater) erinnern. Links und rechts des Altars befinden sich Teleskop (Telescopium) und Winkelmaß (Norma) – zwei kleine Sternbilder, die erst seit der Neuzeit am Himmel prangen.

Offener Sternhaufen NGC 6193

Kugelsternhaufen NGC 6397

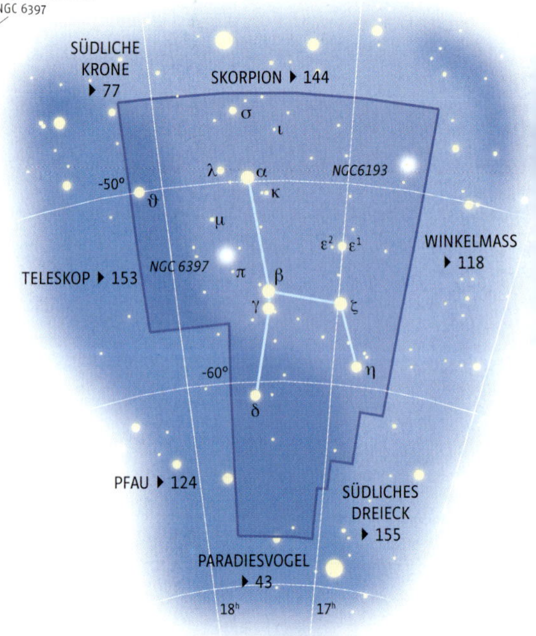

Beobachtungstipp

Ausgehend von der Verbindungslinie zwischen Alpha und Beta findet man den hellen Kugelsternhaufen NGC 6397, der sich bereits mit einem kleinen Teleskop in Einzelsterne auflösen lässt. Er hat eine Winkelausdehnung, die dem halben Vollmondscheibchen entspricht.

Sterne und Deep-Sky-Objekte des Altars

Name	*Beschreibung*	*Helligkeit*	*Entfernung*
Alpha (α)	*blauweiß*	*2,8*	*242 LJ*
Beta (β)	*orangeroter Überriese*	*2,8*	*600 LJ*
Gamma (γ)	*blauer Überriese*	*3,3*	*1140 LJ*
NGC 6193	*offener Sternhaufen*	*5*	*4565 LJ*
NGC 6397	*Kugelsternhaufen*	*5,8*	*10 500 LJ*

Aries

Widder – Arietis – Ari

Größe: 441 Quadratgrad (Rang 39); vollständig sichtbar von 90° Nord bis 60° Süd

Zwischen November und Januar ist der Widder in den Abendstunden in südlicher Richtung zu sehen. Das kleine Sternbild enthält nur zwei hellere Sterne und liegt ein Stück unterhalb parallel zur Sternkette der Andromeda. Es enthält keine hellen Deep-Sky-Objekte. Der Widder ist ein Tierkreissternbild, das von den Fischen und dem Stier eingerahmt wird. In der griechischen Mythologie stellt das Sternbild den Widder mit dem goldenen Vlies dar, das Jason und die Argonauten suchen. Vor 2000 Jahren stand die Sonne zu Frühlingsbeginn im Widder.

Auf einen Blick *Der Widder ist ein kleines, aber auffälliges Sternbild aus einer Kette von Sternen. Ende Oktober steht er um Mitternacht im Süden. Der hellste Stern heißt Hamal.*

- ***Sichtbar Juli bis Februar***
- ***Sternbild mit nur einem Deep-Sky-Objekt für mittelgroße Fernrohre***
- ***Früher stand die Sonne hier zu Frühlingsbeginn***

Spiralgalaxie NGC 772

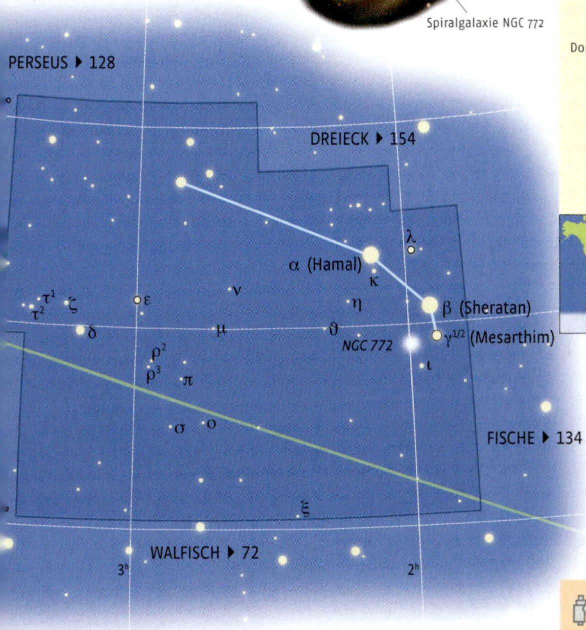

Doppelstern Gamma

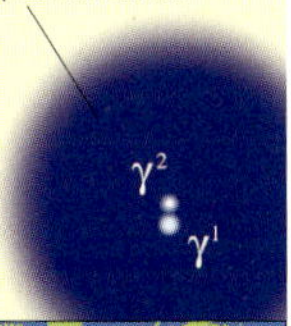

Sterne und Deep-Sky-Objekte des Widders			
Name	***Beschreibung***	***Helligkeit***	***Entfernung***
Hamal (α)	*„Lamm", rötlich*	*2,0*	*66 LJ*
Sheratan (β)	*„Zweiter", weißlich*	*2,6*	*60 LJ*
Mesarthim (γ)	*Doppelstern*	*4,6/4,7*	*204 LJ*
Epsilon (ε)	*enger Doppelstern*	*5,2/5,5*	*290 LJ*
Lambda (λ)	*Doppelstern*	*4,8/7,3*	*133 LJ*
NGC 772	*Spiralgalaxie*	*10,3*	*100 Mio. LJ*

Beobachtungstipp

Rechts von Hamal liegt am Ende der Sternkette Mesarthim, ein schöner blau-weißer Doppelstern, den Robert Hooke 1664 entdeckt hat. Seine Komponenten sind bereits bei geringer Vergrößerung mit einem Teleskop zu trennen.

Auriga

Fuhrmann – Aurigae – Aur

Größe: 657 Quadratgrad (Rang 21); vollständig sichtbar von 90° Nord bis 34° Süd

Auf einen Blick *Der Fuhrmann ist während des Winters in den Abendstunden zu sehen. Sein Nordteil mit dem hellen Stern Kapella ist zirkumpolar.*

> ***Sichtbar von Juni bis Mai***
> ***Prägnante Figur mit Kapella sowie sechs weiteren helleren und mittelhellen Sternen***
> ***M 36, M 37, M 38:drei helle Sternhaufen fürs Fernglas***

Beim Fuhrmann handelt es sich um ein großes, auffälliges Sternbild, dessen nördlicher Teil um den hellen Stern Kapella zirkumpolar ist. Im Dezember steht der Fuhrmann gegen Mitternacht in Zenitnähe. Das Siebeneck ist ein klassisches Wintersternbild und hat mit dem Stier einen Stern gemeinsam: Elnath (Beta im Taurus). Kapella ist der sechsthellste Stern des Himmels. In der markanten Figur des Wintersechsecks bildet er den nördlichsten Eckpunkt. Die alten Griechen erkannten in dem Sternbild den athenischen König Erichthonius, der sich seiner Schlangenfüße schämte und daher einen Wagen erfand.

Offener Sternhaufen Messier 38

Offener Sternhaufen Messier 37

Beobachtungstipp

Der schönste offene Sternhaufen im Fuhrmann ist M 37, der fast auf der Verbindungslinie zwischen Theta im Fuhrmann und Beta im Stier liegt. Bereits im Fernglas erkennt man die hellsten der 150 Haufensterne, im kleinen Fernrohr ist der Anblick noch prächtiger.

Sterne des Fuhrmanns

Name	*Beschreibung*	*Helligkeit*	*Entfernung*
Kapella (α)	*„Ziege", gelb*	*0,08*	*42 LJ*
Menkalinan (β)	*„Schulter", blauweiß*	*1,9*	*82 LJ*
Almaaz (ε)	*Bedeckungsveränderlicher*	*3,0–3,8*	*2000 LJ*
Haedus (ζ)	*Bedeckungsveränderlicher*	*3,7–4,0*	*790 LJ*
Hassaleh (ι)	*rötlich*	*2,7*	*512 LJ*
Theta (ϑ)	*Doppelstern*	*2,6/7,1*	*173 LJ*

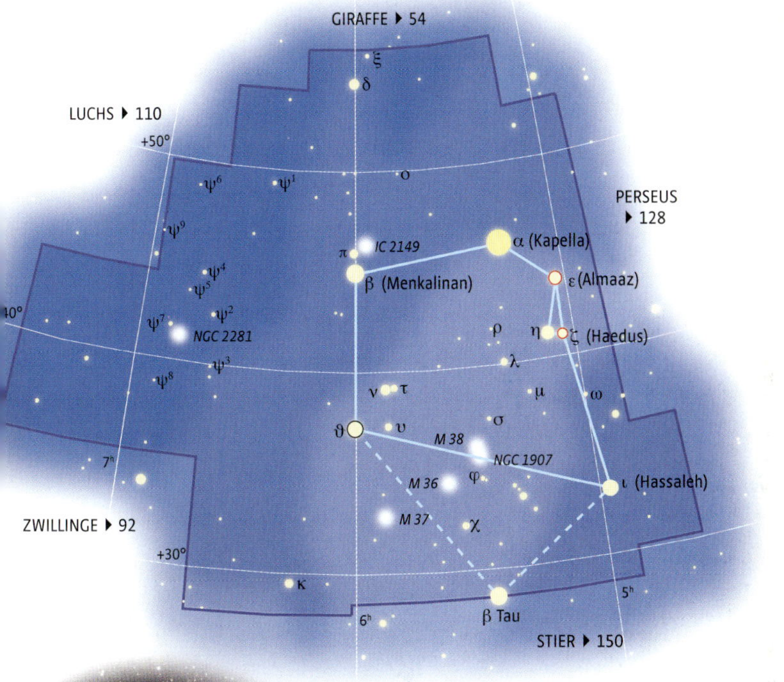

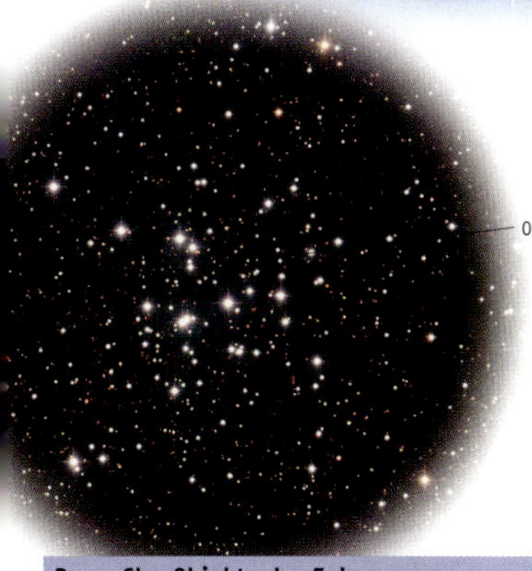

Offener Sternhaufen Messier 36

Deep-Sky-Objekte des Fuhrmanns

Name	*Beschreibung*	*Helligkeit*	*Entfernung*
M 36	*offener Sternhaufen*	*6,5*	*3900 LJ*
M 37	*offener Sternhaufen*	*6*	*4200 LJ*
M 38	*offener Sternhaufen*	*7,0*	*3900 LJ*
NGC 1907	*offener Sternhaufen*	*8,2*	*4500 LJ*
NGC 2281	*offener Sternhaufen*	*6,5*	*1500 LJ*
IC 2149	*Planetarischer Nebel*	*10,6*	*3200 LJ*

Beobachtungstipp

M 38 liegt im Herzen des Fuhrmanns und ist ebenfalls bereits mit dem Fernglas zu sehen. Im Teleskop lassen sich viele der ungefähr 100 Einzelsterne erkennen. Direkt neben M 38 liegt NGC 1907, ein weiterer offener Sternhaufen, der allerdings ziemlich klein und unscheinbar ist.

Bootes

Rinderhirte – Bootis – Boo

Größe: 907 Quadratgrad (Rang 13); vollständig sichtbar von 90° Nord bis 35° Süd

Auf einen Blick *Der Rinderhirte besitzt eine prägnante Form, die an einen Kinderdrachen erinnert. Sein hellster Stern, Arktur, bildet den nördlichen Eckpunkt des Frühlingsdreiecks.*

- **Sichtbar von Januar bis August**
- **Arktur ist der Hauptstern des Rinderhirten und der vierthellste Stern des gesamten Himmels**
- **Namensgeber des Sternschnuppenstroms der „Quadrantiden" (beobachtbar im Januar)**

Der Bootes wird im Deutschen auch als Rinderhirte bezeichnet und ist während des Frühlings am besten in den Abendstunden zu sehen. In dem großen Sternbild sehen manche eine Eistüte, andere einen Kinderdrachen, dessen unteres Ende von Arktur markiert wird. Arktur ist der vierthellste Stern des Himmels und leuchtet deutlich rot. Zusammen mit Spika in der Jungfrau und Regulus im Löwen bildet er das Frühlingsdreieck. In der griechischen Mythologie gibt es mehrere Deutungen: In einer Sage hält er zwei Hunde (Canes Venatici) an der Leine und verfolgt den Bären (Ursa Maior). In einer anderen ist der Rinderhirte der Sohn des Zeus und der Nymphe Kallisto.

Beobachtungstipp

Izar (Epsilon), der zweithellste Stern im Rinderhirte, ist ein Doppelsystem. Bei der helleren Komponente handelt es sich um einen blauen Stern, die schwächere ist blauweiß. Um die beiden Sterne zu trennen, ist ein kleines Fernrohr mit höherer Vergrößerung notwendig.

Sterne des Rinderhirten

Name	Beschreibung	Helligkeit	Entfernung
Arktur (α)	„Bärenhüter", rötlich	-0,05	37 LJ
Nekkar (β)	„Ochsentreiber", gelb	3,5	219 LJ
Seginus (γ)	weiß	3	85 LJ
Izar (ε)	„Gürtel", Doppelstern	3,5/7,8	210 LJ
Muphrid (η)	gelb	2,7	37 LJ
Alkalurops (μ)	„Keule", Dreifachstern	4,3	121 LJ
Nü-1, -2 (ν^1, ν^2)	optischer Doppelstern	5,0/5,0	870/430 LJ

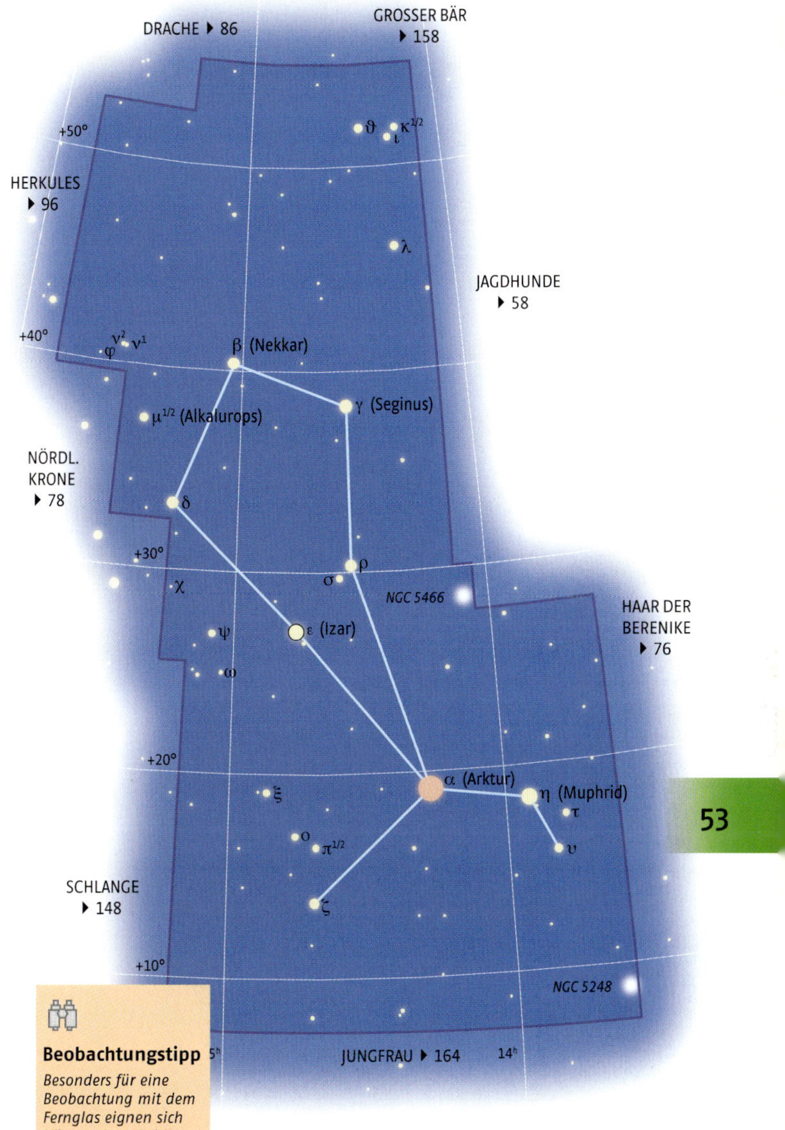

Beobachtungstipp

Besonders für eine Beobachtung mit dem Fernglas eignen sich Nü-1 und -2. Beide Sterne stehen nur zufällig in derselben Blickrichtung am Himmel; ihre Entfernungen sind sehr unterschiedlich. Nü-1 leuchtet orange, Nü-2 weiß. Sie liegen in der Nähe der Spitze bei Nekkar.

Deep-Sky-Objekte des Rinderhirten

Name	*Beschreibung*	*Helligkeit*	*Entfernung*
NGC 5248	Spiralgalaxie	10,2	50 Mio. LJ
NGC 5466	Kugelsternhaufen	9,1	52 000 LJ

Cameloparddalis

Giraffe– Cam – Camelopardalis

Größe: 757 Quadratgrad (Rang 18); vollständig sichtbar von 90° Nord bis 4° Süd

Auf einen Blick *Die Giraffe füllt den relativ sternarmen Raum zwischen den polnahen Sternbildern Drache, Großer Bär, Fuhrmann und Kassiopeia aus. Sie enthält nur schwache Sterne.*

- ***Ganzjährig sichtbar***
- ***Relativ eingängige Figur, von der Seite gesehen, mit langem Hals und zwei Beinen***
- ***Enthält einige interessante Deep-Sky-Objekte, teils schon mit Fernglas zu sehen***

Die Giraffe ist ein zirkumpolares Sternbild und somit das ganze Jahr über zu sehen. Ihre größte Höhe über dem Horizont erreicht sie zwischen September und Februar. Das recht große Sternbild enthält nur lichtschwache Sterne und ist deshalb – umringt von den hellen Sternbildern Großer Bär, Fuhrmann, Perseus und Kassiopeia – nur schwer zu finden. Der holländische Theologe und Astronom Petrus Plancius führte das Sternbild 1613 ein, um diesem Bereich der nördlichen Zirkumpolarregion einen Namen zu geben. Die Figur stellt das Tier dar, auf dem Rebecca nach Kanaan ritt, um Isaak zu heiraten.

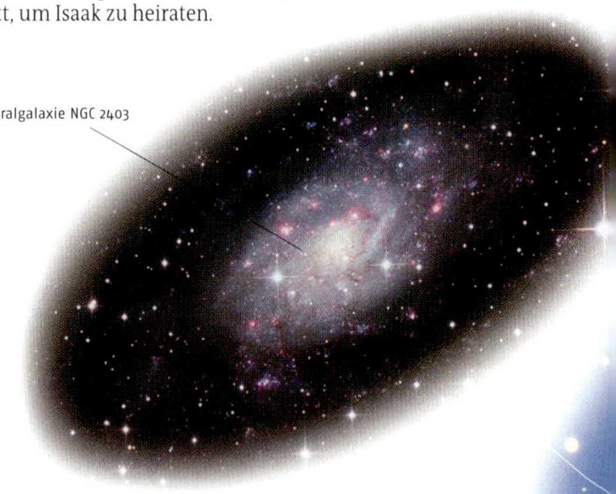

Spiralgalaxie NGC 2403

Offener Sternhaufen Collinder 464

Beobachtungstipp

Collinder 464 (Cr 464) ist ein relativ unbekannter Sternhaufen in der Mitte zwischen Beta in der Giraffe und dem Polarstern. Seine 50 Mitgliedssterne sind über eine Fläche von vier Vollmonddurchmessern verteilt, weshalb er nicht besonders auffällt.

Deep-Sky-Objekte der Giraffe

Name	*Beschreibung*	*Helligkeit*	*Entfernung*
NGC 1502	offener Sternhaufen	6	3000 LJ
NGC 2403	Spiralgalaxie	8,4	12 Mio. LJ
IC 342	Spiralgalaxie	9,1	6 Mio. LJ
Cr 464	offener Sternhaufen	4,2	370 LJ

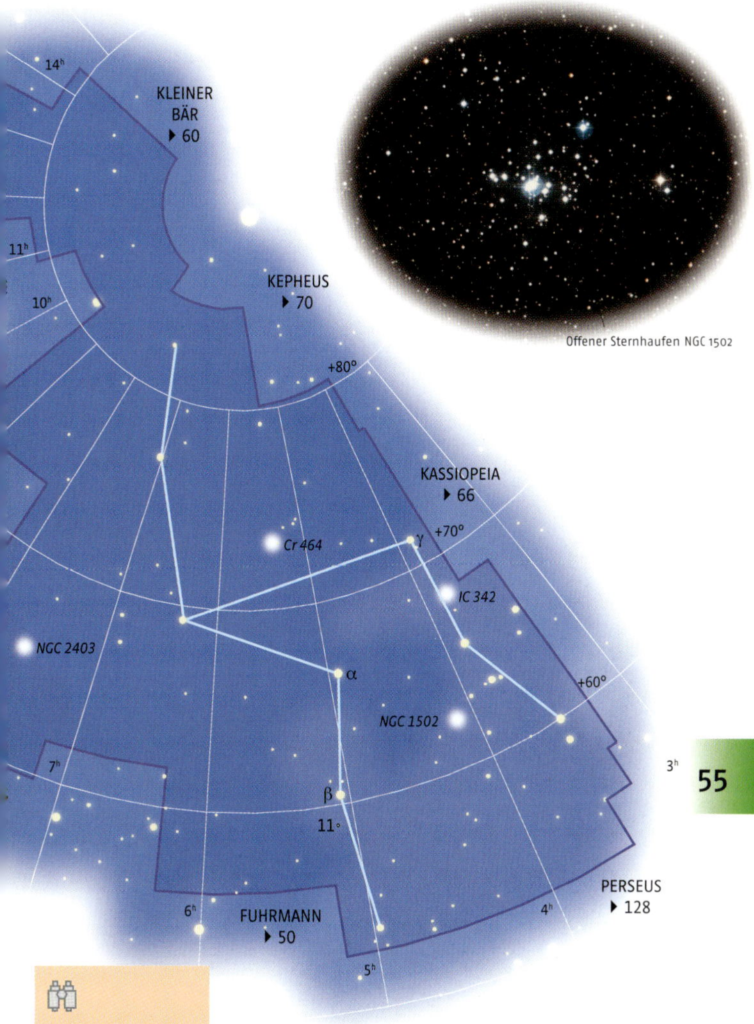

Offener Sternhaufen NGC 1502

Beobachtungstipp

Der offene Sternhaufen NGC 1502 hat nur eine geringe Ausdehnung, leuchtet aber recht hell. Er liegt zwischen den Beinen der Giraffe und ist bereits mit dem Fernglas zu sehen. Um Einzelsterne in ihm zu erkennen, ist jedoch ein Teleskop erforderlich.

Sterne der Giraffe

Name	Beschreibung	Helligkeit	Entfernung
Alpha (α)	blauer Überriese	4,3	5000 LJ
Beta (β)	gelber Überriese	4,0	1000 LJ
11/12	optischer Doppelstern	5,1/6,3	650 LJ

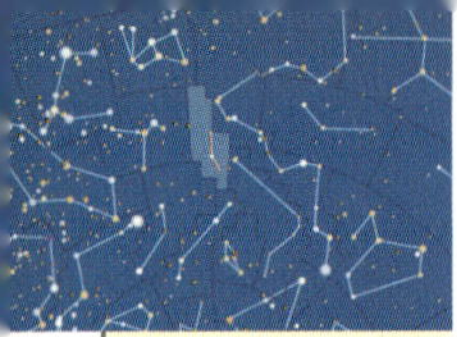

Caelum

Grabstichel – Caeli – Cae

Größe: 125 Quadratgrad (Rang 81); vollständig sichtbar von 41° Nord bis 90° Süd

Auf einen Blick *Die Grabstichel ist ein unscheinbares Sternbild, das von Mitteleuropa aus kaum zu beobachten ist. Kein Stern ist heller als viereinhalb Größenklassen.*

> ***Höchste Stellung am Abendhimmel in den Wintermonaten***
> ***Sehr schwierig zu sehen, da das Sternbild für Mitteleuropa immer dicht am Horizont bleibt***

Die Grabstichel ist von Mitteleuropa aus nur unter sehr guten Bedingungen zu sehen – und dann auch nur zum Teil. Das kleine, unscheinbare Sternbild liegt zwischen Eridanus und Taube. Nicolas Louis de Lacaille hat die Grabstichel im Jahr 1756 an den Himmel gesetzt. Es handelt sich dabei um ein Werkzeug, ähnlich einem Meißel, das Steinhauer benutzen. Die Grabstichel enthält nur sehr wenige Objekte, die sich für Beobachter lohnen.

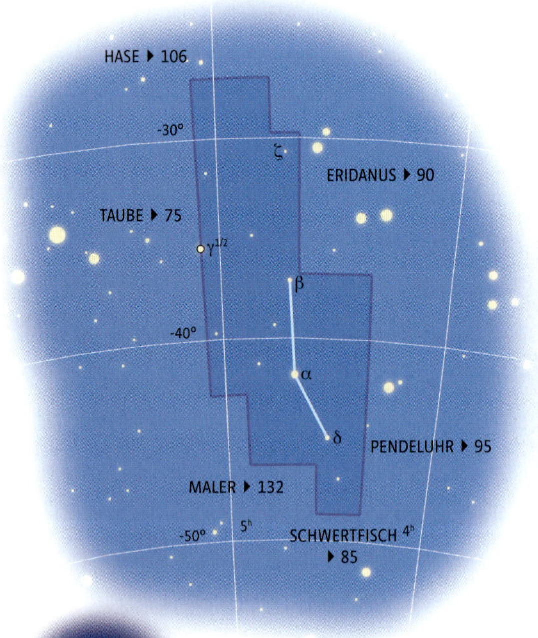

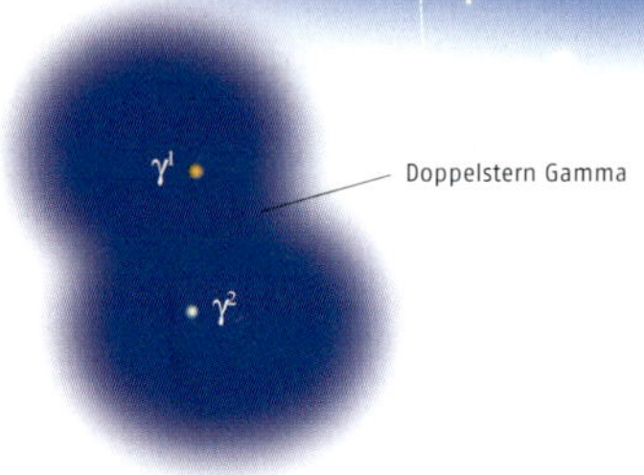

Beobachtungstipp

Wer die Extreme liebt, kann sich an dem Doppelstern Gamma versuchen, der an der Grenze zwischen Grabstichel und Taube liegt. Mit einem größeren Fernrohr sollten die beiden stark unterschiedlich hellen Komponenten zu trennen sein.

Sterne und Deep-Sky-Objekte der Grabstichel

Name	*Beschreibung*	*Helligkeit*	*Entfernung*
Alpha (α)	gelbweiß	4,4	66 LJ
Beta (β)	weiß	5,0	90 LJ
Gamma (γ)	Doppelstern	4,6/8,1	185 LJ

Cancer

Krebs – Cancri – Cnc

Größe: 506 Quadratgrad (Rang 31); vollständig sichtbar von 90° Nord bis 57° Süd

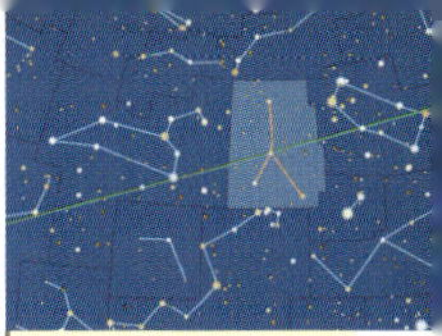

Das Tierkreissternbild Krebs erreicht Ende Januar / Anfang Februar seine höchste Stellung gegen Mitternacht. Da es in ihm keine hellen Sterne gibt, ist es relativ unauffällig und wird zwischen dem Löwen (östlich) und den Zwillingen (westlich) leicht übersehen. Die Figur des Krebses erinnert an ein auf dem Kopf stehendes Y, wobei die Enden der beiden Zangen von den Sternen Iota und Alpha markiert werden. In der griechischen Mythologie griff der Krebs den Helden Herkules an, während dieser mit der vielköpfigen Hydra kämpfte. So viel Hinterhalt wurde bestraft: Herkules zertrat den Krebs. In der Antike erreichte die Sonne im Sternbild Krebs ihren nördlichsten Punkt am Himmel. Daraus leitet sich die Bezeichnung „Wendekreis des Krebses“ ab.

Auf einen Blick *Der Krebs ist ein recht unauffälliges Frühlingssternbild, das an ein auf dem Kopf stehendes Y erinnert.*

- > ***Sichtbar November bis Mai***
- > ***Unauffälliges Tierkreissternbild***
- > ***Prominentestes Objekt: der offene Sternhaufen Krippe***

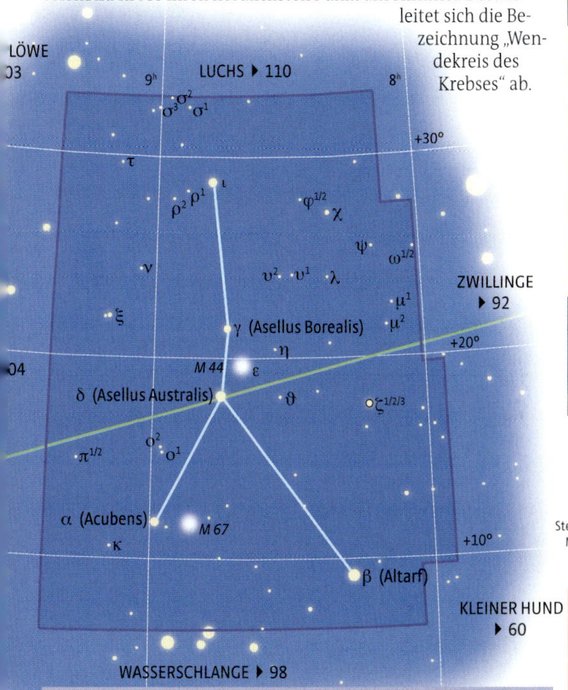

Offener Sternhaufen Messier 67

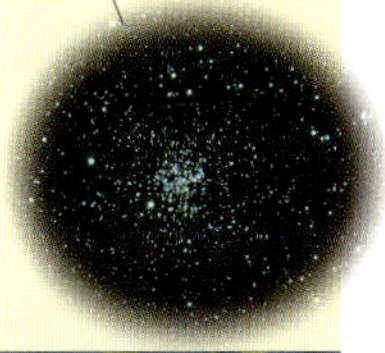

Offener Sternhaufen Messier 44

Sterne und Deep-Sky-Objekte des Krebses

Name	*Beschreibung*	*Helligkeit*	*Entfernung*
Acubens (α)	*„Klaue“, weiß*	*4,3*	*174 LJ*
Altarf (β)	*orangerot*	*3,5*	*290 LJ*
Asellus Borealis (γ)	*„Nördlicher Esel“, weiß*	*4,7*	*158 LJ*
Asellus Australis (δ)	*„Südlicher Esel“, orangerot*	*3,9*	*136 LJ*
Zeta (ζ)	*Dreifachstern*	*5,6/6,0/6,2*	*83 LJ*
M 44	*„Krippe“, offener Sternhaufen*	*3,1*	*577 LJ*
M 67	*offener Sternhaufen*	*7*	*2400 LJ*

Beobachtungstipp

Zwischen den Sternen Gamma und Delta, inmitten des Krebses, liegt der offene Sternhaufen M 44. Bei dunklem Himmel ist die Praesepe („Krippe“) bereits mit bloßem Auge zu sehen. Im Fernglas zeigen sich viele Einzelsterne, von denen Epsilon der hellste ist. M 44 erscheint dreimal so groß wie der Vollmond.

Canes Venatici

Jagdhunde – Canum Venaticorum – CVn

Größe: 465 Quadratgrad (Rang 38); vollständig sichtbar von 90° Nord bis 38° Süd

Auf einen Blick *Die Jagdhunde sind ein kleines Sternbild in der Nachbarschaft des Großen Bären. Ihr hellster Stern, Cor Caroli, hilft dabei, das ansonsten schwache Sternbild zu finden.*

- ***Sichtbar von Dezember bis August***
- ***Zwei Sterne bilden die Figur des Sternbilds***
- ***M 3: einer der hellsten Kugelsternhaufen des Nordhimmels***

Im April erreichen die Jagdhunde ihre höchste Position am Himmel noch in der ersten Nachthälfte. Das kleine Sternbild liegt südlich des Großen Bären, sein nördlicher Teil ist in Mitteleuropa zirkumpolar. Die Jagdhunde enthalten nur einen helleren Stern: Cor Caroli („Charles' Herz"), eine Referenz an König Charles I. von England. Der polnische Astronom Johann Hevelius hat die Jagdhunde 1687 eingeführt. Sie stellen zwei Hunde dar, die den Großen Bären bei seiner Wanderung um den Himmelspol verfolgen. Der benachbarte Rinderhirte hält sie dabei an der Leine.

Spiralgalaxie Messier 106

Sterne und Deep-Sky-Objekte der Jagdhunde

Name	Beschreibung	Helligkeit	Entfernung
Cor Caroli (α)	„Charles' Herz", Doppelstern	2,9/5,5	110 LJ
Chara (β)	„Freude", gelb	4,2	27 LJ
La Superba (Y)	„Die Überragende", tiefroter Veränderlicher	5,2–5,6	710 LJ
M 3	Kugelsternhaufen	6	34 000 LJ
M 51	„Whirlpool-Galaxie", Spiralgalaxie	8,4	26 Mio. LJ
M 63	„Sonnenblumen-Galaxie", Spiralgalaxie	8,6	23 Mio. LJ
M 106	Spiralgalaxie	8,3	20 Mio. LJ

Beobachtungstipp

Ungefähr in der Mitte zwischen Arktur im Rinderhirten und Cor Caroli in den Jagdhunden liegt der Kugelsternhaufen M 3. Er ist so hell, dass er ein leichtes Objekt für das Fernglas ist. Seine wahre Pracht zeigt sich allerdings erst im Teleskop bei höheren Vergrößerungen: dann werden viele Einzelsterne sichtbar.

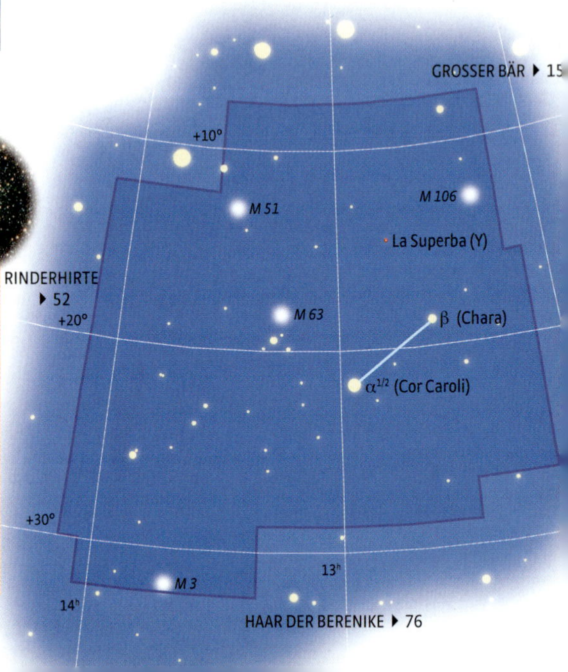

Canis Maior

Großer Hund – Canis Maioris – CMa

Größe: 380 Quadratgrad (Rang 43); vollständig sichtbar von 57° Nord bis 90° Süd

Der Große Hund ist ein klassisches Wintersternbild, das sich links unterhalb des Orions befindet. Neben Sirius, dem hellsten Stern des Nachthimmels, enthält der Große Hund drei weitere sehr helle Sterne. Bereits die Babylonier sahen in dem Sternbild einen Hund, der den Himmelsjäger Orion begleitet. Diese Interpretation hatte auch im antiken Griechenland Bestand. In Ägypten zur Zeit der Pharaonen kündigte der erste Aufgang des Sirius am Morgenhimmel das jährliche Nilhochwasser an – ein wichtiger Zeitpunkt für die damalige Landwirtschaft. Die Ägypter sahen im Aufgang des Sirius ein Signal für die Zeit der größten Sommerhitze, woraus sich der Begriff der „Hundstage" ableitet.

Auf einen Blick *Der Große Hund enthält mehrere sehr helle Sterne, die in Mitteleuropa durch die Horizontnähe des Sternbilds aber nicht so zur Geltung kommen. Der Hauptstern Sirius wird auch als „Hundsstern" bezeichnet.*

- ***Sichtbar von November bis Februar***
- ***Sirius steht am Maul, Mirzam markiert das Ende einer Vorderpfote, Aludra das Schwanzende***
- ***Sirius: hellster Stern des Himmels***

Offener Sternhaufen NGC 2362

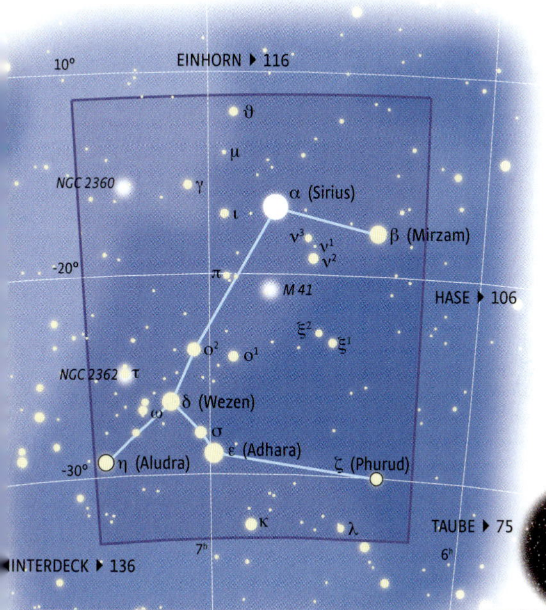

Offener Sternhaufen Messier 41

Sterne und Deep-Sky-Objekte des Großen Hundes

Name	*Beschreibung*	*Helligkeit*	*Entfernung*
Sirius (α)	„Hundsstern", hellster Stern am Himmel	-1,4	8,6 LJ
Mirzam (β)	„Ankündiger", blau	2,0	500 LJ
Wezen (δ)	„Gewicht", weiß	1,8	1800 LJ
Adhara (ε)	„Jungfrau", blau	1,5	430 LJ
Phurud (ζ)	Doppelstern (weiß/orange)	3,0/7,7	336 LJ
Aludra (η)	weiter Doppelstern	2,4/6,9	3200 LJ
M 41	offener Sternhaufen	4,5	2200 LJ
NGC 2360	offener Sternhaufen	7,2	3700 LJ
NGC 2362	offener Sternhaufen	4,1	5200 LJ

Beobachtungstipp

Der offene Sternhaufen M 41 bildet mit Sirius und Mirzam ein Dreieck. Er enthält etwa 50 Sterne, die über eine mehr als vollmondgroße Fläche verteilt sind. Unter günstigen Bedingungen ist M 41 bereits mit bloßem Auge zu sehen, im Fernglas bietet der offene Sternhaufen einen schönen Anblick.

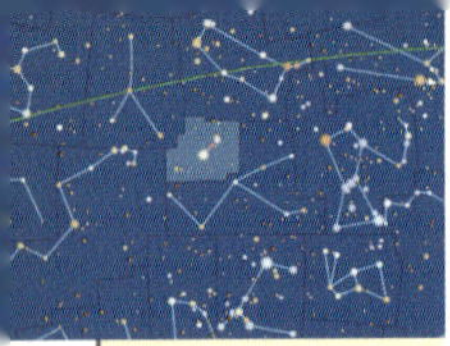

Canis Minor

Kleiner Hund – Canis Minoris – CMi

Größe: 183 Quadratgrad (Rang 71); vollständig sichtbar von 90° Nord bis 77° Süd

Auf einen Blick *Der Kleine Hund ist ein kleines Sternbild am abendlichen Winterhimmel. Sein Hauptstern Prokyon gehört zu den zehn hellsten Sternen des Himmels.*

> ***Sichtbar November bis März***

> ***Prokyon hat einen engen Begleiter, der aber nur mit großen Fernrohren zu sehen ist***

Von Januar bis April ist der Kleine Hund günstig am Abendhimmel zu sehen. Das kleine Sternbild enthält nur wenige interessante Objekte und fällt vor allem wegen seines Hauptsterns Prokyon auf: Er ist der achthellste Stern des Himmels und markiert das Hinterteil des Hundes. Der zweithellste Stern des Kleinen Hundes, Gomeisa, steht am Hals. Der Kleine Hund ist von den Sternbildern Zwillinge, Krebs, Wasserschlange und Einhorn umgeben. In der griechischen Mythologie begleitet er gemeinsam mit dem Großen Hund den Himmelsjäger Orion.

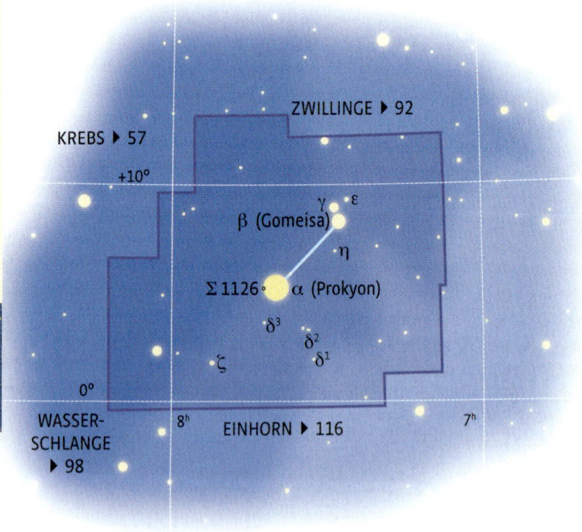

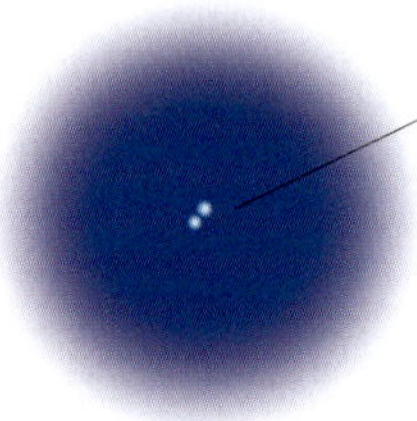

Beobachtungstipp

Links unterhalb von Prokyon befindet sich der Doppelstern Σ 1126 (Σ steht für F. G. Wilhelm Struve, seinen Entdecker). Der Stern ist mit einem Fernrohr ab etwa 150 Millimeter Öffnung zu trennen. Er hat einen weiteren Begleiter (10,8 Größenklassen) in relativ großem Abstand.

Sterne und Deep-Sky-Objekte des Kleinen Hundes

Name	*Beschreibung*	*Helligkeit*	*Entfernung*
Prokyon (α)	*„dem Hund vorausgehend"*	*0,4*	*11 LJ*
Gomeisa (β)	*blauweiß*	*2,9*	*170 LJ*
Σ 1126	*enger Doppelstern*	*6,6/6,9*	*unbekannt*

Chamaeleon

Chamäleon – Chamaeleontis – Cha

Größe: 132 Quadratgrad (Rang 79); vollständig sichtbar von 7° Nord bis 90° Süd

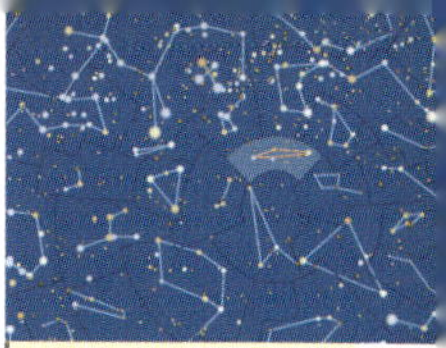

Das Chamäleon ist von Europa aus nie zu sehen, da es sich in direkter Nachbarschaft zum Himmelssüdpol befindet. Es wurde von den holländischen Seefahrern Pieter Dirkszoon Keyser und Frederick de Houtman gegen Ende des 16. Jahrhunderts eingeführt. Das kleine, unscheinbare Sternbild enthält keine hellen Sterne und liegt am Rand der Milchstraße. Ein recht einfacher Doppelstern und ein Planetarischer Nebel sind die einzigen Höhepunkte des Chamäleons.

Auf einen Blick *Das Chamäleon umgibt zusammen mit weiteren kleinen Sternbildern den südlichen Himmelspol. Es ist für weite Teile der Südhalbkugel zirkumpolar.*

> ***Unsichtbar in Europa***
> ***Enthält keine hellen Sterne***

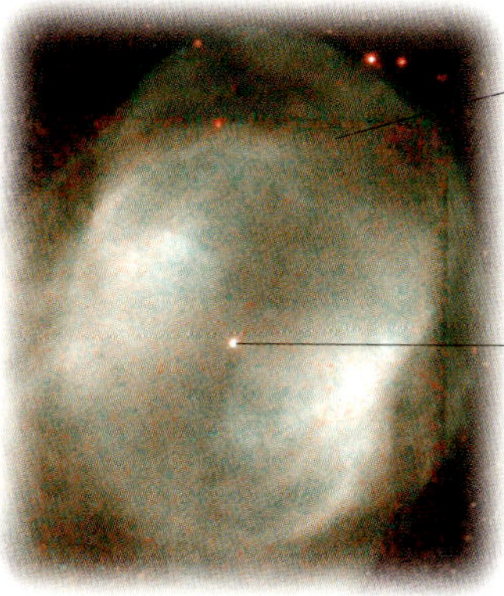

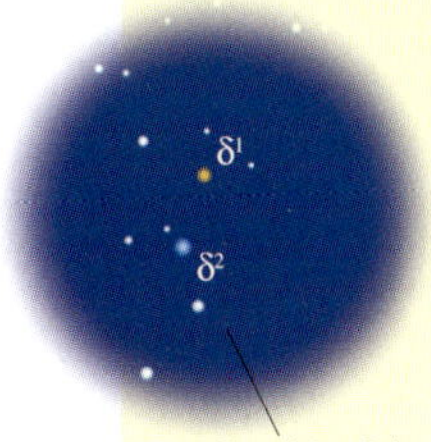

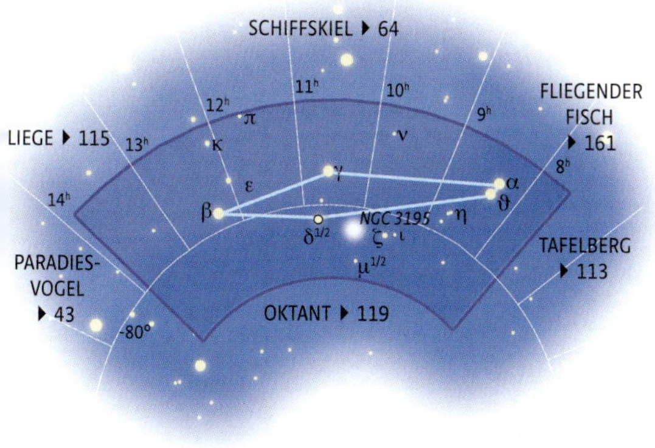

Beobachtungstipp

Der in der Mitte des Sternbilds stehende Stern Delta ist ein optischer Doppelstern, der sich bereits mit dem Fernglas trennen lässt. Die schwächere Komponente ist orange, die hellere, weiße Komponente wiederum ein echter Doppelstern, der aber erst mit einem mittelgroßen Fernrohr erkennbar wird.

Sterne und Deep-Sky-Objekte des Chamäleons

Name	Beschreibung	Helligkeit	Entfernung
Alpha (α)	weiß	4,1	63 LJ
Beta (β)	blauweiß	4,2	271 LJ
Delta (δ)	optischer Doppelstern	4,5/5,5	354/364 LJ
NGC 3195	Planetarischer Nebel	11,6	5200 LJ

Capricornus

Steinbock – Capricorni – Cap

Größe: 414 Quadratgrad (Rang 40); vollständig sichtbar von 62° Nord bis 90° Süd

Auf einen Blick *Der Steinbock ist ein Tierkreissternbild, das im August um Mitternacht seine höchste Position am Himmel erreicht. Seine Sterne sind relativ schwach.*

- ***Sichtbar Juli bis September***
- ***Stern Delta ist der hellste, nicht Alpha***
- ***Stern Alpha: eher unbekannt, aber bereits mit bloßem Auge zu trennen***

Der Steinbock ist eines der eher unscheinbaren Tierkreissternbilder und der Fläche nach das kleinste. Ihm geht der Schütze voraus, auf den Steinbock folgt der Wassermann. Seine höchste Position am Abendhimmel erreicht das Sternbild in den Herbstmonaten. In der griechischen Mythologie stellt es den ziegenköpfigen Gott Pan dar. Pan sprang auf der Flucht vor einem Ungeheuer in einen Fluss, wobei sich seine untere Körperhälfte in einen Fisch verwandelte. Vor 2000 Jahren stand die Sonne zu Winterbeginn im Steinbock, woraus sich auch die Bezeichnung „Wendekreis des Steinbocks" ableitet.

Kugelsternhaufen Messier 30

Beobachtungstipp

Der Kugelsternhaufen M 30 ist in dieser, an hellen Sternen armen, Region nicht so einfach zu finden. Geht man von Deneb Algedi aus, kann man der Sternkette bis Zeta folgen. Östlich von diesem Stern steht dann M 30, der bei guten Sichtbedingungen mit einem Fernglas zu sehen ist.

Doppelstern Alpha

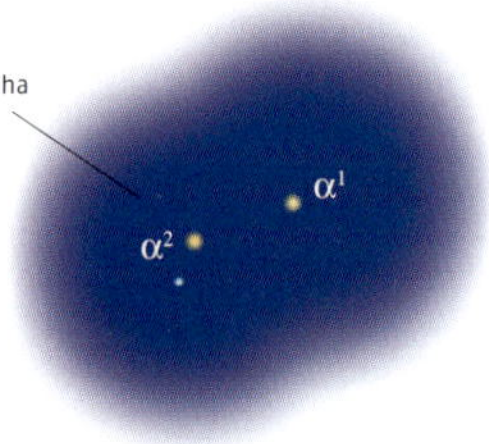

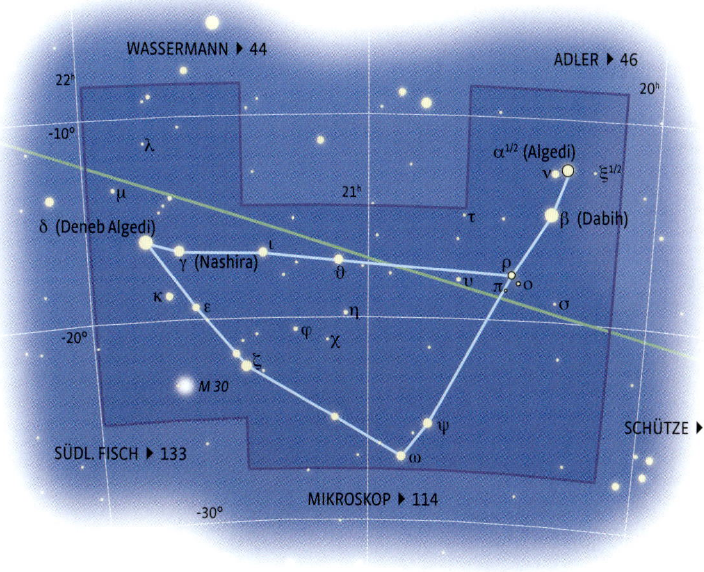

Sterne des Steinbocks

Name	*Beschreibung*	*Helligkeit*	*Entfernung*
Algedi (α)	*„Kind", Doppelstern*	*3,6/4,3*	*109/686 LJ*
Dabih (β)	*„Glückssterne des Schlachters"*	*3,1/6,1*	*340 LJ*
Nashira (γ)	*weißer Riese*	*3,7*	*139 LJ*
Deneb Algedi (δ)	*„Schwanz des Kindes"*	*2,9*	*39 LJ*
Zeta (ζ)	*gelb*	*3,8*	*398 LJ*
Omikron (ο)	*weiter Doppelstern*	*5,9/6,7*	*239 LJ*
Pi (π)	*optischer Doppelstern (?)*	*5,2/8,3*	*670 LJ*
Rho (ρ)	*optischer Doppelstern*	*5,0/6,6*	*99 LJ*

Deep-Sky-Objekte des Steinbocks

Name	*Beschreibung*	*Helligkeit*	*Entfernung*
M 30	*Kugelsternhaufen*	*7,5*	*26 000 LJ*

Beobachtungstipp

Der Doppelstern Alpha ist bereits mit bloßem Auge zu erkennen. Er liegt bei dem Stern Beta im westlichen Teil des Steinbocks. Mit dem Fernrohr erkennt man, dass beide Sterne wiederum doppelt sind: Der eine lässt sich bereits mit einem kleinen Fernrohr trennen, der andere erst mit einem mittelgroßen.

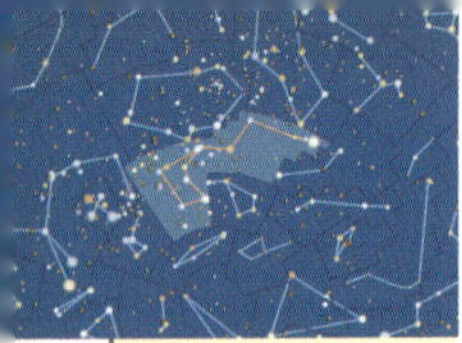

Carina

Schiffskiel – Carinae – Car

Größe: 494 Quadratgrad (Rang 34); vollständig sichtbar von 15° Nord bis 90° Süd

***Auf einen Blick** Der Schiffskiel kulminiert im Februar gegen Mitternacht. Er steht tief am Südhimmel und enthält mit Kanopus den zweithellsten Stern des Nachthimmels.*

- ***Für Mitteleuropa unsichtbar***
- ***Eta-Carinae-Nebel: hellster Gasnebel des Nachthimmels***
- ***„Falsches Kreuz": Iota und Epsilon im Schiffskiel mit Kappa und Delta im Segel (siehe S. 162)***

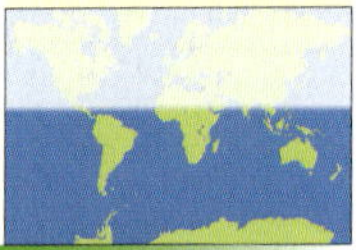

Dieses weitläufige Sternbild ist von Mitteleuropa aus nie zu sehen. Sein hellster Stern, Kanopus, liegt sehr viel weiter südlich als Sirius im Großen Hund. Kanopus ist nach Sirius der zweithellste Stern des Nachthimmels und taucht erst ab dem südlichen Mittelmeerraum tief über dem Südhorizont auf. Der Schiffskiel ist Teil eines alten großen Sternbildes: dem Schiff Argo, das der französische Himmelskartograf Nicolas Louis de Lacaille neu aufteilte. Es ist der Kiel jenes Schiffes, mit dem in der griechischen Mythologie Jason und die Argonauten nach dem goldenen Vlies des Widders suchten.

Offener Sternhaufen „Südliche Plejaden"

Eta-Carinae-Gasnebel

Beobachtungstipp

Zwischen dem „falschen Kreuz" (siehe oben) und dem Kreuz des Südens liegt der Eta-Carinae-Nebel. Er ist bereits mit bloßem Auge zu sehen und zeigt im Fernglas und im Teleskop eine überwältigende Fülle an Details. Der Stern Eta hat tausend Sonnenmassen.

Sterne des Schiffskiels

Name	*Beschreibung*	*Helligkeit*	*Entfernung*
Kanopus (α)	*zweithellster Stern*	*-0,6*	*313 LJ*
Miaplacidus (β)	*„Ruhige See", blauweiß*	*1,7*	*111 LJ*
Avoir (ε)	*orangerot*	*1,9*	*632 LJ*
Eta (η)	*Veränderlicher in Gasnebel*	*5–6 (meistens)*	*7500 LJ*
Theta (ϑ)	*blauweiß, in Sternhaufen*	*2,7*	*440 LJ*
Ypsilon (υ)	*blauweißer Doppelstern*	*3,0/6,2*	*1600 LJ*

Offener Sternhaufen NGC 3532

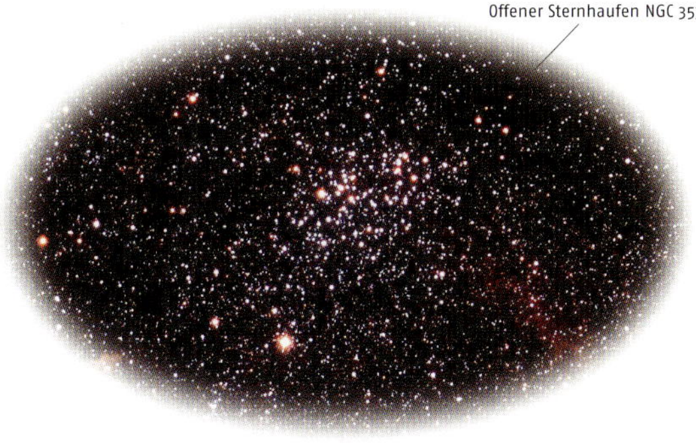

Deep-Sky-Objekte des Schiffskiels			
Name	***Beschreibung***	***Helligkeit***	***Entfernung***
NGC 2516	*offener Sternhaufen*	*3,8*	*1200 LJ*
NGC 2808	*Kugelsternhaufen*	*6,3*	*30 000 LJ*
NGC 3114	*offener Sternhaufen*	*4,2*	*3000 LJ*
NGC 3372	*„Eta-Carinae-Nebel", Gasnebel*	*–*	*7500 LJ*
NGC 3532	*offener Sternhaufen*	*3,0*	*1300 LJ*
IC 2602	*„Südliche Plejaden", off. Haufen*	*2*	*440 LJ*

Beobachtungstipp

Auf den ersten Blick ähneln die „südlichen Plejaden" ihren Nachbarn am Nordhimmel wirklich sehr stark (siehe S. 150). Der offene Sternhaufen IC 2602 liegt etwas südlich des Eta-Carinae-Nebels und ist doppelt so groß wie das Vollmondscheibchen. Der Stern Theta gehört zum Haufen dazu.

Cassiopeia

Kassiopeia – Cassiopeiae – Cas

Größe: 598 Quadratgrad (Rang 25); vollständig sichtbar von 90° Nord bis 12° Süd

Auf einen Blick *Die Kassiopeia ist in den Abendstunden am besten zwischen September und März zu sehen. Bezogen auf den Polarstern liegt das „Himmels-W" dem Großen Bären immer gegenüber.*

- ***Ganzjährig sichtbar***
- ***Fünf Sterne bilden die markante Figur, nur einer von ihnen ist deutlich schwächer***
- ***Im Jahr 1572 leuchtete in der Kassiopeia eine Supernova auf***

Die Kassiopeia ist ein markantes Sternbild, das an die Buchstaben W oder M erinnert. Für weite Teile Europas ist sie zirkumpolar. Im Oktober erreicht sie ihre höchste Position am Himmel gegen Mitternacht. Da die Milchstraße mitten durch das Sternbild verläuft, enthält es viele Sternhaufen. In der griechischen Sage ist Kassiopeia die Königin von Äthiopien, die von sich behauptet, schöner als die Nereiden zu sein. Diese Meernymphen beklagen sich darüber bitterlich bei ihrem Vater, dem Meeresgott Poseidon, der daraufhin ein Ungeheuer schickt, um die äthiopische Küste zu verwüsten und Kassiopeia damit zu bestrafen.

Offener Sternhaufen Messier 52

Offener Sternhaufen Messier 103

Beobachtungstipp

Der Abstand zwischen M 52 und dem Stern Beta ist etwas größer als der zwischen Beta und dem Stern Alpha. Bei M 52 handelt es sich um einen offenen Sternhaufen, der fast halb so groß wie der Vollmond ist. Die hellsten der rund 100 Mitgliedssterne lassen sich bereits im Fernglas erkennen, das ansonsten einen verschwommenen Fleck zeigt.

Sterne der Kassiopeia

Name	*Beschreibung*	*Helligkeit*	*Entfernung*
Schedar (α)	„Brust", orangerot	2,2	228 LJ
Caph (β)	„Bunte Hand", weiß	2,3	54 LJ
Gamma (γ)	Blauweißer Veränderlicher	1,6–3,6	613 LJ
Ruchbah (δ)	„Knie", blauweiß	2,7	99 LJ
Segin (ε)	bläulich	3,3	442 LJ
Eta (η)	Doppelstern (gelb/rot)	3,5/7,5	19 LJ
Iota (ι)	Doppelstern	4,6/7,1	142 LJ

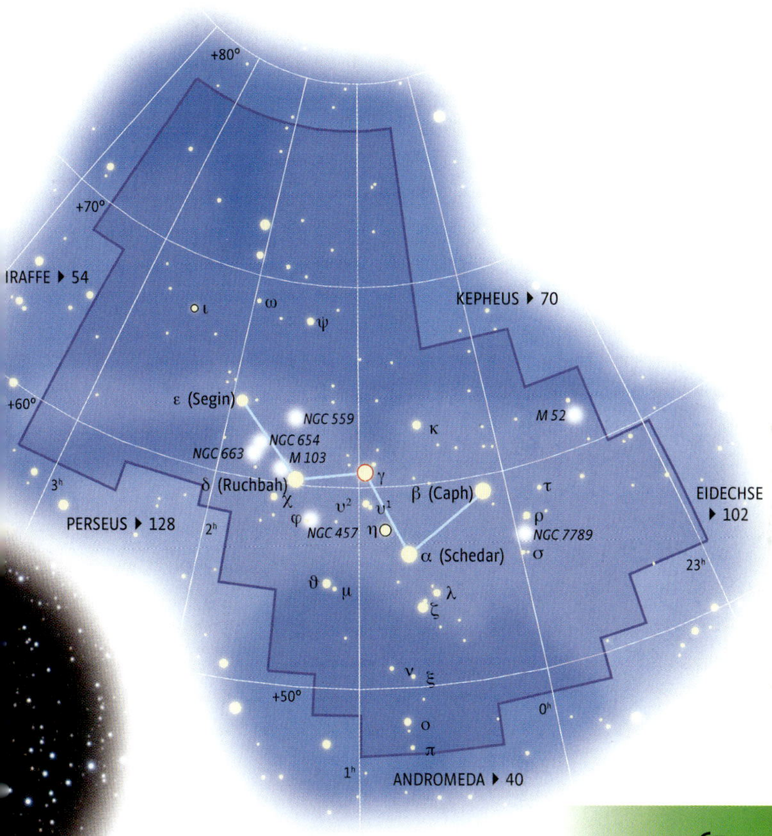

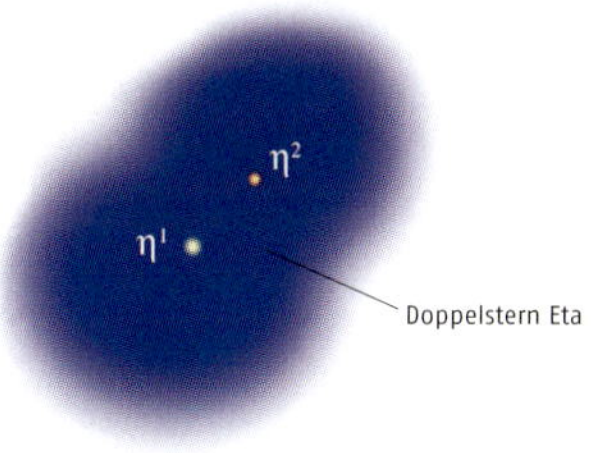

Deep-Sky-Objekte der Kassiopeia			
Name	***Beschreibung***	***Helligkeit***	***Entfernung***
M 52	*offener Sternhaufen*	*7,5*	*5200 LJ*
M 103	*offener Sternhaufen*	*7,5*	*8200 LJ*
NGC 457	*offener Sternhaufen*	*6,4*	*8000 LJ*
NGC 559	*offener Sternhaufen*	*9,5*	*3700 LJ*
NGC 654	*offener Sternhaufen*	*6,5*	*8100 LJ*
NGC 663	*offener Sternhaufen*	*7,1*	*8200 LJ*
NGC 7789	*offener Sternhaufen*	*6,7*	*6200 LJ*

Beobachtungstipp

Auf der Verbindungsstrecke zwischen den Sternen Alpha und Gamma liegt der schöne Doppelstern Eta. Bereits mit einem kleinen Fernrohr lassen sich seine beiden Komponenten – eine ist gelb, die andere rot – trennen. Sechs weitere Sterne gehören zu dem System, die allerdings deutlich lichtschwächer sind.

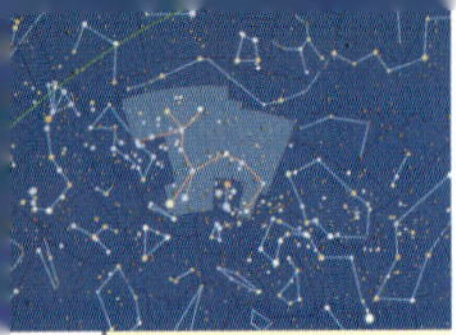

Centaurus

Zentaur – Centauri – Cen

Größe: 1060 Quadratgrad (Rang 9); vollständig sichtbar von 25° Nord bis 90° Süd

__Auf einen Blick__ Der Zentaur ist ein Sternbild des Südhimmels und gehört zu den 48 Sternbildern, die bereits Ptolemäus erwähnt hat. Er enthält neun helle bis sehr helle Sterne.

- ***Faktisch unsichtbar in Mitteleuropa***
- ***Rigil Kentaurus: dritthellster Stern am Nachthimmel***
- ***Proxima: unser Nachbarstern***
- ***Omega: schönster und hellster Kugelsternhaufen des Himmels***

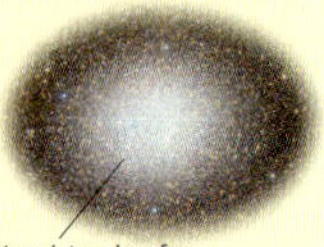

Kugelsternhaufen Omega Centauri

Nur der nördlichste Teil des Zentauren ragt in Mitteleuropa an Frühjahrsabenden über den Horizont. Das große, auffällige Sternbild ist auf der Nordhalbkugel erst ab den Subtropen in seiner ganzen Pracht zu sehen. In der griechischen Mythologie waren die Zentauren halb Mensch, halb Pferd; das Sternbild erinnert an den gelehrten Zentauren Cheiron. Im Gegensatz zu den anderen Zentauren war Cheiron nicht barbarisch und gewalttätig. Er zog unter anderem den Helden Jason auf. Rigil Kentaurus, auch Toliman genannt, und Hadar gehören zu den hellsten Sternen des Himmels: Toliman belegt Platz drei, Hadar Platz elf.

Galaxie NGC 5128 Dunkles Staubband

Galaxie NGC 4945

Beobachtungstipp

Der Kugelsternhaufen Omega Centauri stellt seine hellen Brüder auf der Nordhalbkugel, M 13, M 5 und M 3, deutlich in den Schatten. Bereits mit dem Fernglas sind Einzelsterne in ihm zu sehen. Er bildet den nördlichen Eckpunkt in einem Dreieck mit dem Sternpaar Rigil Kent-Hadar und den Sternen des Kreuz des Südens.

Sterne des Zentauren

Name	Beschreibung	Helligkeit	Entfernung
Rigil Kent (α)	„Fuß des Zentauren", auch Toliman	-0,2	4,39 LJ
Proxima	„der Nächste", unser Nachbarstern	11,1	4,22 LJ
Hadar (β)	auch Agena	0,6	525 LJ
Gamma (γ)	extrem enger Doppelstern	2,9/3,0	130 LJ
Delta (δ)	Doppelstern mit opt. Begleiter	2,6/4,5//6,4	385//272 LJ
Menkent (ϑ)	orangerot	2,1	61 LJ
3	Doppelstern (weiß/weiß)	4,6/6,1	298 LJ

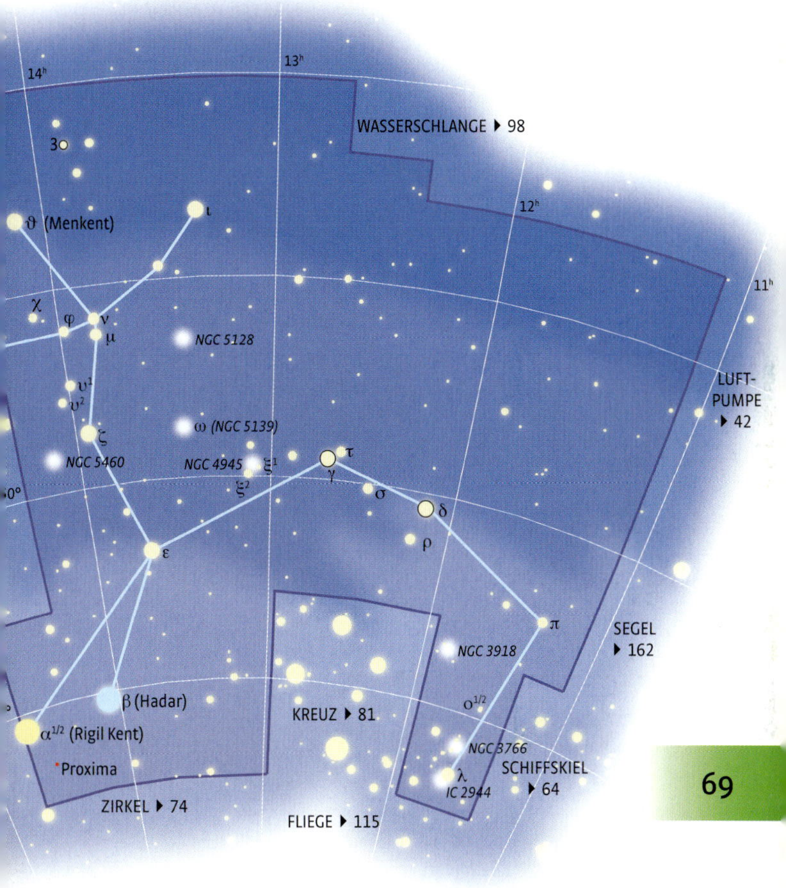

Deep-Sky-Objekte des Zentauren

Name	*Beschreibung*	*Helligkeit*	*Entfernung*
Omega (ω)	*hellster Kugelhaufen des Himmels*	*3,7*	*17 000 LJ*
NGC 3766	*offener Sternhaufen*	*5,3*	*5500 LJ*
NGC 3918	*blauer Planetarischer Nebel*	*8,4*	*3250 LJ*
NGC 4945	*Balkenspiralgalaxie*	*8,4*	*13 Mio. LJ*
NGC 5128	*Radiogalaxie Centaurus A*	*7*	*12 Mio. LJ*
NGC 5460	*offener Sternhaufen*	*5,6*	*2500 LJ*
IC 2944	*offener Sternhaufen um Lambda*	*4,5*	*6800 LJ*

Beobachtungstipp

Die Galaxie Centaurus A steht noch etwas weiter nördlich als Omega Centauri und bildet zusammen mit ihm und dem Stern Zeta ein rechtwinkliges Dreieck. Bereits mit relativ bescheidenen Fernrohren ist das dunkle Staubband der Galaxie zu sehen.

Cepheus

Kepheus – Cephei – Cep

Größe: 588 Quadratgrad (Rang 27); vollständig sichtbar von 90° Nord bis 2 Grad Süd

***Auf einen Blick** Der Cepheus liegt in der Nähe des nördlichen Himmelspols und grenzt direkt an den Polarstern an. Das Sternbild weist nur einen helleren Stern auf.*

- ***Ganzjährig sichtbar***
- ***Stern Mü: einer der größten bekannten Sterne (2400-facher Sonnendurchmesser)***
- ***Stern Delta: berühmter Veränderlicher zur Entfernungsbestimmung im All***

Der Kepheus ist in Mitteleuropa zirkumpolar, also das ganze Jahr über zu sehen. Das Sternbild ist nicht sehr auffällig, weil es nur einen helleren Stern besitzt. Da sich die Milchstraße quer durch den Kepheus zieht, findet man hier viele Sternhaufen, die meisten sind aber nicht so auffällig wie die in der Kassiopeia. In der griechischen Mythologie ist Kepheus der König von Äthiopien, Kassiopeia seine Frau und Andromeda seine Tochter. Nachdem der Held Perseus Andromeda vor dem Meeresungeheuer gerettet hat, wird er Kepheus' Schwiegersohn.

Offener Sternhaufen NGC 188

Offener Sternhaufen NGC 7235

Offener Sternhaufen IC 1396 (mit rotem Gasnebel)

Beobachtungstipp

Nahe bei dem tiefroten Stern Mü liegt der offene Haufen IC 1396, der sich gut mit einem Fernglas beobachten lässt. Der Gasnebel, in den IC 1396 eingehüllt ist, bleibt allerdings geeigneten Teleskopen vorbehalten – gute Sichtbedingungen vorausgesetzt.

Sterne des Cepheus

Name	Beschreibung	Helligkeit	Entfernung
Alderamin (α)	„Rechter Arm", blauweiß	2,5	49 LJ
Alfirk (β)	„Herde", Doppelstern	3,2/7,9	595 LJ
Errai (γ)	„Schäfer", orangerot	3,2	45 LJ
Delta (δ)	berühmter Veränderlicher	3,5–4,4	980 LJ
Mü (μ)	„Granatstern", tiefroter Veränd.	3,4–5,1	5000 LJ
Xi (ξ)	Doppelstern (blauweiß/gelb)	4,4/6,5	102 LJ

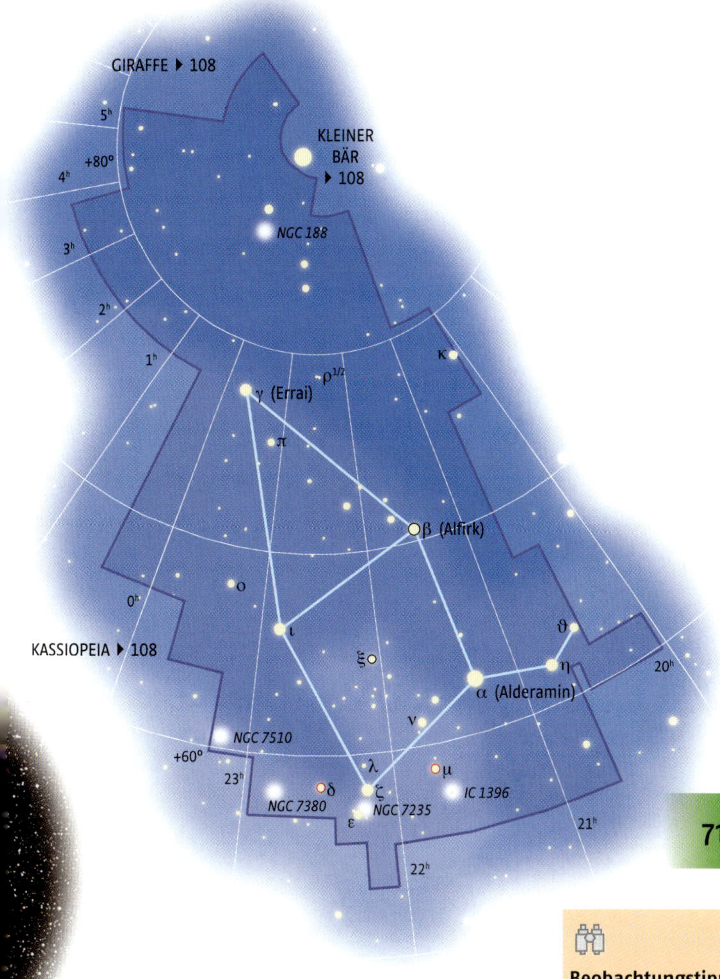

Beobachtungstipp

In direkter Nachbarschaft des Polarsterns liegt der offene Sternhaufen NGC 188. Er enthält rund 150 Sterne und hat eine Ausdehnung von einem halben Vollmondscheibchen. Um ihn beobachten zu können, ist ein Teleskop erforderlich. NGC 188 ist 500 Millionen Jahre alt, die Plejaden im Stier (siehe S. 150) bringen es dagegen nur auf 48 Millionen Jahre.

Deep-Sky-Objekte des Cepheus

Name	*Beschreibung*	*Helligkeit*	*Entfernung*
NGC 188	alter offener Sternhaufen	8,1	5000 LJ
NGC 7235	offener Sternhaufen	7,7	12 000 LJ
NGC 7380	offener Sternhaufen	7,2	11 700 LJ
NGC 7510	offener Sternhaufen	7,9	10 300 LJ
IC 1396	offener Sternhaufen	4	2600 LJ

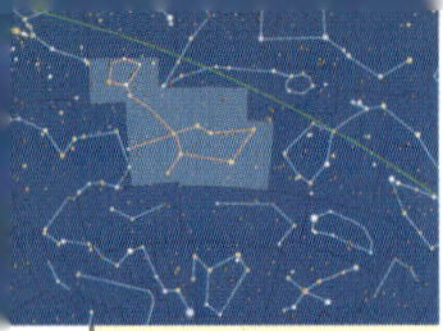

Cetus

Walfisch – Ceti – Cet

Größe: 1231 Quadratgrad (Rang 4); vollständig sichtbar von 65° Nord bis 80° Süd

Auf einen Blick *Der Walfisch ist eines der größten Sternbilder am Nachthimmel. Er steht im Oktober gegen Mitternacht genau im Süden, enthält aber fast nur lichtschwache Sterne.*

- ***Sichtbar September bis Dezember***
- ***Nur zwei Sterne sind hell genug, um sofort aufzufallen: Menkar am Kopf und Deneb Kaitos am Schwanz***
- ***Mira: erster entdeckter Veränderlicher***

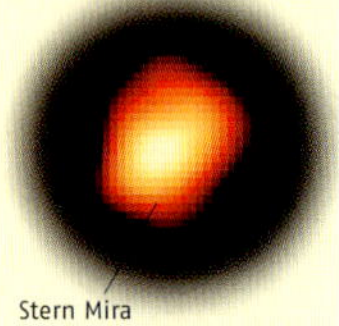

Stern Mira

Obwohl er zu den eher unauffälligen Sternbildern gehört, ist der Walfisch bereits seit der Antike bekannt. Es handelt sich bei ihm um das Meeresungeheuer, dem die äthiopische Königstochter Andromeda geopfert werden sollte. Aber in der griechischen Sage rettet Perseus Andromeda und tötet das Meeresungeheuer. Der Walfisch ist im Spätherbst und Winter am Abendhimmel zu beobachten. Er ist ein ausgedehntes Sternbild, das allerdings nur zwei hellere Sterne vorweisen kann. Am berühmtesten ist der Stern Mira, den der in Ostfriesland geborene David Fabricius 1596 als ersten Veränderlichen erkannte.

Spiralgalaxie Messier 77

Beobachtungstipp

In der linken Hälfte des Sternbilds liegt der Veränderliche Mira, dessen Helligkeit zwischen der dritten und zehnten Größenklasse schwankt. Er kann also zum dritthellsten Stern im Walfisch werden. Allerdings ändert Mira seine Helligkeit recht langsam: Von Maximum zu Maximum dauert es ein knappes Jahr.

Sterne des Walfischs

Name	*Beschreibung*	*Helligkeit*	*Entfernung*
Menkar (α)	*„Nase", direkt daneben: Stern 93*	*2,5*	*220 LJ*
Diphda (β)	*„Walfischschwanz", orangerot*	*2,0*	*96 LJ*
Kaffaljidhma (γ)	*Doppelstern*	*3,5/6,6*	*82 LJ*
Baten Kaitos (ζ)	*„Bauch des Meeresungeheuers"*	*3,7*	*259 LJ*
Deneb Algenubi (η)	*orangerot*	*3,5*	*118 LJ*
Iota (ι)	*orangerot*	*3,6*	*290 LJ*
Mira (ο)	*„Die Wunderbare"*	*3,5–9,5*	*419 LJ*
Chi (χ)	*Doppelstern*	*4,7/6,7*	*77 LJ*

Planetarischer Nebel NGC 246

Beobachtungstipp

Zwischen Mira und Diphda, unterhalb des Walfischkopfes, liegt die Spiralgalaxie M 77, die zu den schwächsten Objekten des Messier-Katalogs gehört. Im kleinen Fernrohr ist sie nur als zartes Nebelfleckchen zu sehen.

Deep-Sky-Objekte des Walfischs

Name	*Beschreibung*	*Helligkeit*	*Entfernung*
M 77	Spiralgalaxie	9	39 Mio. LJ
NGC 246	Planetarischer Nebel	8,5	1470 LJ
NGC 247	Spiralgalaxie	8,9	8 Mio. LJ

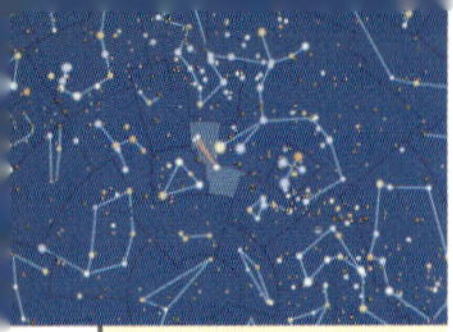

Circinus

Zirkel – Circini – Cir

Größe: 93 Quadratgrad (Rang 85); vollständig sichtbar von 20° Nord bis 90° Süd

Auf einen Blick *Der Zirkel ist ein kleines Sternbild des Südhimmels, das nur schwache Sterne enthält. In seiner direkten Nachbarschaft liegen die beiden hellsten Sterne des Zentauren.*

> ***Unsichtbar in Mitteleuropa***
> ***Ähnelt einem extrem spitzwinkligen Dreieck***

Offener Sternhaufen NGC 5823

Der Zirkel ist von Mitteleuropa aus unbeobachtbar. Das kleine Sternbild ohne helle Sterne liegt in der Nachbarschaft der beiden hellsten Sterne des Zentauren. Es wurde im Jahr 1756 von dem französischen Astronomen Nicolas Louis de Lacaille an den Himmel gesetzt. Solche Zirkel verwendete man damals in der Landvermessung und in der Navigation. Verlängert man die Verbindungslinie von Rigil Kent im Zentauren zum Stern Alpha im Zirkel um das Fünf- bis Sechsfache, gelangt man zum Himmelssüdpol.

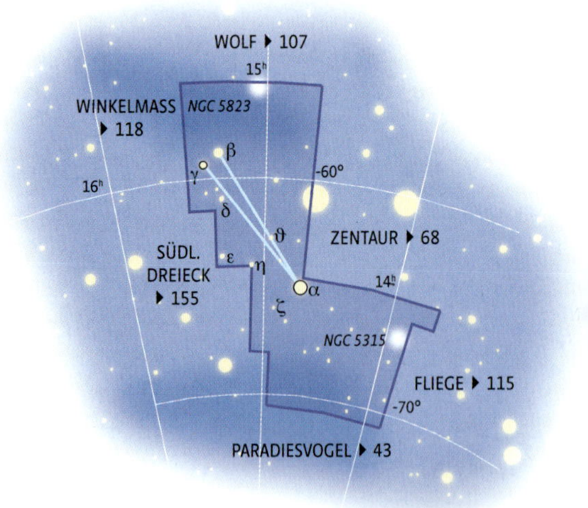

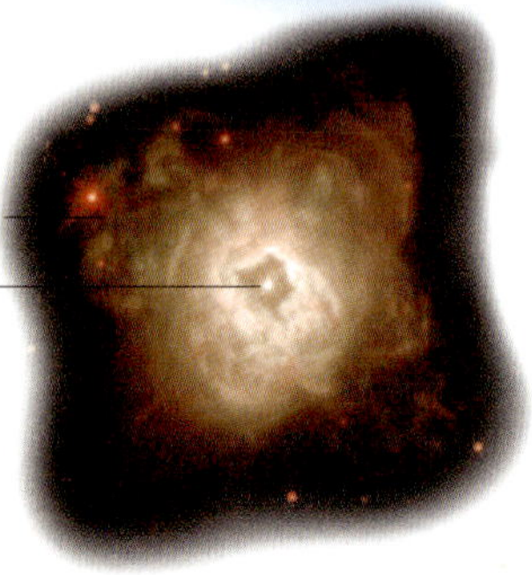

Beobachtungstipp

An der nördlichen Sternbildgrenze zum Wolf liegt der offene Sternhaufen NGC 5823, der mit einem kleinen Fernrohr zu sehen ist. Der Großteil der etwa 80 Einzelsterne ist sehr schwach. In der Nachbarschaft nördlich von NGC 5823 gibt es zwei weitere Sternhaufen, die aber bereits zum Wolf gehören.

Sterne und Deep-Sky-Objekte des Zirkels

Name	*Beschreibung*	*Helligkeit*	*Entfernung*
Alpha (α)	*Doppelstern*	*3,2/8,5*	*54 LJ*
Gamma (γ)	*Doppelstern (weiß/gelb)*	*5,1/5,5*	*509 LJ*
NGC 5315	*Planetarischer Nebel*	*9,8*	*2000 LJ*
NGC 5823	*offener Sternhaufen*	*7,9*	*3900 LJ*

Columba

Taube – Columbae – Col

Größe: 270 Quadratgrad (Rang 54); vollständig sichtbar von 47° Nord bis 63 Grad Süd

Die Taube ist an Winterabenden fast vollständig von Mitteleuropa aus zu sehen. Sie liegt rechts unterhalb des Großen Hundes und enthält nur einen relativ hellen Stern: Phact. Außerdem grenzt sie an das Hinterdeck des Schiffes an. 1592 hat der holländische Theologe und Astronom Petrus Plancius das Sternbild erstmals beschrieben. In einer Deutung weist die Taube Jason und den Argonauten den gefährlichen Weg durch die Klippen des Bosporus, in einer anderen handelt es sich um die Taube, die Noahs Arche folgte.

Auf einen Blick *Die Taube ist ein kleines Sternbild, das im Dezember gegen Mitternacht tief am Südhorizont steht. Von Mitteleuropa aus kann man sie nur bei sehr guten Sichtbedingungen beobachten.*

> ***Faktisch unsichtbar in Mitteleuropa***
> ***Enthält einen relativ hellen Kugelsternhaufen***

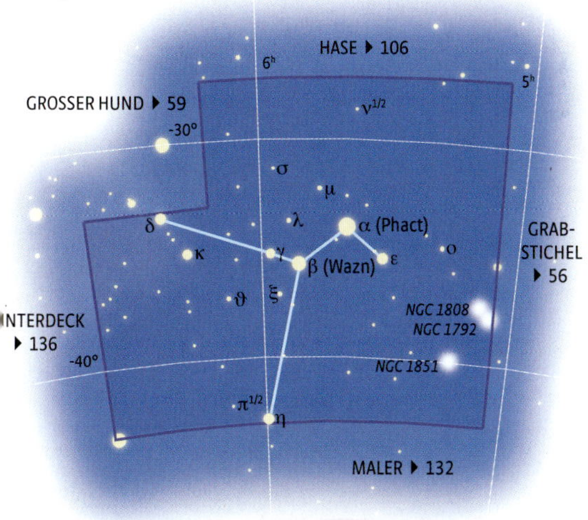

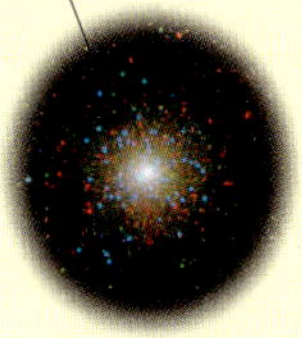

Kugelsternhaufen NGC 1851

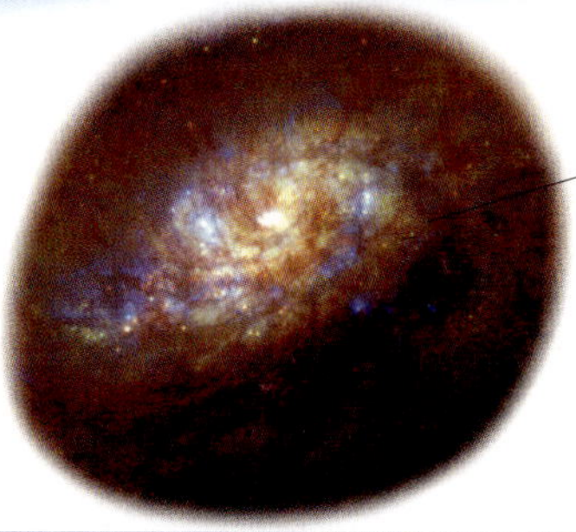

Spiralgalaxie NGC 1808

Sterne und Deep-Sky-Objekte der Taube

Name	Beschreibung	Helligkeit	Entfernung
Phact (α)	„Ringeltaube“, blauweiß	2,7	268 LJ
Wazn (β)	orangerot	3,1	86 LJ
NGC 1792	Spiralgalaxie	10,2	39 Mio. LJ
NGC 1808	Balkenspiralgalaxie	9,9	36 Mio. LJ
NGC 1851	Kugelsternhaufen	7,1	35 000 LJ

Beobachtungstipp

Der Kugelsternhaufen NGC 1851 ist zwar für Mitteleuropa faktisch unbeobachtbar, dies ändert sich aber bereits für den Mittelmeerraum. Um ihn zu sehen, genügt schon ein kleines Fernrohr. Unter sehr guten Bedingungen kann man ihn im Fernglas erahnen.

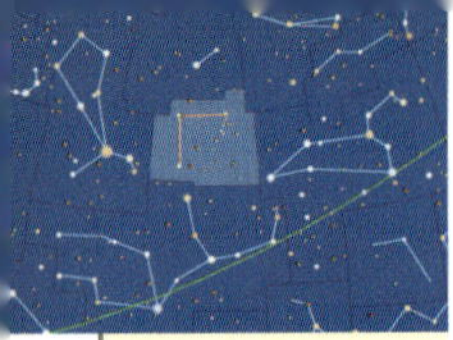

Coma Berenices

Haar der Berenike – Comae Berenices – Com

Größe: 386 Quadratgrad (Rang 42); vollständig sichtbar von 90° Nord bis 56° Süd

Auf einen Blick *Das Haar der Berenike ist ein kleines, unauffälliges Sternbild zwischen Rinderhirte, Jagdhunden, Löwe und Jungfrau. Im April steht es gegen Mitternacht im Süden und kommt dem Zenit in Mitteleuropa recht nahe.*

- ***Sichtbar Dezember bis Juli***
- ***Enthält viele Galaxien***
- ***Coma-Haufen: einer der größten und hellsten Sternhaufen des Nordhimmels***

Das Frühlingssternbild Haar der Berenike enthält keine hellen Sterne, aber einige interessante Deep-Sky-Objekte. Es liegt zwischen den großen, markanten Sternbildern Rinderhirte und Löwe. In der Mythologie opferte die ägyptische Königin Berenike ihr langes, wallendes Haar den Göttern aus Dankbarkeit, nachdem ihr Gemahl Ptolemäus III. Euergetes unversehrt aus einer Schlacht heimgekehrt war. Das Sternbild enthält den Coma-Galaxienhaufen (nicht zu verwechseln mit dem Coma-Haufen!) sowie einen Teil des Virgo-Galaxienhaufens. Hier gibt es also viele Galaxien.

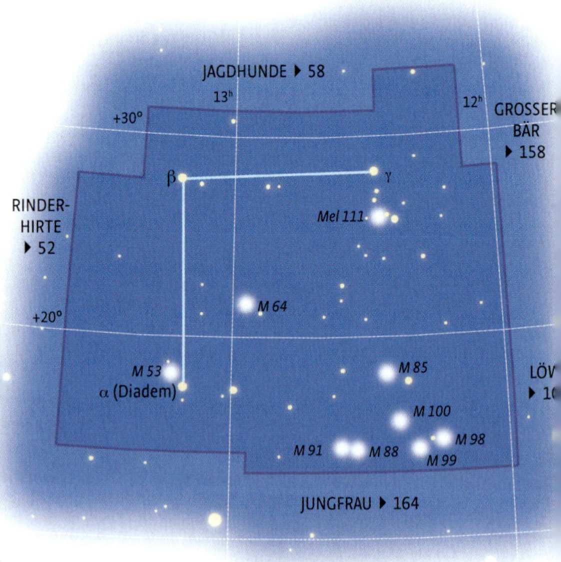

Beobachtungstipp

Der Coma-Haufen mitten im Haar der Berenike ist bereits mit dem bloßen Auge zu sehen – vorausgesetzt, die Sichtbedingungen sind günstig. Trotzdem ist er eher unbekannt. Mit dem Fernglas kann man ihn gerade noch überblicken, ohne dass man den Feldstecher bewegen muss.

Sterne und Deep-Sky-Objekte des Haares der Berenike

Name	*Beschreibung*	*Helligkeit*	*Entfernung*
Diadem (α)	weißgelb	4,3	47 LJ
Beta (β)	hellster Stern	4,2	30 LJ
Coma-Haufen	Melotte 111, offener Haufen	1,8	288 LJ
M 53	Kugelsternhaufen	7,7	56 000 LJ
M 64	„Black Eye", Spiralgalaxie	8,5	15 Mio. LJ
M 85	elliptische Galaxie	9,2	55 Mio. LJ
M 88	Spiralgalaxie	9,5	55 Mio. LJ
M 91	Balkenspiralgalaxie	10,2	52 Mio. LJ
M 98	Spiralgalaxie	10,1	60 Mio. LJ
M 99	Spiralgalaxie	9,8	55 Mio. LJ
M 100	Spiralgalaxie	9,4	56 Mio. LJ

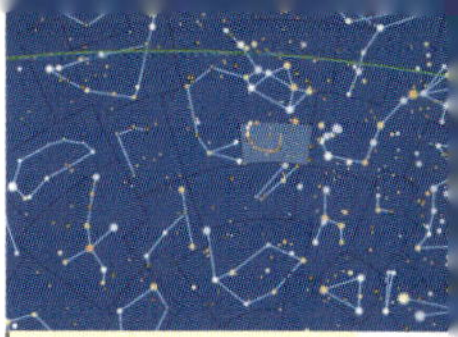

Corona Australis

Südliche Krone – Coronae Australis – CrA

Größe: 128 Quadratgrad (Rang 80); vollständig sichtbar von 45° Nord bis 90° Süd

In Mitteleuropa ist die Südliche Krone nur noch zum Teil über dem sommerlichen Südhorizont zu sehen, erst vom Mittelmeerraum aus lässt sie sich gut beobachten. Das Sternbild ist recht klein und enthält nur lichtschwache Sterne. Im Vergleich zu seinem Gegenstück, der Nördlichen Krone, sieht die Südliche Krone daher ziemlich blass aus. Trotzdem war das Sternbild schon Ptolemäus bekannt. Es ist jene Krone, die der Weingott Bacchus an den Himmel versetzte, nachdem er seine tote Mutter aus der Unterwelt gerettet hatte. In einer anderen Deutung handelt es sich um eine Krone, die dem Schützen (ein Zentaur) vom Kopf gefallen ist.

Auf einen Blick *Die Südliche Krone hat eine ähnliche Form wie ihr nördliches Gegenstück, ist aber deutlich unauffälliger. Sie liegt südlich des Schützen neben dem Stachel des Skorpions und gehört zu den zehn kleinsten Sternbildern.*

- ***Faktisch unsichtbar in Mitteleuropa***
- ***Halbkreis aus zehn schwachen Sternen***
- ***NGC 6541: Heller Kugelsternhaufen fürs Fernglas***

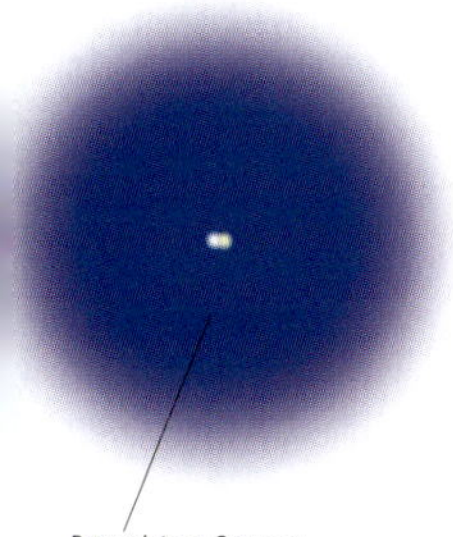

Doppelstern Gamma

Kugelsternhaufen NGC 6541

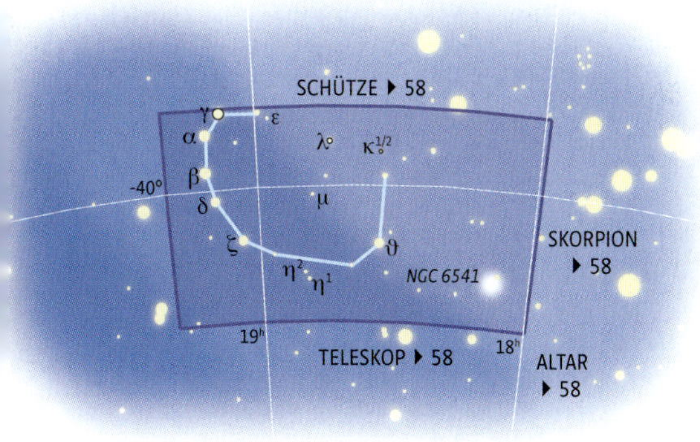

Sterne und Deep-Sky-Objekte der Südlichen Krone			
Name	***Beschreibung***	***Helligkeit***	***Entfernung***
Alpha (α)	*blauweiß*	*4,1*	*130 LJ*
Gamma (γ)	*Doppelstern*	*4,8/5,1*	*58 LJ*
Kappa (κ)	*optischer Doppelstern*	*5,7/6,4*	*1720/490 LJ*
Lambda (λ)	*Doppelstern*	*5,1/9,7*	*202 LJ*
NGC 6541	*Kugelsternhaufen*	*6,6*	*22 000 LJ*

Beobachtungstipp

Nahe der Sternbildgrenze zum Skorpion liegt der Kugelsternhaufen NGC 6541, der bereits mit dem Fernglas zu sehen ist. In Einzelsterne lässt er sich jedoch erst mit mittelgroßen Teleskopen auflösen. Man findet ihn einfacher, wenn man vom Stachel des Skorpions ausgeht, statt von den Sternen der Südlichen Krone.

Corona Borealis

Nördliche Krone – Coronae Borealis – CrB

Größe: 179 Quadratgrad (Rang 73); vollständig sichtbar von 90° Nord bis 50° Süd

Auf einen Blick *Die Nördliche Krone steht im Mai gegen Mitternacht im Süden. Das kleine Sternbild ist wegen seiner markanten Form leicht erkennbar.*

- ***Sichtbar Februar bis September***
- ***Sechs schwächere und ein relativ heller Stern bilden einen Halbkreis***
- ***Gemma ist der funkelnde Edelstein in der Krone***

An Frühlingsabenden steht die Nördliche Krone hoch am Himmel. Sieben Sterne bilden die halbkreisförmige Figur des kleinen Sternbilds, einer von ihnen ist recht hell und heißt Gemma. Die Krone steht am Himmel zwischen Herkules und Rinderhirte. Sie gehört zu den Sternbildern, die bereits in der Antike bekannt waren, und stellt die Krone von Ariadne dar, die Tochter des Königs Minos von Kreta. Ariadnes Faden half dem Helden Theseus dabei, den Weg aus einem Labyrinth zu finden, in dem er das Ungeheuer Minotaurus besiegt hatte.

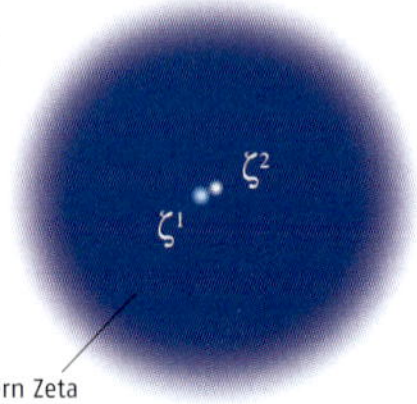

Doppelstern Zeta

Veränderlicher Stern R

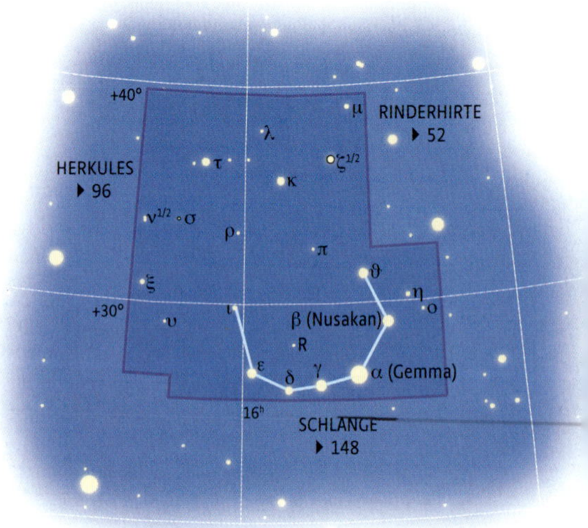

Beobachtungstipp

Im Innern des Halbkreises der Krone, in der Nachbarschaft der Sterne Gamma, Delta und Epsilon, liegt der Veränderliche R Coronae Borealis. Der Stern ist unter guten Bedingungen gerade noch mit bloßem Auge zu sehen, seine Helligkeit fällt aber in unregelmäßigen Abständen bis zur 15. Größenklasse.

Sterne und Deep-Sky-Objekte der Nördlichen Krone

Name	*Beschreibung*	*Helligkeit*	*Entfernung*
Gemma (α)	„Edelstein“, blauweiß	2,2	75 LJ
Nusakan (β)	weißgelb	3,7	114 LJ
Zeta (ζ)	Doppelstern (blauweiß)	5,0/6,0	470 LJ
Nü (ν)	optischer Doppelstern	5,2/5,5	550 LJ
Sigma (σ)	gelber Doppelstern	5,7/6,7	71 LJ
R	außergewöhnlicher Veränderlicher	5,9–15	6000 LJ

Corvus

Rabe – Corvi – Crv

Größe: 184 Quadratgrad (Rang 70); vollständig sichtbar von 65° Nord bis 90° Süd

Obwohl dieses kleine Sternbild an mitteleuropäischen Frühlingsabenden nur wenig über den Südhorizont emporsteigt, ist es relativ auffällig. Dies liegt an seinen vier mittelhellen Sternen, die ein kleines Trapez bilden. In der griechischen Mythologie schickte Apollo den Raben mit dem Becher (das Nachbarsternbild) zu einer Quelle, um Wasser zu holen. Unterwegs entdeckte der Rabe aber einen Baum mit unreifen Feigen und wartete, bis sie reiften, um davon zu naschen. Bei seiner verspäteten Rückkehr mit dem Wasser hielt er eine Wasserschlange in den Krallen und behauptete, dass sie den Weg zur Quelle versperrt habe. Apollo durchschaute jedoch den Schwindel und bestrafte den Raben: Künftig musste der Vogel während der Feigenreife dürsten. Als Warnung versetzte Apollo Rabe, Becher und Wasserschlange an den Himmel.

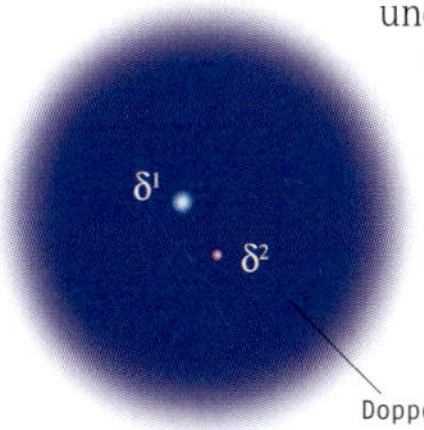

Doppelstern Delta

Auf einen Blick *Der Rabe steht Ende März gegen Mitternacht im Süden. Er liegt in einer vergleichsweise sternarmen Region südlich des Sternbilds Jungfrau.*

- ***Sichtbar Februar bis Mai***
- ***Trapez aus vier mittelhellen Sternen***
- ***Bereits in der Antike bekanntes Sternbild***

Galaxien NGC 4038-4039

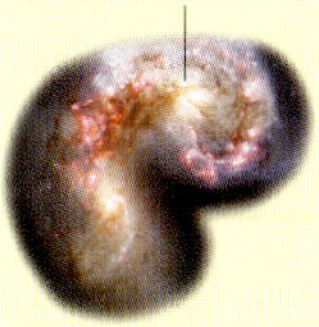

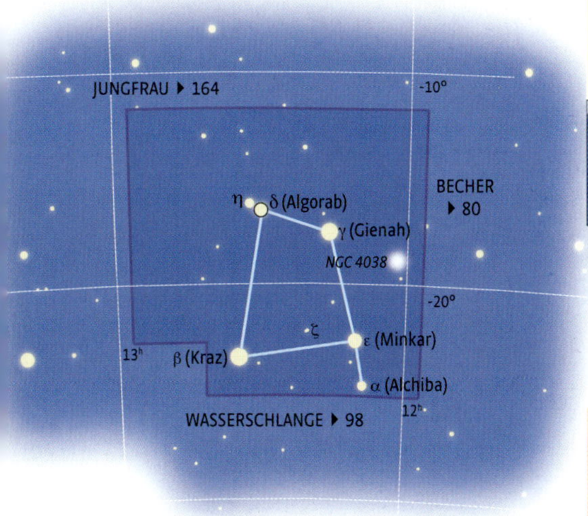

Sterne und Deep-Sky-Objekte des Raben			
Name	***Beschreibung***	***Helligkeit***	***Entfernung***
Alchiba (α)	*weiß*	*4,0*	*48 LJ*
Kraz (β)	*gelb*	*2,7*	*140 LJ*
Gienah (γ)	*„Flügel", hellster Stern*	*2,6*	*165 LJ*
Algorab (δ)	*„Rabe", Doppelstern*	*2,9/9,0*	*88 LJ*
Minkar (ε)	*orangerot*	*3,0*	*303 LJ*
NGC 4038-4039	*„Antennen-Galaxie"*	*10,7*	*49 Mio. LJ*

Beobachtungstipp

Mit einem Teleskop mittlerer Größe stößt man westlich des Sterns Gienah auf NGC 4038-4039. Im Englischen heißen die beiden Galaxien „The Antennas", also „die Fühler" (eines Insekts). Im Deutschen hat sich aber die Bezeichnung „Antennen-Galaxie" durchgesetzt (die zweite Bedeutung des englischen Begriffs).

Crater

Becher – Crateris – Crt

Größe: 282 Quadratgrad (Rang 53); vollständig sichtbar von 65° Nord bis 90° Süd

Auf einen Blick *Der Becher liegt südlich der Jungfrau und steigt am mitteleuropäischen Frühlingshimmel nicht sehr hoch über den Südhorizont. Im März kulminiert er um Mitternacht.*

- ***Sichtbar Februar bis April***
- ***Kelchförmiger Figur aus relativ schwachen Sternen***
- ***Bereits in der Antike bekanntes Sternbild***

Das Frühlingssternbild Becher liegt westlich des Raben. Diese nachbarschaftliche Nähe ist kein Zufall, kommen doch beide Sternbilder in derselben griechischen Sage vor: Der Rabe fliegt mit dem Becher des Apollo zu einer Quelle, um Wasser zu holen (siehe S. 79). Zwar ist in der Figur des Bechers relativ leicht ein kelchartiges Gefäß zu erkennen, aber da die Sterne des Sternbilds recht schwach sind, ist es nicht so auffällig wie der Rabe. Der Becher enthält fast keine Objekte, die für den Sterngucker erreichbar sind.

Doppelstern Gamma

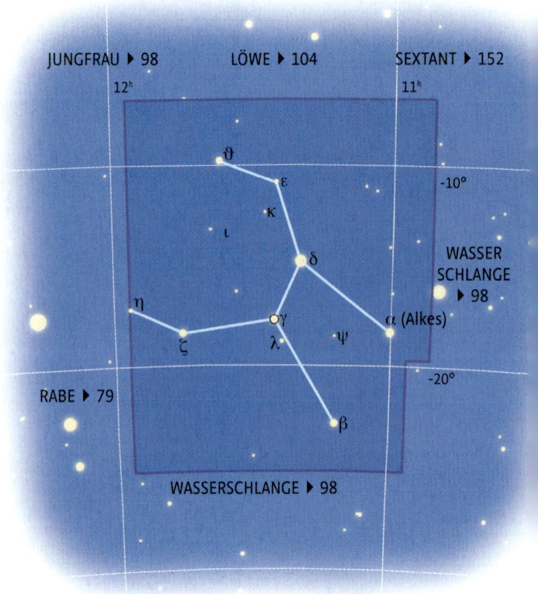

Sterne und Deep-Sky-Objekte des Bechers

Name	*Beschreibung*	*Helligkeit*	*Entfernung*
Alkes (α)	*„Becher", orangerot*	*4,1*	*174 LJ*
Beta (β)	*blauweiß*	*4,5*	*266 LJ*
Gamma (γ)	*weißer Doppelstern*	*4,1/9,6*	*84 LJ*
Delta (δ)	*hellster Stern, orangerot*	*3,6*	*195 LJ*

Beobachtungstipp

Am Übergang von der halbkreisförmigen Schale zum Standbein des Kelches funkelt der Doppelstern Gamma. Er ist bei günstigen Bedingungen bereits mit dem bloßen Auge zu sehen. Mit einem kleinen Fernrohr kann man neben dem helleren, weißen Stern einen schwachen Begleiter erkennen.

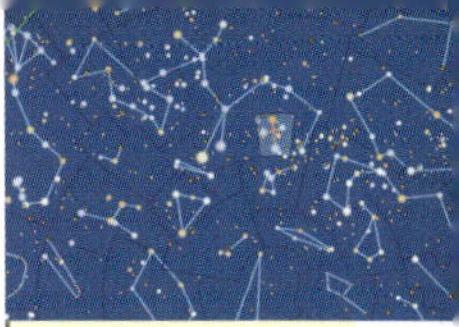

Crux

Kreuz des Südens – Crucis – Cru

Größe: 68 Quadratgrad (Rang 88); vollständig sichtbar von 25° Nord bis 90° Süd

Es ist das kleinste Sternbild des Himmels, enthält aber einige schöne Beobachtungsobjekte und viele helle Sterne. Leider ist das Kreuz des Südens von Mitteleuropa aus unbeobachtbar. Die Figur aus vier hellen Sternen haben sich Seefahrer und Astronomen im 16. Jahrhundert ausgedacht, zuvor gehörten diese Sterne zum Zentauren. Das Sternbild liegt in einem hellen Bereich der Milchstraße, es kann auch als Orientierungshilfe dienen, um den Himmelssüdpol zu finden: Dazu muss man die Verbindungslinie von Gacrux zu Acrux ungefähr fünfmal verlängern.

Offener Sternhaufen NGC 4755

Auf einen Blick *Das Kreuz des Südens liegt am Südhimmel zwischen den Sternbildern Zentaur und Schiffskiel. Es erreicht im März/April seine höchste Stellung am Himmel gegen Mitternacht.*

- ***In Mitteleuropa unsichtbar***
- ***Vier helle Sterne markieren die Endpunkte des Kreuzes***
- ***Kohlensack: großer Dunkelnebel, bereits beim flüchtigen Blick an den Himmel nicht zu übersehen***

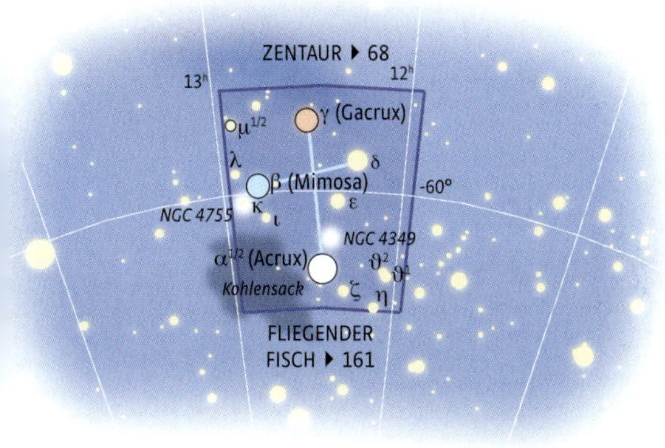

Dunkelnebel „Kohlensack“

Sterne und Deep-Sky-Objekte des Kreuzes des Südens

Name	*Beschreibung*	*Helligkeit*	*Entfernung*
Acrux (α)	Doppelstern	1,3/1,8	321 LJ
Mimosa (β)	optischer Doppelstern	1,3/8,6	352 LJ
Gacrux (γ)	Doppelstern, rot	1,6/6,7	88 LJ
Delta (δ)	blauweiß	2,8	364 LJ
Epsilon (ε)	orangerot	3,6	228 LJ
Mü (μ)	Doppelstern	4,0/5,1	370 LJ
NGC 4349	offener Sternhaufen	7,4	7800 LJ
NGC 4755	„Schatzkästchen“, off. Haufen	4,2	7800 LJ
Kohlensack	großer Dunkelnebel	–	600 LJ

Beobachtungstipp

Der Kohlensack reicht fast bis zu den Sternen Acrux und Mimosa. 140 Vollmondscheiben wären notwendig, um seine Fläche am Himmel abzudecken. Der Dunkelnebel ist bereits mit bloßem Auge zu sehen, auch im Fernglas bietet er einen schönen Anblick.

Cygnus

Schwan – Cygni – Cyg

Größe: 804 Quadratgrad (Rang 16); vollständig sichtbar von 90°Nord bis 29° Süd

Auf einen Blick *Der Schwan steht hoch am abendlichen Sommerhimmel. Deneb markiert den Schwanz, Albireo den Kopf und Sadr den Bauch, die Sterne Epsilon und Delta die ausgebreiteten Schwingen.*

- ***Sichtbar März bis Dezember***
- ***Wegen der Form der Figur auch als „Kreuz des Nordens" bezeichnet***
- ***Deneb ist für Mitteleuropa zirkumpolar und bildet eine Ecke des Sommerdreiecks***

Der Schwan ist ein großes Sommersternbild, das in vielen frühen Kulturen als Vogel interpretiert wurde. In der griechischen Sage verwandelt sich Zeus in einen Schwan, um Leda, die Königin von Sparta, zu verführen. Aus dem Techtelmechtel gingen Kastor und Pollux, die beiden himmlischen Zwillinge, sowie die schöne Helena hervor. Durch den Schwan verläuft die Milchstraße, die hier durch eine Dunkelwolke – das so genannte „Great Rift" – zweigeteilt wird. Der südlich von Deneb gelegene Nordteil des „Rift" wird manchmal als „nördlicher Kohlensack" bezeichnet. Andere Quellen ordnen diesen Namen dem Dunkelnebel zwischen Kepheus und Deneb zu.

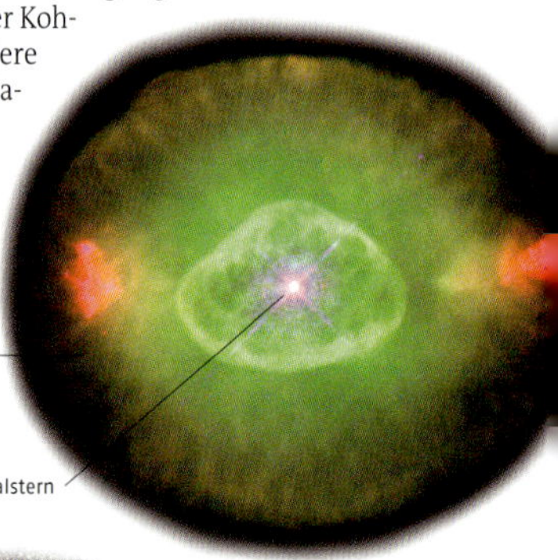

Planetarischer Nebel NGC 6826

Zentralstern

Offener Sternhaufen Messier 39

Beobachtungstipp

Ein Stück nördlich des Sterns Deneb liegt M 39, ein spärlich bevölkerter offener Sternhaufen. Er hat eine ungefähr dreieckige Form, ist bereits mit dem Fernglas zu beobachten und sieht am schönsten bei geringer Vergrößerung im Teleskop aus. Er enthält nur ca. 25 Sterne.

Sterne des Schwans

Name	*Beschreibung*	*Helligkeit*	*Entfernung*
Deneb (α)	„Schwanz", blau	1,3	3200 LJ
Albireo (β)	schöner Doppelstern	3,1/5,1	385 LJ
Sadr (γ)	„Brust", gelbweiß	2,2	1500 LJ
Delta (δ)	blauweißer Doppelstern	2,9/6,6	171 LJ
Mü (μ)	weißer Doppelstern	4,8/6,2	73 LJ
30	opt. Dreifachstern (orange/orange/türkis)	3,8/4,0/4,8	1350/913/717 LJ
61	Doppelstern (orangerot)	5,2/6,1	11 LJ

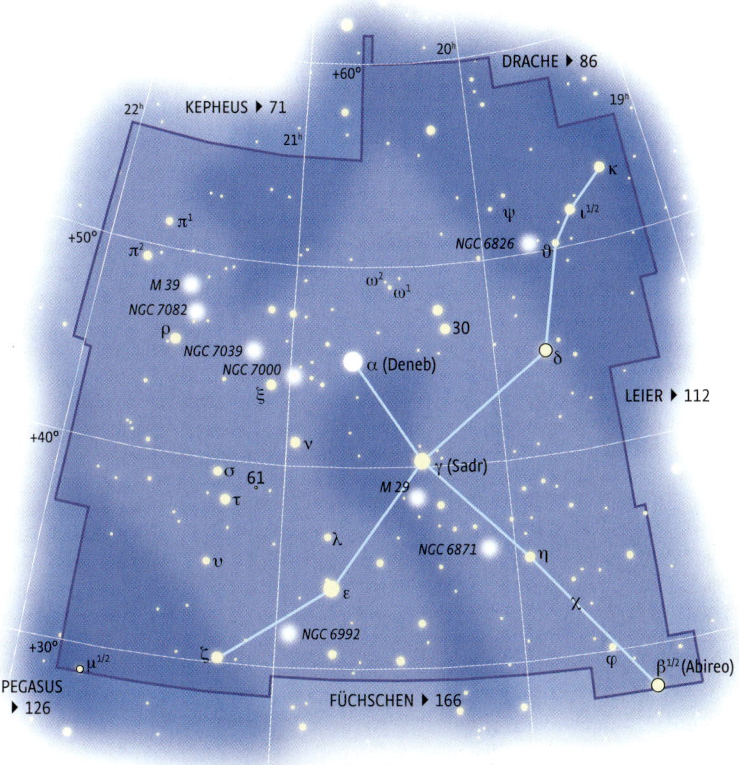

„Nordamerikanebel“ NGC 7000

Deep-Sky-Objekte des Schwans

Name	*Beschreibung*	*Helligkeit*	*Entfernung*
M 29	*offener Sternhaufen*	*6,6*	*4100 LJ*
M 39	*offener Sternhaufen*	*4,6*	*950 LJ*
NGC 6826	*Planetarischer Nebel*	*9,8*	*3200 LJ*
NGC 6871	*offener Sternhaufen*	*5,2*	*5400 LJ*
NGC 6992,95+6960	*„Cirrus-Nebel“, Gasnebel*	*–*	*1400 LJ*
NGC 7000	*„Nordamerika-Nebel“, Gasnebel*	*–*	*1600 LJ (?)*
NGC 7039	*offener Sternhaufen*	*7,6*	*2300 LJ*
NGC 7082	*offener Sternhaufen*	*7,2*	*4600 LJ*

Beobachtungstipp

Östlich von Deneb liegt der Nordamerika-Nebel, ein ausgedehnter Gasnebel, dessen Konturen an den nordamerikanischen Kontinent erinnern. Vor allem der „Golf von Mexiko“ ist markant. Um NGC 7000 zu beobachten, bedarf es eines dunklen Nachthimmels und eines großen Gesichtsfeldes.

Delphinus

Delfin – Delphini – Del

Größe: 189 Quadratgrad (Rang 69); vollständig sichtbar von 90° Nord bis 69° Süd

Auf einen Blick *Der Delfin ist ein Sommersternbild, das südlich des Schwans liegt. Ende Juli/Anfang August erreicht er seine höchste Position am mitteleuropäischen Himmel gegen Mitternacht.*

- ***Sichtbar Mai bis Oktober***
- ***Rautenförmiges Sternbild, das leicht erkennbar ist***
- ***Bereits in der griechischen Antike bekannt***

Obwohl das Sternbild Delfin recht klein ist und aus schwächeren Sternen besteht, fällt es aufgrund seiner markanten Form am Himmel auf: eine Raute mit Schwanz. Die beiden hellsten Sterne heißen Sualocin und Rotanev, rückwärts gelesen „Nicolaus Venator". Das entspricht der Latinisierung des Namens Niccolò Cacciatore, der Assistent und Nachfolger des italienischen Astronomen Giuseppe Piazza im Observatorium von Palermo war. In der griechischen Mythologie rettet der Delfin den Dichter und Musiker Arion vor dessen rebellierender Schiffsbesatzung. Delfine waren Boten des Meeresgottes Poseidon.

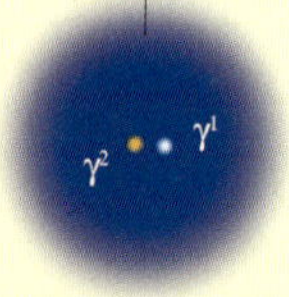

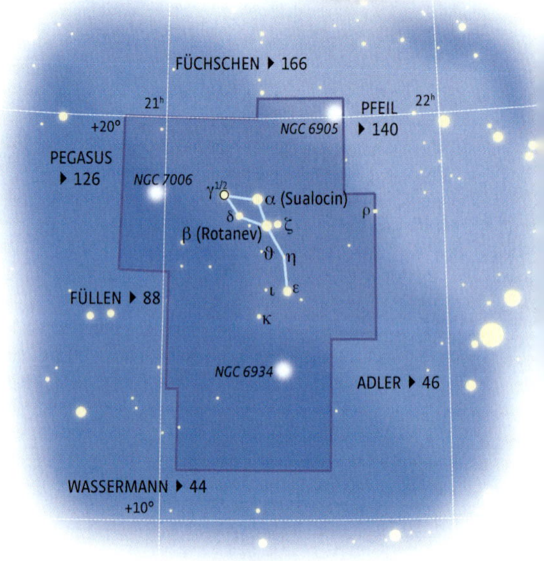

Beobachtungstipp

Gamma an der Spitze der Raute, die auch den Delfinkopf markiert, ist ein Doppelstern. Beobachten lässt er sich mit einem kleinen Fernrohr. Die hellere der beiden Komponenten wird von manchen als goldfarben beschrieben, die schwächere ist gelbweiß.

Sterne und Deep-Sky-Objekte des Delfins

Name	*Beschreibung*	*Helligkeit*	*Entfernung*
Sualocin (α)	*blauweiß*	*3,8*	*241LJ*
Rotanev (β)	*blauweiß*	*3,6*	*97 LJ*
Gamma (γ)	*Doppelstern (tiefgelb/gelbweiß)*	*4,3/5,1*	*102 LJ*
NGC 6905	*Planetarischer Nebel*	*11,1*	*4200 LJ*
NGC 6934	*Kugelsternhaufen*	*8,9*	*49 000 LJ*
NGC 7006	*Kugelsternhaufen*	*10,6*	*114 000 LJ*

Dorado

Schwertfisch – Doradus – Dor

Größe: 179 Quadratgrad (Rang 72); vollständig sichtbar von 20° Nord bis 90° Süd

Der Schwertfisch ist in Mitteleuropa nicht zu sehen. Pieter Dirkszoon Keyser und Frederick de Houtman haben das Sternbild Ende des 16. Jahrhunderts am Himmel verewigt. Wegen seiner relativ lichtschwachen Sterne ist der Schwertfisch kein sehr einprägsames Sternbild, aber er ist die Heimat der Großen Magellanschen Wolke, bei der es sich um eine der Begleitgalaxien unseres Milchstraßensystems handelt. 1987 explodierte dort ein Stern, die erste mit dem bloßen Auge sichtbare Supernova seit dem Jahr 1604. Inzwischen ist sie nur noch mit einem Fernrohr zu erkennen.

Gasnebel „Tarantel-Nebel"

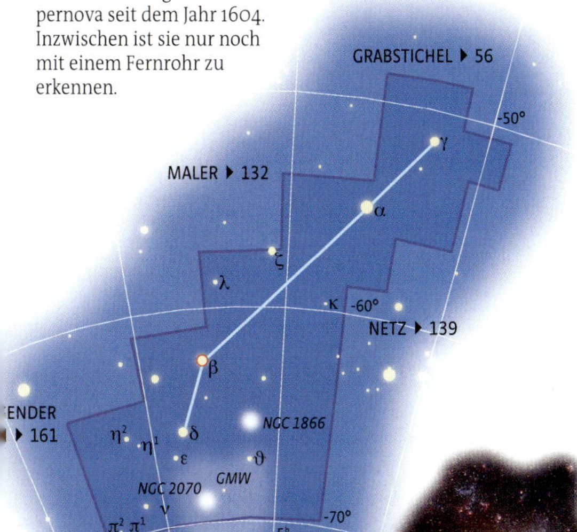

Auf einen Blick Der Schwertfisch ist ein Sternbild der Südhalbkugel. Er enthält nur schwächere Sterne, die keine einprägsame Figur bilden.

- **In Mitteleuropa unsichtbar**
- **Große Magellansche Wolke: berühmte Begleitgalaxie unseres Milchstraßensystems**
- **1987 leuchtete in diesem Sternbild eine helle Supernova auf**

Große Magellansche Wolke

Sterne und Deep-Sky-Objekte des Schwertfischs

Name	Beschreibung	Helligkeit	Entfernung
Alpha (α)	blauweiß	3,3	176 LJ
Beta (β)	gelbweißer Veränderlicher	3,6–4,2	1040 LJ
Gamma (γ)	weißgelb	4,3	66 LJ
Delta (δ)	blauweiß	4,3	145 LJ
GMW	Große Magellansche Wolke	–	170 000 LJ
NGC 1866	offener Haufen, in GMW	8,9	170 000 LJ
NGC 2070	„Tarantel-Nebel", Gasnebel, in GMW	4,5	170 000 LJ

Beobachtungstipp

Im südlichen Teil des Sternbilds liegt die Große Magellansche Wolke (GMW). Unsere Begleitgalaxie ist mit dem bloßen Auge zu sehen und sprengt schon fast das Gesichtsfeld eines Fernglases. Trotzdem lohnt sich auch ein Blick durchs Teleskop, bei dem Details in der GMW sichtbar werden – allen voran der Tarantel-Nebel.

Draco

Drache – Draconis – Dra

Größe: 1083 Quadratgrad (Rang 8); vollständig sichtbar von 90° Nord bis 4° Süd

Auf einen Blick *Der Drache erreicht im Mai gegen Mitternacht seine höchste Stellung am Himmel. Im Frühjahr und Sommer lässt er sich am besten beobachten. Sein trapezförmiger Kopf ist markant, aber die Kontur seines Körpers verliert sich leicht zwischen den Sternen.*

- ***In Mitteleuropa zirkumpolar***
- ***Hellere Sterne markieren den Kopf und die erste Hälfte der Sternbildfigur***
- ***Sterne Nü und 16/17: schöne Doppelsterne fürs Fernglas***

Der Drache schlängelt sich zwischen Kleinem und Großem Bär hindurch und beschreibt dabei fast einen Halbkreis um den Himmelsnordpol. Für Mitteleuropa ist das Sternbild zirkumpolar. Der Drache gehört zu den zehn größten Sternbildern, enthält aber nur wenige hellere Sterne, weshalb er nicht sehr auffällig ist. Laut der griechischen Mythologie hat Herkules den hundertköpfigen Drachen Ladon getötet. Der Drache bewachte den Garten der Hesperiden, aus dem Herkules die goldenen Äpfel stehlen sollte, deren Genuss ewige Jugend und Unsterblichkeit verhieß.

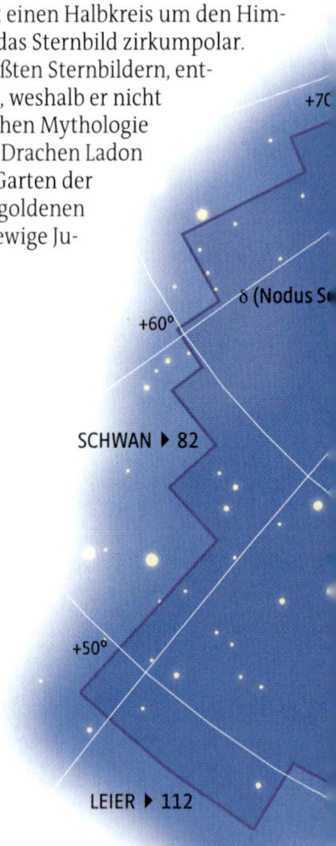

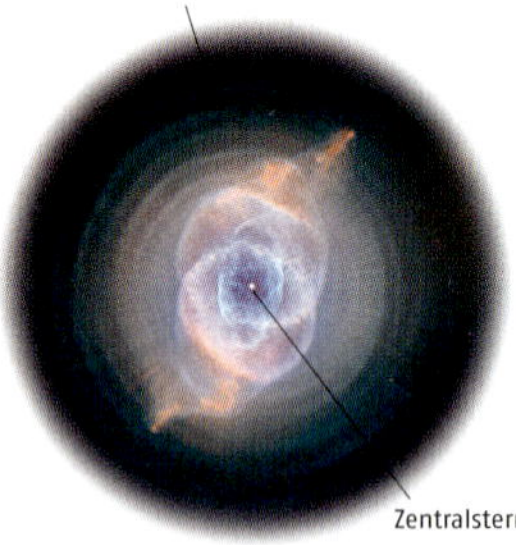

Beobachtungstipp

Bereits mit kleinen Teleskopen bietet der „Katzenaugen-Nebel" einen schönen Anblick. Der leicht bläuliche Planetarische Nebel mit der Bezeichnung NGC 6543 enthüllt bei höheren Vergrößerungen sogar seinen Zentralstern (9,5 Größenklassen).

Sterne des Drachen

Name	*Beschreibung*	*Helligkeit*	*Entfernung*
Thuban (α)	„Drache", blauweiß	3,7	309 LJ
Rastaban (β)	„Schlangenkopf", gelbweiß	2,8	361 LJ
Etamin (γ)	„Schlange", orangerot	2,2	148 LJ
Nodus Sekundus (δ)	gelborange	3,1	100 LJ
Tyl (ε)	Doppelstern	4,0/7,6	146 LJ
Aldhibah (ζ)	bläulich	3,2	340 LJ
Eta (η)	gelborange	2,7	88 LJ
El Asich (ι)	orange	3,3	102LJ
Gianfar (λ)	rötlich	3,8	334 LJ
Nü (ν)	Doppelstern (weiß/weiß)	4,9/4,9	100 LJ
Grumium (ξ)	orangerot	3,7	111 LJ
16	Doppelstern	5,4/6,4	400 LJ (?)
16/17	Doppelstern	5,1/5,5	400 LJ (?)
39	Dreifachstern	5,0/7,4/8,0	188 LJ

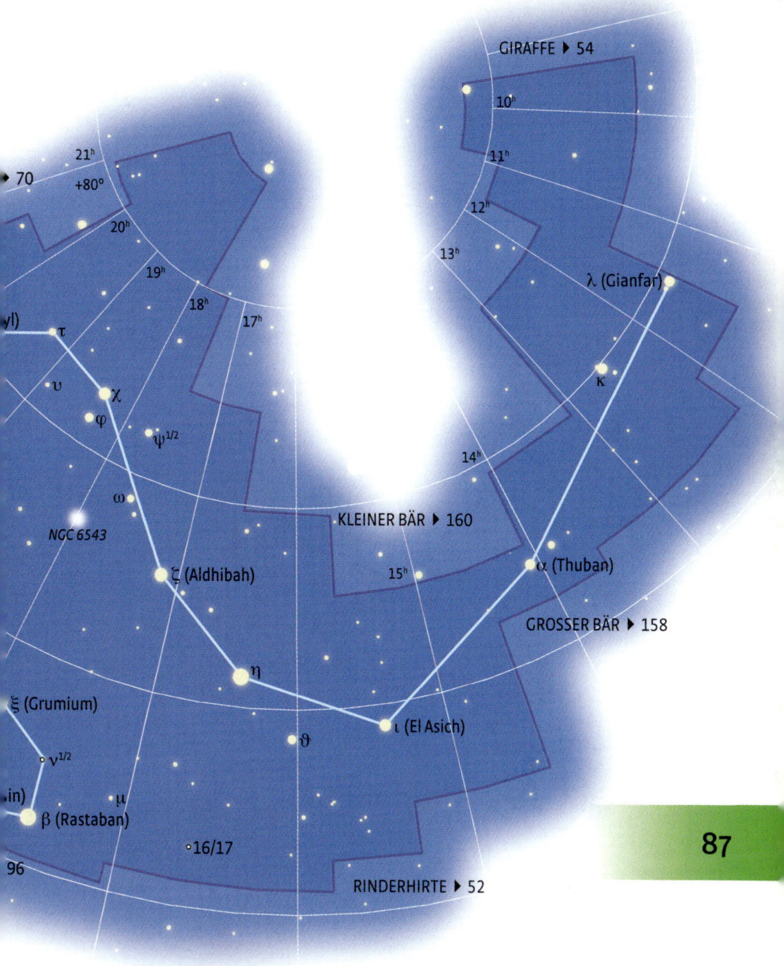

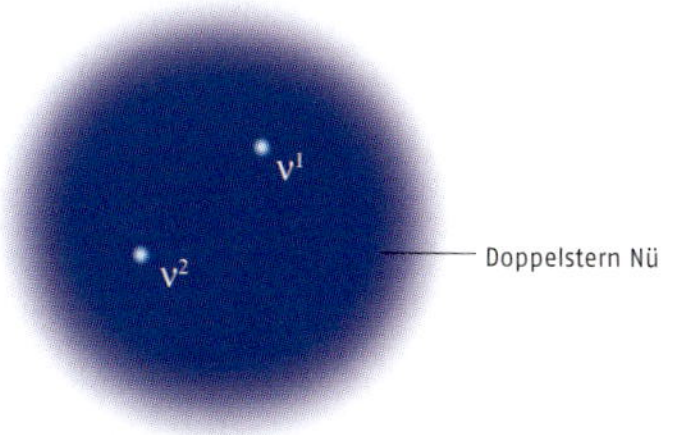

Deep-Sky-Objekte des Drachen

Name	*Beschreibung*	*Helligkeit*	*Entfernung*
NGC 6543	*„Katzenaugen-Nebel", Plan. Nebel*	*8,8*	*3500 LJ*

Beobachtungstipp

In der trapezförmigen Figur des Drachenkopfes steht der leichte Doppelstern Nü. Seine beiden gleich hellen, weißen Komponenten sind bereits mit einem Fernglas zu unterscheiden. Nü gilt als einer der schönsten Doppelsterne für kleine Instrumente.

Equuleus

Füllen – Equulei – Equ

Größe: 72 Quadratgrad (Rang 87); vollständig sichtbar von 90° Nord bis 77° Süd

Auf einen Blick *Das Füllen erreicht im August gegen Mitternacht seine Südstellung. Es enthält nur lichtschwache Sterne und keine Deep-Sky-Objekte.*

> ***Sichtbar Juni bis Oktober***
> ***Zweitkleinstes Sternbild des Nachthimmels***

In den Spätsommer- und Herbstmonaten ist das Füllen besonders gut am Abendhimmel zu sehen. Das zweitkleinste Sternbild nach dem Kreuz des Südens enthält nur schwächere Sterne und fällt daher in der Nähe des Delfins kaum auf. Im Füllen gibt es weder Sternhaufen noch Galaxien oder Gasnebel. Vermutlich war das Sternbild bereits Ptolemäus im zweiten Jahrhundert geläufig. Es stellt das Fohlen Celaris dar, den Bruder des geflügelten Pferdes Pegasus. Dieses Sternbild grenzt ebenfalls an das Füllen an. Laut der griechischen Mythologie schenkte der Götterbote Hermes das Füllen Kastor, der einer der beiden himmlischen Zwillinge ist.

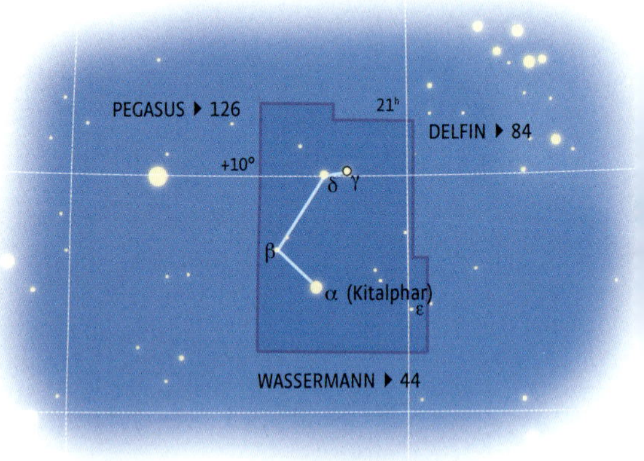

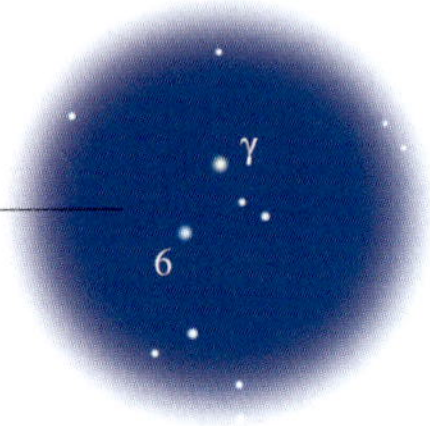

Beobachtungstipp

Der Stern Gamma und der Stern 6 bilden gemeinsam einen optischen Doppelstern, der bereits mit dem Fernglas zu erkennen ist. Gamma besitzt auch noch zwei physische Begleiter, aber beide sind so schwach, dass sie erst in mittelgroßen Teleskopen zu sehen sind.

Sterne und Deep-Sky-Objekte des Füllens

Name	Beschreibung	Helligkeit	Entfernung
Kitalphar (α)	„Teil des Pferdes", gelb	3,9	186 LJ
Gamma (γ)	optischer Doppelstern mit 6	4,7/5,9	197/95 LJ
Delta (δ)	weißgelb	4,5	60 LJ

Fornax

Chemischer Ofen – Fornacis – For

Größe: 398 Quadratgrad (Rang 41); vollständig sichtbar von 50° Nord bis 90° Süd

Der Chemische Ofen ist von Mitteleuropa aus zwar noch vollständig zu sehen, damit dies gelingt, ist allerdings eine sehr gute Horizontsicht erforderlich. Das Sternbild liegt westlich des Eridanus und südlich des Walfischs, es klettert an Herbstabenden gerade noch über den Südhorizont. Anfang der 1750er Jahre setzte der französische Astronom Nicolas Louis de Lacaille dieses Sternbild an den Himmel, um eine Lücke zu schließen. Der Chemische Ofen enthält nur schwächere Sterne und besitzt keine markante Figur. In ihm liegt eine Begleitgalaxie unseres Milchstraßensystems, die allerdings zu schwach ist, um mit typischen Amateurfernrohren beobachtet zu werden.

Auf einen Blick *Der Chemische Ofen ist ein unscheinbares Sternbild, das im Oktober/November gegen Mitternacht genau im Süden steht. Von Mitteleuropa aus ist es schwierig zu beobachten.*

- ***Sichtbar September bis Januar***
- ***Wenig einprägsame Figur aus drei schwachen Sternen***
- ***Keine auffälligen Objekte***

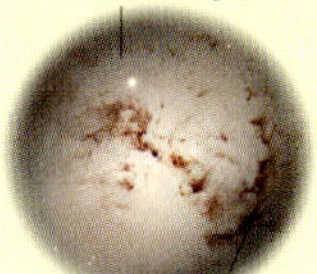

Sterne und Deep-Sky-Objekte des Chemischen Ofens

Name	*Beschreibung*	*Helligkeit*	*Entfernung*
Alpha (α)	*Doppelstern (weißgelb)*	*4,0/7,0*	*46 LJ*
Beta (β)	*gelb*	*4,5*	*169 LJ*
Omega (ω)	*weißer Doppelstern*	*5,0/7,7*	*453 LJ*
NGC 1097	*Balkenspiralgalaxie*	*9,3*	*45 Mio. LJ*
NGC 1316	*Balkenspiralgalaxie*	*8,9*	*64 Mio. LJ*
NGC 1360	*Planetarischer Nebel*	*9*	*980 LJ*
NGC 1365	*Balkenspiralgalaxie*	*9,5*	*60 Mio. LJ*

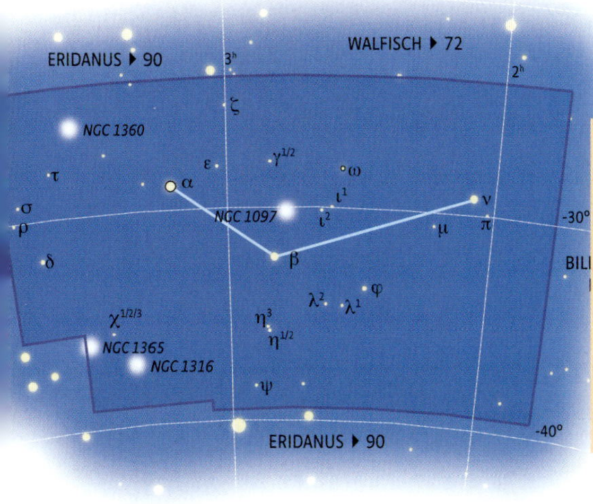

Beobachtungstipp

Nordwestlich von Acamar im Eridanus liegt NGC 1316. Die Balkenspiralgalaxie im Chemischen Ofen ist von einem guten Standort aus bereits mit kleineren Fernrohren zu sehen. In ihrer Nähe steht eine kleine, aber schwächere Begleitgalaxie.

Eridanus

Fluss Eridanus – Eridani – Eri

Größe: 1138 Quadratgrad (Rang 6); vollständig sichtbar von 32° Nord bis 90° Süd

Auf einen Blick *Der Eridanus ist nur zum Teil von Mitteleuropa aus zu sehen. Deshalb bleibt auch sein hellster Stern, Achernar, unseren Blicken verborgen. Das Sternbild steht im November gegen Mitternacht im Süden.*

- ***Sichtbar Oktober bis Januar***
- ***In Nord-Süd-Richtung extrem lang gezogenes Sternbild***
- ***Achernar: neunthellster Stern des Nachthimmels***

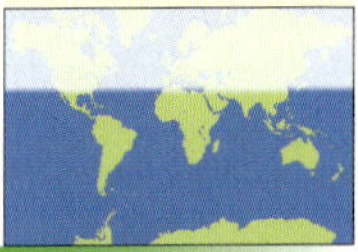

Der Eridanus ist ein Sternbild der Extreme: Er erstreckt sich vom Himmelsäquator bis weit nach Süden und enthält einerseits mit Achernar den neunthellsten Stern des Nachthimmels, andererseits aber ist die Sternbildfigur schwer zu erkennen, weil viele relativ schwache Sterne zu ihr gehören. Am mitteleuropäischen Winterabendhimmel eilt der nördliche Teil des Sternbilds dem Orion überm Südhorizont voraus. In der griechischen Mythologie ist Eridanus der Fluss, in den Phaeton fiel, nachdem er erfolglos versucht hatte, den Sonnenwagen seines Vaters Helios zu lenken.

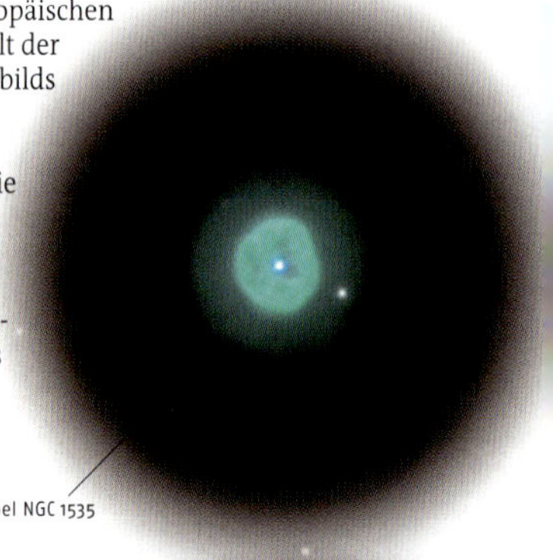

Planetarischer Nebel NGC 1535

Spiralgalaxie NGC 1291

Dreifachstern Omikron

Beobachtungstipp

Der Dreifachstern Keid ist bereits mit einem kleineren Teleskop zu trennen. Die Komponente mit der Größenklasse 9,5 ist der hellste Weiße Zwerg, den man am Himmel beobachten kann. Der Hauptstern ist orangerot, der dritte Begleiter rötlich.

Sterne des Eridanus

Name	*Beschreibung*	*Helligkeit*	*Entfernung*
Achernar (α)	*„Ende des Flusses", blauweiß*	0,5	144 LJ
Cursa (β)	*„Schemel", blauweiß*	2,8	89 LJ
Zaurak (γ)	*rot*	3,0	221 LJ
Delta (δ)	*orangerot*	3,5	30 LJ
Acamar (ϑ)	*blauweißer Doppelstern*	3,2/4,3	161 LJ
Keid (o^2)	*Dreifachstern*	4,4/9,5/10,8	16 LJ
32	*Doppelstern (gelb/blaugrün)*	4,8/6,1	345 LJ
39	*Doppelstern*	4,9/8	206 LJ
p	*Doppelstern (orangerot)*	5,8/5,9	27 LJ

Beobachtungstipp

Der Planetarische Nebel NGC 1535 liegt östlich von Zaurak und kann bereits mit einem Fernglas gefunden werden. Allerdings ist die Suche nicht ganz einfach, weil er in einem sternarmen Bereich des Nachthimmels liegt.

Deep-Sky-Objekte des Eridanus

Name	Beschreibung	Helligkeit	Entfernung
NGC 1291	Galaxie	8,5	22,5 Mio. LJ (?)
NGC 1535	Planetarischer Nebel	9,6	2000 LJ

Gemini

Zwillinge – Geminorum – Gem

Größe: 514 Quadratgrad (Rang 30); vollständig sichtbar 90° Nord bis 55° Süd

Auf einen Blick *Die Zwillinge sind ein markantes Sternbild des abendlichen Winterhimmels. Besonders auffällig sind Kastor und Pollux. Im Januar stehen die Zwillinge gegen Mitternacht im Süden.*

- ***Sichtbar September bis Mai***
- ***Zwei parallele Sternketten mit Kastor und Pollux am östlichen Ende***
- ***Namensgeber des Sternschnuppenstroms der „Geminiden" (beobachtbar erste Dezember-Hälfte)***

Von November bis April sind die Zwillinge am Abendhimmel zu sehen. Die Figur besteht aus zwei parallel verlaufenden Sternketten, deren östliche Enden von den beiden hellen Sternen Kastor und Pollux markiert werden. Die Zwillinge sind ein Tierkreissternbild, dem der Stier vorausgeht und der Krebs nachfolgt. In der griechischen Mythologie machten sich Kastor und Pollux zusammen mit Jason und den Argonauten auf die Suche nach dem goldenen Vlies des Widders. Die gemeinsame Mutter von Kastor und Pollux war Königin Leda von Sparta. Kastor war der sterbliche Sohn von König Tyndareus, Pollux der unsterbliche Sohn des Zeus. Sie waren also keine Zwillinge, sondern Halbbrüder, und gelten als Beschützer der Seefahrer, denen sie in Form der Elmsfeuer erscheinen. Dabei handelt es sich um elektrische Funkenentladungen an den Mastspitzen der Segelschiffe bei gewittrigen Wetterlagen.

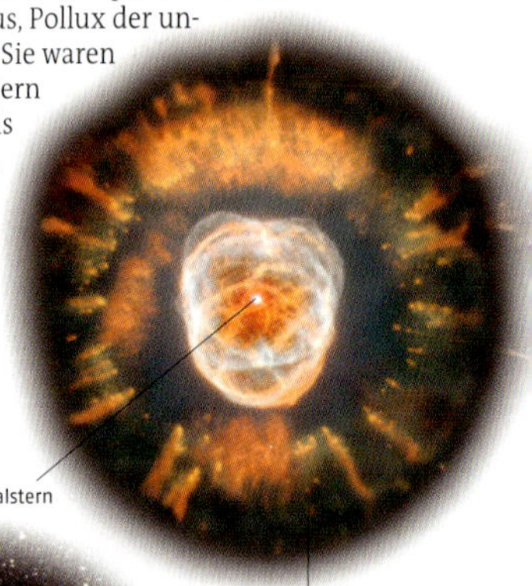

Planetarischer Nebel NGC 2392

Offener Sternhaufen Messier 35

Beobachtungstipp

Am westlichen Ende von Kastors Sternkette steht der offene Sternhaufen M 35, der unter sehr guten Bedingungen bereits mit dem bloßen Auge zu erahnen ist. Im Fernglas und Fernrohr zeigt er viele Einzelsterne. Neben ihm steht der schwache NGC 2158, auch ein offener Haufen, aber 10 000 Lichtjahre weiter weg.

Sterne der Zwillinge

Name	*Beschreibung*	*Helligkeit*	*Entfernung*
Kastor (α)	*Doppelstern*	1,9/3,0	52 LJ
Pollux (β)	*orangerot*	1,2	34 LJ
Alhena (γ)	*blauweiß*	1,9	105 LJ
Wasat (δ)	*Doppelstern (weißgelb/orangerot)*	3,5/8,2	59 LJ
Mebsuta (ε)	*gelb*	3,1/9,2	900 LJ
Tejat Prior (η)	*Doppelstern, Veränderlicher*	3,1–3,9/6,1	349 LJ
Tejat Posterior (μ)	*rot*	2,9	232 LJ
Alzirr (ξ)	*weiß*	3,4	57 LJ

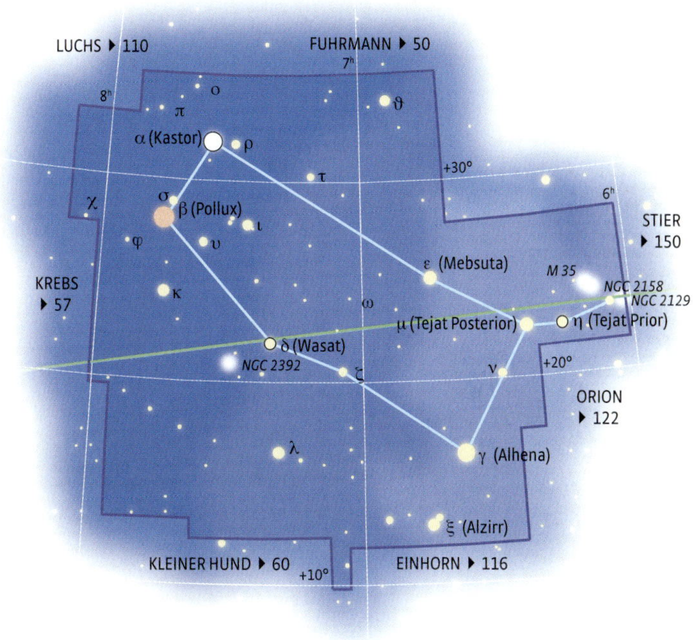

Deep-Sky-Objekte der Zwillinge			
Name	***Beschreibung***	***Helligkeit***	***Entfernung***
M 35	*offener Sternhaufen*	*5,1*	*2800 LJ*
NGC 2129	*offener Sternhaufen*	*6,7*	*7200 LJ*
NGC 2158	*offener Sternhaufen*	*8,6*	*12 800 LJ*
NGC 2392	*„Eskimo-Nebel", Plan. Nebel*	*9*	*2900 LJ*

Beobachtungstipp

Schon bescheidene Fernrohre zeigen den Planetarischen Nebel NGC 2392 als kleines Scheibchen. Er liegt in der Nähe des Sterns Wasat und gehört zu den wenigen Planetarischen Nebeln, deren Zentralstern schon in kleinen Fernrohren sichtbar ist. Um das Eskimogesicht zu erkennen, bedarf es jedoch eines großen Instruments.

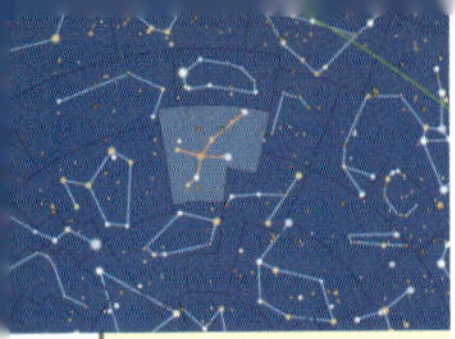

Grus

Kranich – Gruis – Gru

Größe: 366 Quadratgrad (Rang 45); vollständig sichtbar von 34° Nord bis 90° Süd

***Auf einen Blick** Der Kranich liegt südlich des Wassermanns und ist erst von Südeuropa aus einigermaßen günstig zu beobachten, beispielsweise an Herbstabenden.*

- ***In Mitteleuropa unsichtbar***
- ***Figur in der Form eines leicht geschwungenen Kreuzes mit einem hellen Stern namens Alnair***
- ***Einige helle Doppelsterne fürs Fernglas***

Doppelstern Delta

Der Kranich ist ein weiteres Sternbild, das die holländischen Seefahrer Pieter Dirkszoon Keyser und Frederick de Houtman Ende des 16. Jahrhunderts am Himmel verewigt haben. Insgesamt gehen zwölf Sternbilder auf ihre Rechnung.

Im Gegensatz zu vielen der anderen Sternbilder, die Keyser und de Houtman sich ausdachten, kann man sich die Figur des Kranichs relativ leicht vorstellen. Von Mitteleuropa aus bleibt das Sternbild jedoch faktisch unbeobachtbar.

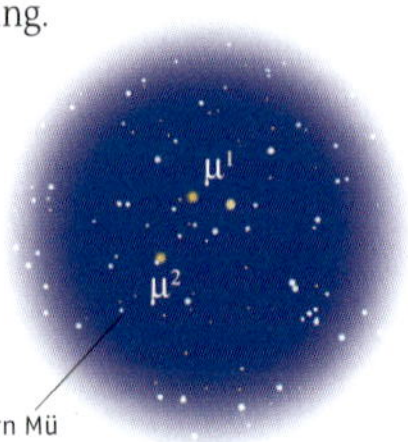

Doppelstern Mü

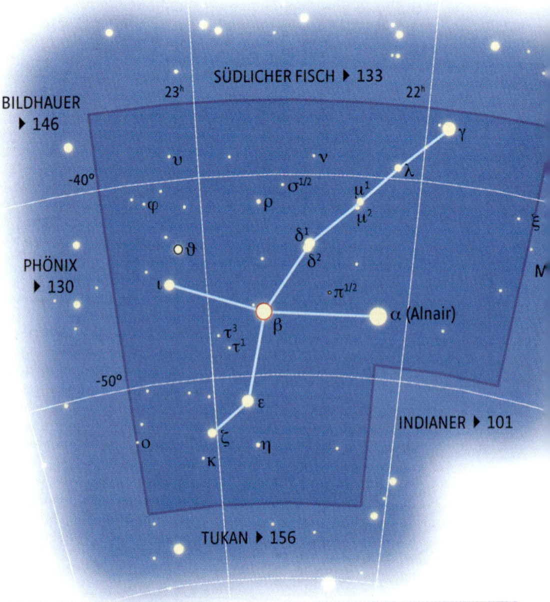

Beobachtungstipp

Bei Delta handelt es sich um zwei Sterne, die in deutlich unterschiedlichen Entfernungen stehen. Zufällig liegen sie am Himmel jedoch eng beisammen, so dass sie wie ein Doppelstern aussehen. Die gelbe und die rote Einzelkomponente kann man bei dunklem Himmel bereits mit dem bloßen Auge unterscheiden.

Sterne und Deep-Sky-Objekte des Kranichs

Name	Beschreibung	Helligkeit	Entfernung
Alnair (α)	„Der Helle", blauweiß	1,7	101 LJ
Beta (β)	roter Veränderlicher	2,0–2,3	170 LJ
Gamma (γ)	blau	3,0	203 LJ
Delta-1, -2 (δ¹, δ²)	optischer Doppelstern	4,0/4,1	296/325 LJ
Mü-1, -2 (μ¹, μ²)	optischer Doppelstern	4,8/5,1	262/240 LJ
Pi-1, -2 (π¹, π²)	optischer Doppelstern	5,4–6,7/5,6	500/132 LJ
Theta (ϑ)	enger Doppelstern	4,5/6,8	133 LJ

Horologium

Pendeluhr – Horologii – Hor

Größe: 249 Quadratgrad (Rang 58); vollständig sichtbar von 23° Nord bis 90° Süd

Die Pendeluhr ist von Mitteleuropa aus unsichtbar. Sie steht am Südhimmel und schmiegt sich an den Eridanus an. Wie andere kleine Sternbilder des Südens hat der Franzose Nicolas Louis de Lacaille auch die Pendeluhr in den 1750er Jahren am Himmel verewigt. Sie enthält nur schwache Sterne und besitzt keine eingängige Form. Die Pendeluhr ist erst von äquatornahen Regionen auf der Nordhalbkugel vollständig zu sehen.

Kugelsternhaufen NGC 1261

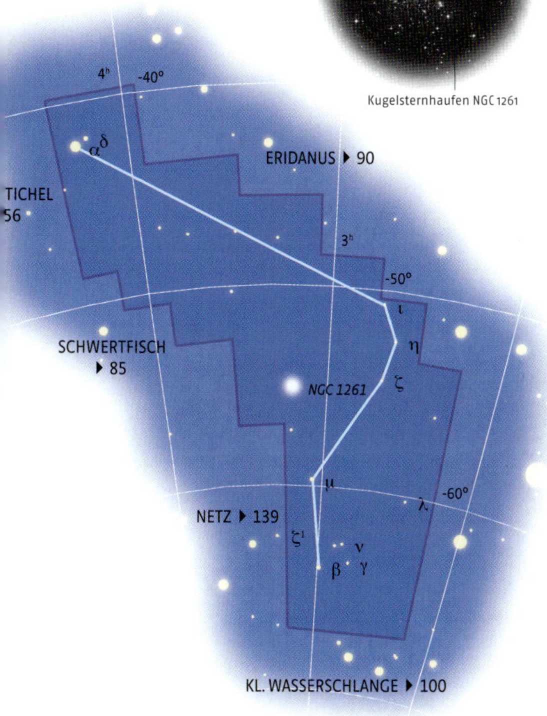

Sterne und Deep-Sky-Objekte der Pendeluhr			
Name	*Beschreibung*	*Helligkeit*	*Entfernung*
Alpha (α)	*orangerot*	*3,9*	*117 LJ*
Beta (β)	*weiß*	*5,0*	*314 LJ*
Delta (δ)	*weiß*	*4,9*	*175 LJ*
NGC 1261	*Kugelsternhaufen*	*8,4*	*52 000 LJ*

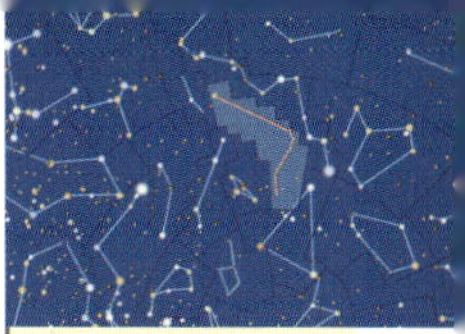

Auf einen Blick *Die Pendeluhr ist ein kleineres, unscheinbares Sternbild am Südhimmel. Sie grenzt an Eridanus, Kleine Wasserschlange, Netz, Schwertfisch und Grabstichel an.*

> ***In Mitteleuropa unsichtbar***
> ***Wenig markantes Sternbild mit lichtschwachen Sternen***

Beobachtungstipp

Der Kugelsternhaufen NGC 1261 bildet ein fast gleichschenkliges Dreieck mit den Sternen Mü und Zeta. Um ihn zu beobachten, ist ein Teleskop erforderlich. Die Sterne von NGC 1261 stehen dicht beisammen, so dass sein Rand sich erst mit einem mittelgroßen Fernrohr in Einzelsterne auflösen lässt.

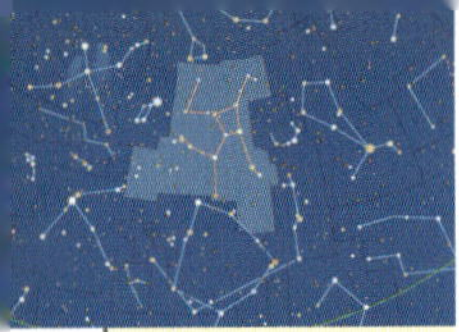

Hercules

Herkules – Herculis – Her

Größe: 1225 Quadratgrad (Rang 5); sichtbar von 90° Nord bis 29° Süd

Auf einen Blick *Der Herkules liegt zwischen Leier und Nördlicher Krone. Der hellste Teil des Sternbilds ist der trapezförmige Bereich, der Bauch und Lenden der Figur markiert.*

- ***Sichtbar Februar bis Oktober***
- ***Fünftgrößtes Sternbild des Nachthimmels***
- ***M 13: Berühmtester Kugelsternhaufen des Nordhimmels***

Der Herkules ist besonders gut am frühsommerlichen Abendhimmel zu sehen. Er enthält lediglich mittelhelle und schwächere Sterne, weshalb er nur bei dunklem Himmel gut zu sehen ist. Herkules war ein unehelicher Sohn des Zeus. Dank seiner übermenschlichen Kräfte und seiner Schlauheit gelang es ihm, zwölf Aufgaben zu lösen, die eigentlich als unlösbar galten. Viele Opfer des Herkules sind ebenfalls am Himmel verewigt, beispielsweise Drache, Krebs, Löwe und Wasserschlange. In der bildlichen Darstellung kniet der Held kopfüber am Himmel: Rasalgethi markiert den Kopf, die Sterne Beta und Gamma den erhobenen linken Arm mit einer Keule.

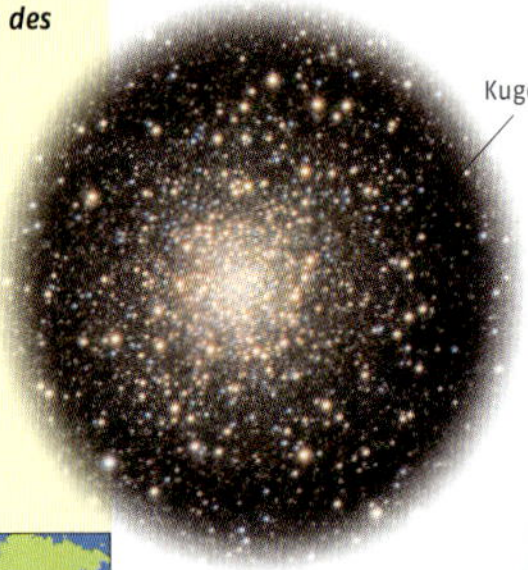

Kugelsternhaufen Messier 92

Kugelsternhaufen Messier 13

Beobachtungstipp

Im Trapez des Herkules zwischen den Sternen Eta und Zeta liegt der brillante Kugelsternhaufen M 13, der unter sehr günstigen Bedingungen bereits mit bloßem Auge zu sehen ist. Beim Blick durch mittelgroße Fernrohre werden am Haufenrand einzelne Sterne erkennbar.

Sterne des Herkules

Name	Beschreibung	Helligkeit	Entfernung
Rasalgethi (α)	„Kopf des Knieenden", Doppelstern	2,7–5,4/5,4	382 LJ
Kornephoros (β)	„Stabträger", gelb	2,8	148 LJ
Gamma (γ)	weiß	3,7	195 LJ
Sarin (δ)	weißer Doppelstern	3,8/10	195 LJ
Zeta (ζ)	Doppelstern (gelbweiß/orangerot)	2,9/5,7	35 LJ
Kappa (κ)	Doppelstern (gelb/orangerot)	5,0/6,3	388 LJ
Rho (ρ)	blauweißer Doppelstern	4,5/5,5	402 LJ

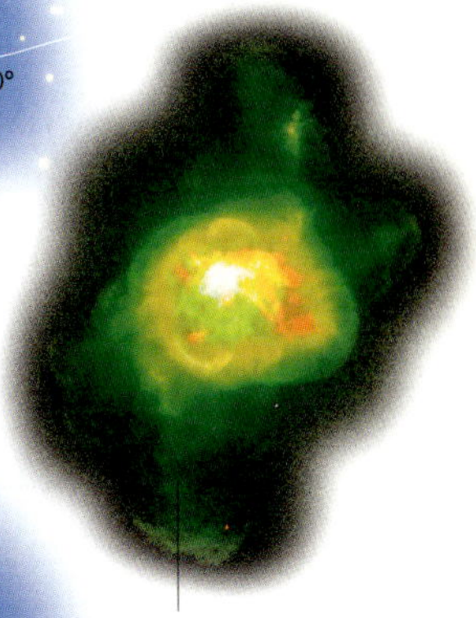

Planetarischer Nebel NGC 6210

Deep-Sky-Objekte des Herkules

Name	*Beschreibung*	*Helligkeit*	*Entfernung*
M 13	*Kugelsternhaufen*	*5,9*	*25 000 LJ*
M 92	*Kugelsternhaufen*	*6,5*	*29 000 LJ*
NGC 6210	*Planetarischer Nebel*	*9*	*4000 LJ*
NGC 6229	*Kugelsternhaufen*	*9,4*	*98 000 LJ*

Beobachtungstipp

Läge M 92 nicht ausgerechnet im selben Sternbild wie M 13, wäre er sicherlich bekannter. So stiehlt ihm sein großer Bruder die Schau. Der Kugelsternhaufen M 92 liegt im Nordteil des Sternbilds und ist im Fernglas sichtbar, macht aber vor allem im Teleskop eine gute Figur.

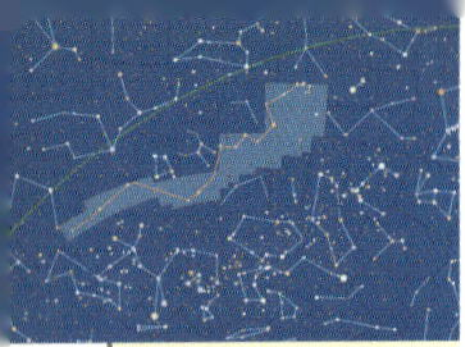

Hydra

Wasserschlange – Hydrae – Hya

Größe: 1303 Quadratgrad (Rang 1); vollständig sichtbar von 54° Nord bis 83° Süd

Auf einen Blick *Die Wasserschlange verläuft vom Krebs vorbei an Becher und Rabe bis zur Waage und dem Zentaur. Alphard markiert sozusagen die Brust der Wasserschlange.*

> ***Sichtbar Januar bis April***
> ***Kopf und vorderer Teil des Körpers sind relativ leicht erkennbar, der Rest verliert sich aber wegen der schwachen Sterne***

Die Wasserschlange ist am Abendhimmel nur im April und Mai vollständig zu sehen. Sie ist das größte Sternbild, aber nicht besonders auffällig. Lediglich ihr hellster Stern, Alphard, fällt einem beim Blick an den Nachthimmel auf. In der griechischen Mythologie gibt es zwei Deutungen der Wasserschlange. Im einen Fall musste sie für den Raben als Ausrede herhalten, damit dieser sein langes Wegbleiben vertuschen konnte (siehe S. 79). In der anderen Geschichte ist die Wasserschlange die vielköpfige Hydra, die von dem Helden Herkules nach langem Kampf besiegt wurde.

Beobachtungstipp

Der offene Sternhaufen M 48 bildet mit Prokyon im Kleinen Hund und Alphard ein flaches Dreieck. Er ist unter günstigen Bedingungen bereits mit dem bloßen Auge zu sehen, auf jeden Fall im Fernglas. Die rund 80 Sterne sind auf eine Fläche von der Größe der Vollmondscheibe verteilt.

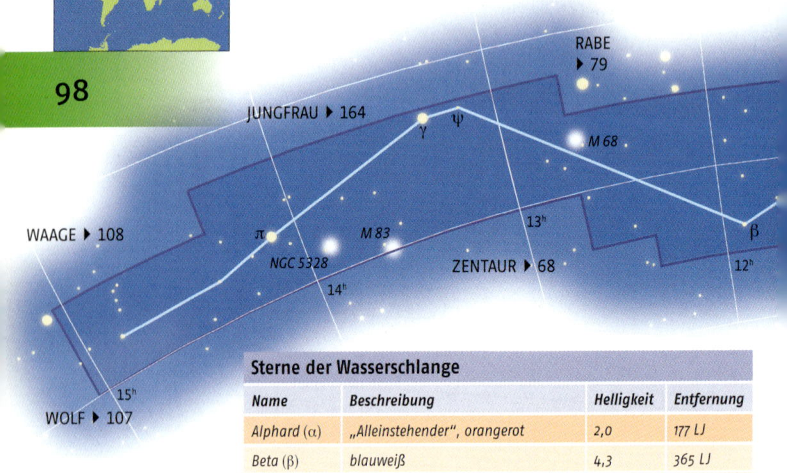

Sterne der Wasserschlange

Name	*Beschreibung*	*Helligkeit*	*Entfernung*
Alphard (α)	*„Alleinstehender", orangerot*	*2,0*	*177 LJ*
Beta (β)	*blauweiß*	*4,3*	*365 LJ*
Gamma (γ)	*gelb*	*3,0*	*132 LJ*
Delta (δ)	*blauweiß*	*4,1*	*179 LJ*
Epsilon (ε)	*Doppelstern (gelb/blau)*	*3,4/6,7*	*135 LJ*
27	*optischer Doppelstern*	*4,8//7/11*	*244//202 LJ*

Spiralgalaxie Messier 83

Kugelsternhaufen Messier 68

Deep-Sky-Objekte der Wasserschlange

Name	*Beschreibung*	*Helligkeit*	*Entfernung*
M 48	*offener Sternhaufen*	*5,8*	*2000 LJ*
M 68	*Kugelsternhaufen*	*8,2*	*31 000 LJ*
M 83	*Spiralgalaxie*	*7,6*	*15 Mio. LJ*
NGC 3242	*„Jupiters Geist", Planetarischer Nebel*	*9*	*2000 LJ*
NGC 3621	*Spiralgalaxie*	*9,9*	*20 Mio. LJ*

Beobachtungstipp

Knapp südlich des Raben stößt man in der Wasserschlange auf M 68. Der Kugelsternhaufen ist fast halb so groß wie das Vollmondscheibchen. Bereits mit einem mittelgroßen Teleskop lässt sich sein Rand in Einzelsterne auflösen. Leider steigt er für Mitteleuropa nur knapp über den Horizont empor.

Hydrus

Kleine Wasserschlange – Hydri – Hyi

Größe: 243 Quadratgrad (Rang 61); vollständig sichtbar 8° Nord bis 90° Süd

Auf einen Blick *Die Kleine Wasserschlange ist ein Sternbild der südlichen Breiten. Sie enthält nur relativ schwache Sterne und ist deshalb nicht sehr auffällig.*

- > ***In Mitteleuropa unsichtbar***
- > ***Die drei hellsten Sterne bilden ein fast gleichseitiges Dreieck***
- > ***Im Oktober Kulmination gegen Mitternacht***

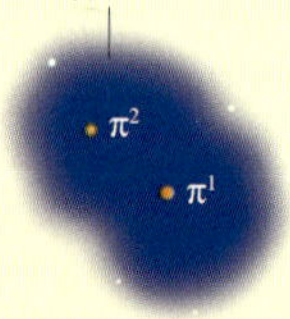

Auch dieses Sternbild haben die beiden holländischen Seefahrer Pieter Dirkszoon Keyser und Frederick de Houtman gegen Ende des 16. Jahrhunderts an den Himmel gesetzt. Es ist das Gegenstück zur Wasserschlange und stellt quasi die Verlängerung des Eridanus fast bis zum Himmelssüdpol dar. Von Mitteleuropa aus ist die Kleine Wasserschlange daher nicht zu sehen. Es gibt in dem Sternbild nur wenig Interessantes zu beobachten, und seine Sterne haben nur mittlere Helligkeiten. In der Nachbarschaft des Sterns Beta, im Sternbild Tukan, liegt die Kleine Magellansche Wolke, eine der Begleitgalaxien unseres Milchstraßensystems.

Sterne und Deep-Sky-Objekte der Kleinen Wasserschlange

Name	*Beschreibung*	*Helligkeit*	*Entfernung*
Alpha (α)	*weiß*	*2,9*	*71 LJ*
Beta (β)	*gelb, hellster Stern*	*2,8*	*24 LJ*
Gamma (γ)	*rot*	*3,2*	*214 LJ*
Pi-1, -2 (π¹, π²)	*optischer Doppelstern*	*5,6/5,7*	*740/468 LJ*

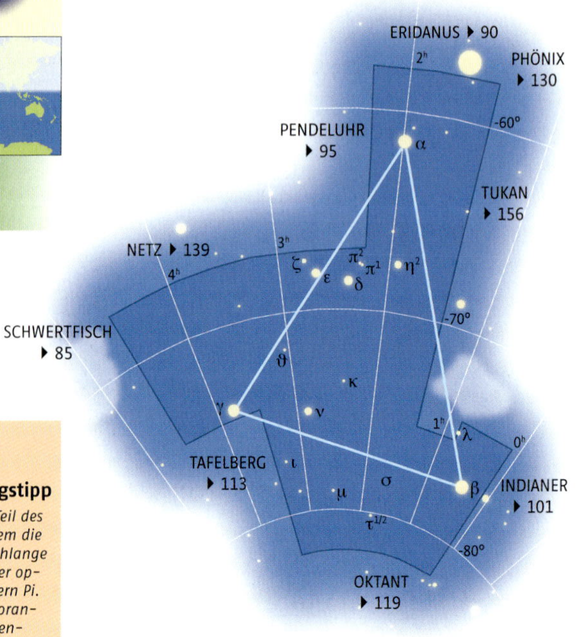

Beobachtungstipp

Im nördlichen Teil des Dreiecks, aus dem die Kleine Wasserschlange besteht, liegt der optische Doppelstern Pi. Seine rote und orangerote Komponente lassen sich bereits mit einem Fernglas trennen.

Indus

Indianer – Indi – Ind

Größe: 294 Quadratgrad (Rang 49); vollständig sichtbar von 15° Nord bis 90° Süd

Das Sternbild ist eine Erfindung der beiden holländischen Seefahrer Pieter Dirkszoon Keyser und Frederick de Houtman gegen Ende des 16. Jahrhunderts. Es ist von Mitteleuropa aus nicht zu sehen. Um einen nordamerikanischen Ureinwohner erkennen zu können, ist etwas Fantasie erforderlich. Die Sterne des Indianers sind alle lichtschwach.

Auf einen Blick *Der Indianer liegt mit seinem Hauptteil zwischen den hellen Sternen des Kranichs und des Pfaus. Alle Sterne des unscheinbaren Sternbilds sind relativ lichtschwach. Es steht im August gegen Mitternacht in Richtung Süden.*

> ***In Mitteleuropa unbeobachtbar***
> ***Kaum interessante Objekte***

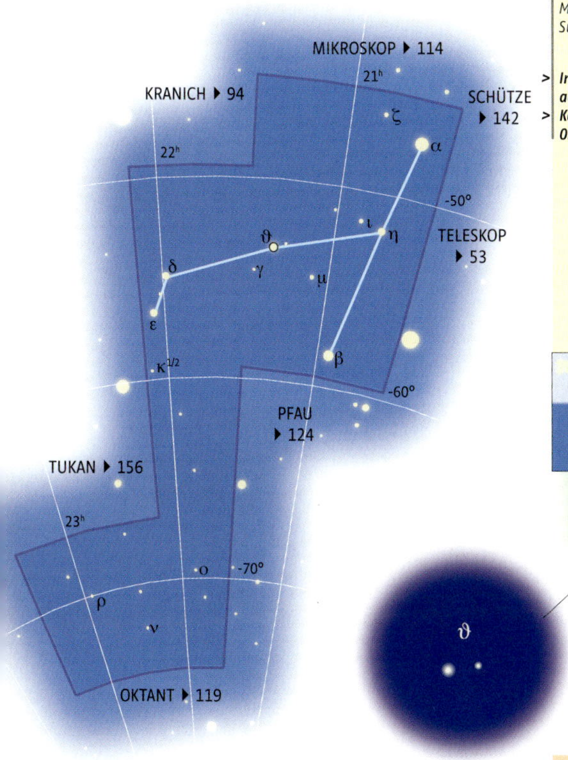

Doppelstern Theta

Sterne und Deep-Sky-Objekte des Indianers			
Name	***Beschreibung***	***Helligkeit***	***Entfernung***
Alpha (α)	*orangerot*	*3,1*	*101 LJ*
Beta (β)	*orangerot*	*3,7*	*600 LJ*
Delta (δ)	*weiß*	*4,4*	*185 LJ*
Epsilon (ε)	*Nachbar der Sonne*	*4,7*	*11,8 LJ*
Theta (ϑ)	*Doppelstern (weiß/weiß)*	*4,5/7,0*	*97 LJ*

Beobachtungstipp

Theta bildet mit Delta und Beta ein gleichseitiges Dreieck. Theta ist ein Doppelstern, der mit einem kleinen Fernrohr zu trennen ist. Beide Komponenten sind weiße, unterschiedlich helle Sterne.

Lacerta

Eidechse – Lacertae – Lac

Größe: 201 Quadratgrad (Rang 68); vollständig sichtbar von 90° Nord bis 23° Süd

Auf einen Blick *Die Eidechse liegt zwischen Andromeda und Schwan. Alle ihre Sterne sind lichtschwach, ihre Figur eine Zickzacklinie mit Alpha und Beta am nördlichen Ende.*

> ***Sichtbar April bis Januar***
> ***Weitgehend zirkumpolar***
> ***Kleineres, wenig markantes Sternbild ohne spektakuläre Objekte***

Offener Sternhaufen NGC 7243

Im August und September erreicht die Eidechse ihre Südstellung gegen Mitternacht. Das unscheinbare Sternbild wurde erst gegen Ende des 17. Jahrhunderts von dem polnischen Astronomen Johannes Hevelius an den Himmel gesetzt. Zuvor hatte das Sternbild im europäischen Raum verschiedene andere Deutungen erfahren. Die Eidechse ist für Mitteleuropa weitgehend zirkumpolar, lässt sich also das ganze Jahr über beobachten, in den Abendstunden am besten während des Herbstes. Durch den Nordteil der Eidechse verläuft das Milchstraßenband.

Offener Sternhaufen NGC 7209

Sterne und Deep-Sky-Objekte der Eidechse

Name	*Beschreibung*	*Helligkeit*	*Entfernung*
Alpha (α)	*blauweiß*	*3,8*	*102 LJ*
Beta (β)	*gelb*	*4,4*	*170 LJ*
8	*Doppelstern (weiß/weiß)*	*5,7/6,5*	*639 LJ*
NGC 7209	*offener Sternhaufen*	*6,7*	*2900 LJ*
NGC 7243	*offener Sternhaufen*	*6,4*	*3300 LJ*

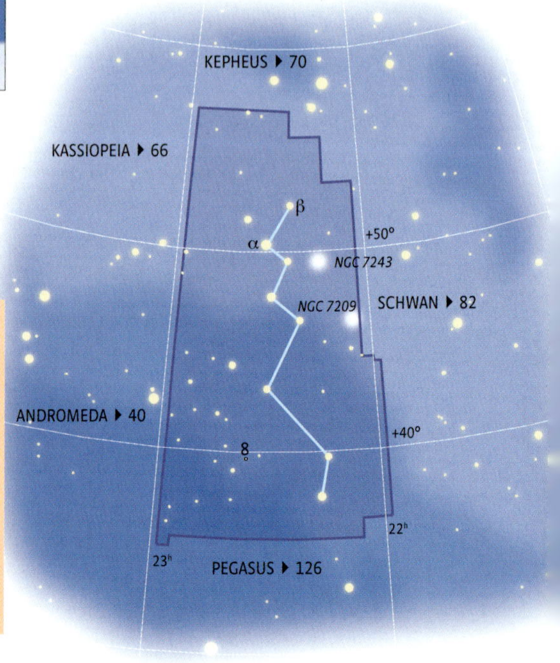

Beobachtungstipp

Der offene Sternhaufen NGC 7243 bildet mit den Sternen Alpha und Beta ein gleichschenkliges Dreieck. Er hat eine unregelmäßige Kontur und enthält etwa 40 Sterne ab der achten Größenklasse. Seine Ausdehnung am Himmel ist größer als das halbe Vollmondscheibchen.

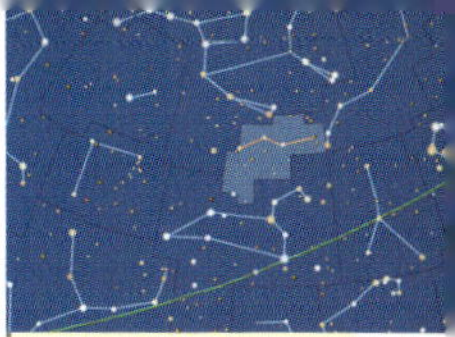

Leo Minor

Kleiner Löwe – Leo Minoris – LMi

Größe: 232 Quadratgrad (Rang 64); vollständig sichtbar von 90° Nord bis 48° Süd

Der Kleine Löwe schmiegt sich nördlich an seinen großen Bruder, den Löwen, an. Die beiden Sternbilder hängen jedoch mythologisch nicht zusammen, denn den Kleinen Löwen führte der polnische Astronom Johannes Hevelius erst 1687 ein. Es gibt kaum einfache Beobachtungsobjekte in dem Sternbild. Da der englische Astronom Francis Baily bei der Benennung der Sterne mit griechischen Buchstaben das Alpha vergaß, gibt es im Kleinen Löwen keinen Stern mit dieser Bezeichnung. Der hellste trägt die Nummer 46 und heißt Praecipua.

Spiralgalaxie NGC 3344

Auf einen Blick *Der Kleine Löwe liegt zwischen dem Großen Bären und dem Löwen. Die schwachen Sterne des Sternbilds sind nicht sehr einprägsam. Der hellste Stern heißt Praecipua.*

- ***Sichtbar November bis Juli***
- ***Vier schwache Sterne bilden eine Zickzacklinie***
- ***Kaum leichte Objekte für kleine Fernrohre***

Doppelstern Struve 1374

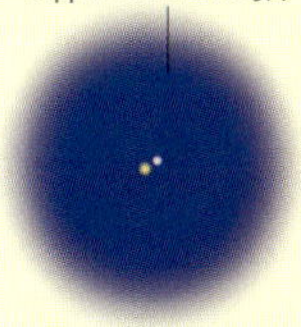

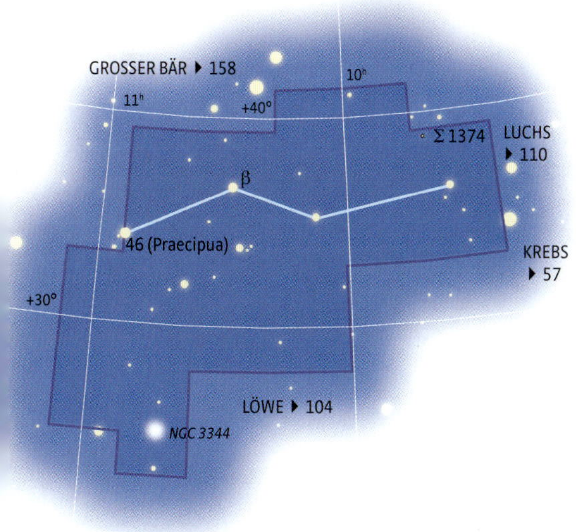

Sterne und Deep-Sky-Objekte des Kleinen Löwen

Name	*Beschreibung*	*Helligkeit*	*Entfernung*
Praecipua (46)	*hellster Stern, orangerot*	*3,8*	*98 LJ*
Beta (β)	*gelb*	*4,2*	*146 LJ*
Σ 1374	*Doppelstern (gelb/weiß)*	*7,3/8,6*	*156 LJ*
NGC 3344	*Spiralgalaxie*	*10*	*20 Mio. LJ*

Beobachtungstipp

Der Doppelstern Σ 1374 besteht aus einer gelben und einer weißen Komponente. Man findet ihn an der Grenze zum Sternbild Luchs, nördlich des Sterns 10. Σ steht für den deutschen Astronomen Friedrich Georg Wilhelm Struve, der den Doppelstern katalogisiert hat.

Leo

Löwe – Leonis – Leo

Größe: 947 Quadratgrad (Rang 12); vollständig sichtbar von 90° Nord bis 56° Süd

Auf einen Blick *Der Löwe steht im Februar/März gegen Mitternacht im Süden. Das Trapez mit Denebola und Regulus stellt den Körper des liegenden Löwen dar, das kleine Trapez bei Algieba den Kopf.*

- ***Sichtbar Dezember bis Juni***
- ***Hauptstern Regulus gehört zu den 20 hellsten Sternen des Himmels***
- ***Namensgeber des Sternschnuppenstroms der „Leoniden" (beobachtbar im November)***

Der Löwe ist ein auffälliges Frühlingssternbild, das drei helle und einige mittelhelle Sterne enthält. Seine Figur besteht aus zwei Trapezen, wobei das kleinere am Stern Algieba des größeren Trapezes ansetzt. In der griechischen Mythologie besitzt der nemeische Löwe ein Fell, das so hart ist, dass jede Waffe an ihm abprallt. Herkules erwürgt daraufhin das Untier mit bloßen Händen – und vollbringt die erste seiner zwölf Heldentaten. Der Löwe ist ein Tierkreissternbild, dem der Krebs vorausgeht und die Jungfrau nachfolgt. Sein Hauptstern Regulus bildet einen der Eckpunkte des Frühlingsdreiecks.

Spiralgalaxie Messier 95

Galaxie Messier 66 — Galaxie Messier 65

Beobachtungstipp

Zwischen den Sternen Chertan und Iota liegt das Spiralgalaxienpaar M 65/M 66, das unter guten Bedingungen gerade noch mit dem Fernglas zu erkennen ist. Im kleinen Teleskop zeigen sich zwei strukturlose längliche Fleckchen, die Spiralarme bleiben großen Geräten vorbehalten.

Sterne des Löwen

Name	Beschreibung	Helligkeit	Entfernung
Regulus (α)	„Kleiner König", Doppelstern	1,4/7,7	78 LJ
Denebola (β)	„Löwenschwanz", blauweiß	2,1	36 LJ
Algieba (γ)	„Stirn", Doppelstern	2,2/3,5	126 LJ
Zosma (δ)	blauweiß	2,6	58 LJ
Epsilon (ε)	gelb	3,0	251 LJ
Aldhafera (ζ)	gelbweiß	3,4	260 LJ
Chertan (ϑ)	blauweiß	3,3	178 LJ

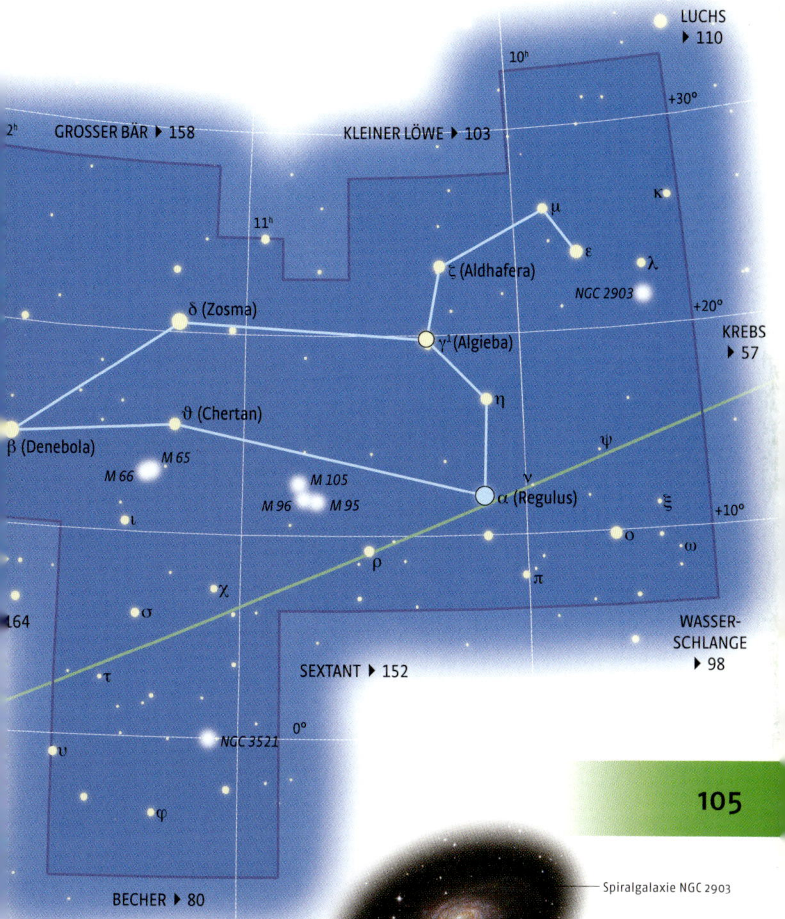

Spiralgalaxie NGC 2903

Deep-Sky-Objekte des Löwen

Name	*Beschreibung*	*Helligkeit*	*Entfernung*
M 65	Spiralgalaxie	9	20 Mio. LJ
M 66	Spiralgalaxie	9	20 Mio. LJ
M 95	Balkenspiralgalaxie	9,7	38 Mio. LJ
M 96	Spiralgalaxie	9,2	38 Mio. LJ
M 105	Elliptische Galaxie	9,3	38 Mio. LJ
NGC 2903	Spiralgalaxie	8,9	23 Mio. LJ
NGC 3521	Spiralgalaxie	8,9	28 Mio. LJ

Beobachtungstipp

Beim Kopf des Löwen, nahe des Sterns Lambda, stößt man auf die Spiralgalaxie NGC 2903. Sie ist so hell, dass sie unter guten Bedingungen bereits mit dem Fernglas zu sehen ist. Ihre weitläufigen Spiralarme bleiben jedoch großen Teleskopen vorbehalten.

Lepus

Hase – Leporis – Lep

Größe: 290 Quadratgrad (Rang 51); vollständig sichtbar von 63°Nord bis 90° Süd

Auf einen Blick *Der Hase steht im Dezember gegen Mitternacht genau im Süden. Das Sternbild geht gegenüber seinen hellen Nachbarn Orion und Großer Hund etwas unter, enthält aber einige interessante Objekte.*

- ***Sichtbar November bis Februar***
- ***Arneb (Stern Alpha) stammt aus dem Arabischen und bedeutet „Hase"***
- ***„Purpurstern": Veränderlicher Mira-Stern, der im Maximum tiefrot leuchtet***

Der Hase ist ein Wintersternbild zu Füßen des Orions. Es enthält zwei relativ helle Sterne, die den Vorderkörper des Tieres markieren. Der Stern Mü liegt am Kopf, Lambda und Kappa an den Ohrspitzen. Die Sterne Gamma und Delta stehen an den Enden der Hinterläufe, Epsilon an den Enden der Vorderläufe. Der Hase läuft am Himmel also nach Westen. Er ist bereits seit der Antike bekannt und wird in der Mythologie vom Großen Hund des Jägers Orion über den Himmel gehetzt. Bei den alten Ägyptern stellte das Sternbild den Totengott Anubis dar.

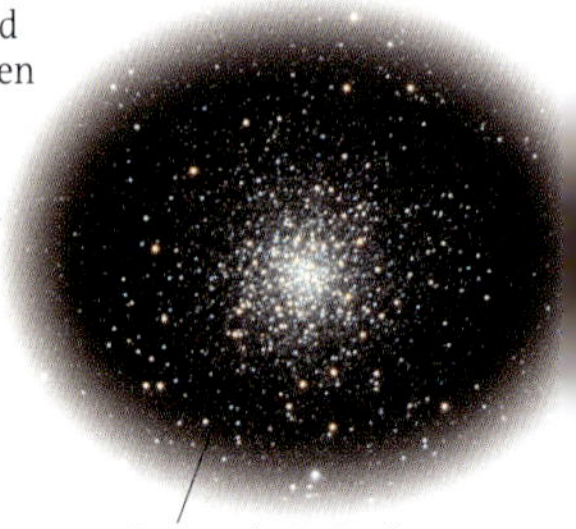

Kugelsternhaufen Messier 79

Sterngruppe NGC 2017

Sterne und Deep-Sky-Objekte des Hasen			
Name	*Beschreibung*	*Helligkeit*	*Entfernung*
Arneb (α)	*„Hase", weiß*	*2,6*	*1300 LJ*
Nihal (β)	*gelber Doppelstern*	*2,8/7,3*	*159 LJ*
Gamma (γ)	*Doppelstern (gelb/gelb)*	*3,6/6,2*	*29 LJ*
Kappa (κ)	*Doppelstern (weiß/weiß)*	*4,4/7,4*	*560 LJ*
R	*„Purpurstern", sehr roter Veränd.*	*5,5–12*	*820 LJ*
M 79	*Kugelsternhaufen*	*8*	*42 500 LJ*
NGC 2017	*Sterngruppe, versch. Farben*	*7,5*	*–*

Beobachtungstipp

Bei NGC 2017, neben Arneb, handelt es sich um keinen Sternhaufen, sondern nur um eine Gruppe von fünf nicht zusammengehörigen Sternen. Mit einem kleinen Teleskop erkennt man bei ihnen verschiedene Farben. Der hellste Stern ist ein schwieriger Doppelstern, der bläuliche Stern Richtung Südost ein leichterer.

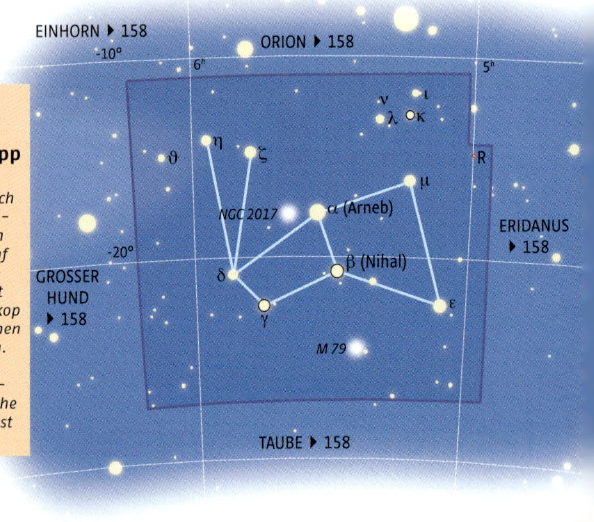

Lupus

Wolf – Lupi – Lup

Größe: 334 Quadratgrad (Rang 46); vollständig sichtbar von 35° Nord bis 90° Süd

Der Wolf liegt zwischen den hellen Sternbildern Skorpion und Zentaur, deshalb geht er etwas unter, obwohl er einige interessante Objekte enthält. Drei seiner Sterne sind hell oder zumindest relativ hell. In Mitteleuropa ist nur der nördliche Teil des Wolfes zu sehen – und das auch nur schlecht, weil er kaum über den Südhorizont emporsteigt. Die Griechen der Antike sahen in dem Sternbild ein reißendes Tier namens Therion, seit der Renaissance wird es als Wolf gedeutet. Seine Figur ist zwar recht markant, aber nicht leicht als Wolf zu deuten.

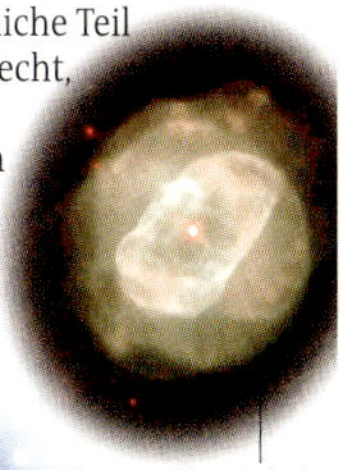

Planetarischer Nebel NGC 5882

Auf einen Blick *Der Wolf ist ein Sternbild des frühsommerlichen Abendhimmels. Seine hellsten Sterne sind auf der Nordhalbkugel erst vom südlichen Mittelmeerraum zu sehen.*

- ***Sichtbar März bis Juni***
- ***Zwei Zickzacklinien aus Sternen, die ungefähr parallel verlaufen***
- ***Liegt zwischen Skorpion und Zentaur***

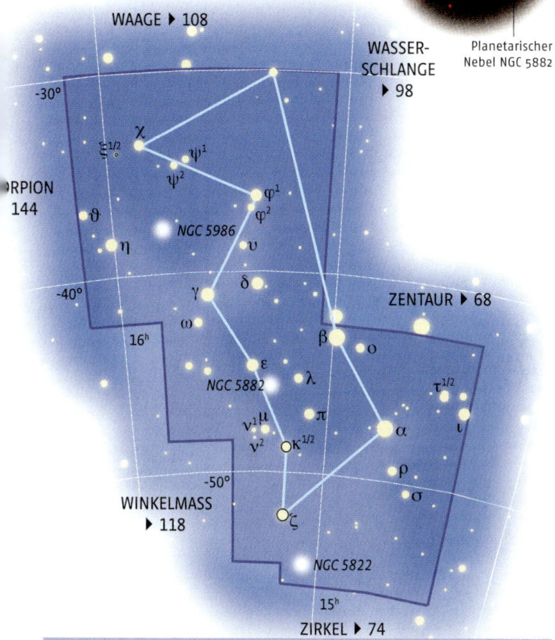

Offener Sternhaufen NGC 5822

Sterne und Deep-Sky-Objekte des Wolfs

Name	*Beschreibung*	*Helligkeit*	*Entfernung*
Alpha (α)	*blau*	2,3	548 LJ
Beta (β)	*blau*	2,7	524 LJ
Zeta (ζ)	*Doppelstern*	3,4/6,7	116 LJ
Kappa (κ)	*Doppelstern*	3,9/5,7	182 LJ
Xi (ξ)	*blauweißer Doppelstern*	5,1/5,6	199 LJ
NGC 5822	*offener Sternhaufen*	6,5	2500 LJ
NGC 5882	*Planetarischer Nebel*	10,5	6200 LJ
NGC 5986	*Kugelsternhaufen*	7,1	34 000 LJ

Beobachtungstipp

Ganz am Südrand des Sternbilds liegt der offene Sternhaufen NGC 5822, der bereits mit dem Fernglas zu sehen ist. Er enthält etwa hundert Einzelsterne, von denen viele schon mit einem kleinen Teleskop zu erkennen sind. Als Ausgangspunkt für die Suche kann der Stern Zeta dienen.

Libra

Waage – Librae – Lib

Größe: 538 Quadratgrad (Rang 29); vollständig sichtbar von 60° Nord bis 90° Süd

Auf einen Blick *Die Waage ist ein Tierkreissternbild, dem die Jungfrau vorangeht und der Skorpion folgt. Zubenelgenubi markiert den Drehpunkt der Waage.*

- ***Sichtbar April bis Juni***
- ***Zwei relativ helle Sterne, alle anderen sind eher lichtschwach***
- ***Lange Zeit gehörte das Sternbild zum Skorpion***

Die Waage ist von Mitteleuropa aus vor allem in den Abendstunden des Mai und Juni gut zu beobachten. Sie gehört zu den 30 größten Sternbildern, enthält aber nur zwei einigermaßen helle Sterne. Daher springt sie am Himmel nicht sofort ins Auge, obwohl ihre Form recht eingängig ist. In der griechischen Antike gehörte die Waage zum Sternbild Skorpion, was man noch heute an den Namen der beiden hellsten Waage-Sterne erkennen kann. Erst die Römer gaben dem Sternbild im ersten Jahrhundert v. Chr. sein heutiges Aussehen; es steht als Sinnbild für die Gerechtigkeit.

Doppelstern Iota

Kugelsternhaufen NGC 5897

Beobachtungstipp

Iota bildet mit Zubenelgenubi und Brachium ein flaches Dreieck. Bereits mit dem Fernglas zeigen sich zwei Einzelsterne, die entweder als Iota und 25 oder Iota-1 und Iota-2 bezeichnet werden. Im Teleskop erkennt man, dass der hellere Stern einen weiteren Begleiter besitzt, der in mittelgroßen Fernrohren wiederum in zwei Einzelsterne zerfällt.

Sterne der Waage

Name	Beschreibung	Helligkeit	Entfernung
Zubenelgenubi (α)	„Südliche Schere", Doppelstern	2,7/5,2	77 LJ
Zubeneschamali (β)	„Nördliche Schere", grünlich	2,6	160 LJ
Zubenelakrab (γ)	„Schere des Skorpions", orange	3,9	152 LJ
Zubenelakribi (δ)	blauer Veränderlicher	4,9–5,9	304 LJ
Iota (ι)/25	Doppelstern	4,5/6,1	377 LJ
Mü (μ)	Doppelstern	5,7/6,8	235 LJ
Brachium (σ)	Gehörte früher zum Skorpion	3,3	292 LJ

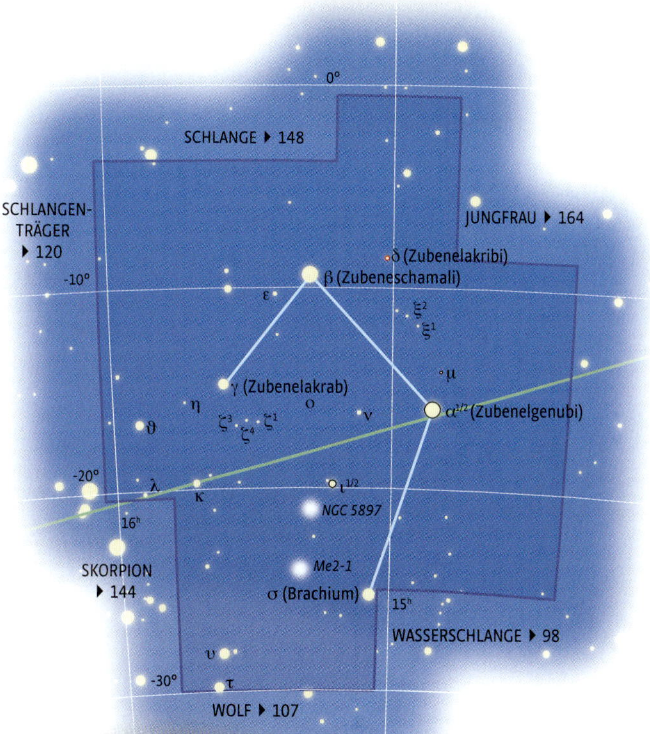

Deep-Sky-Objekte der Waage			
Name	*Beschreibung*	*Helligkeit*	*Entfernung*
NGC 5897	*Kugelsternhaufen*	*8,6*	*40 000 LJ*
Me 2-1	*Planetarischer Nebel*	*11,6*	*14 000 LJ*

Beobachtungstipp

In der Nähe des Sterns Iota liegt der Kugelsternhaufen NGC 5897. Um ihn zu beobachten, ist ein Teleskop erforderlich. Mit mittelgroßen Geräten zeigt sich, dass der Kugelhaufen nur wenig konzentriert ist.

Lynx

Luchs – Lyncis – Lyn

Größe: 545 Quadratgrad (Rang 28); vollständig sichtbar von 90° Nord bis 28° Süd

Auf einen Blick *Der Luchs ist ein großflächiges, unscheinbares Sternbild der nördlichen Himmelshälfte. Im Januar erreicht er seine höchste Position am Himmel gegen Mitternacht.*

- ***Sichtbar September bis Juli***
- ***Weite Teile des Luches sind zirkumpolar***
- ***Viele lohnende Doppelsterne für kleine Teleskope***

In Mitteleuropa ist der Luchs fast vollständig zirkumpolar, also das ganze Jahr über zu sehen. Das Sternbild ist recht groß, hat aber keine hellen Sterne, weshalb es am Himmel nicht ins Auge fällt. Es liegt zwischen Großem Bär, Fuhrmann und Zwillingen, was ebenfalls dazu beiträgt, dass der Luchs angesichts dieser markanten Sternbildfiguren untergeht. Auch der Luchs geht auf eine Anregung des polnischen Astronomen Johannes Hevelius aus dem Jahr 1687 zurück. Dass das Sternbild seinen Namen erhalten hat, weil man Luchsaugen benötigt, um es zu sehen, ist unbestätigt. Hevelius sagte man jedenfalls exzellente Augen nach.

Dreifachstern 19

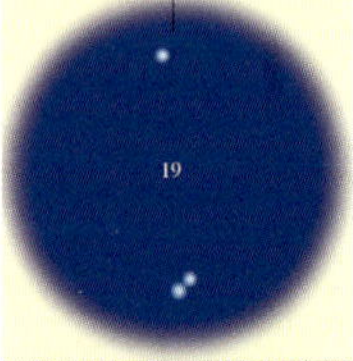

Spiralgalaxie NGC 2683

Sterne des Luchses			
Name	***Beschreibung***	***Helligkeit***	***Entfernung***
Alpha (α)	*rot*	*3,1*	*221 LJ*
5	*orangeroter Doppelstern*	*5,2/7,9*	*680 LJ*
12	*blauweißer Dreifachstern*	*5,5/6,1/7,2*	*229 LJ*
15	*enger, gelber Doppelstern*	*4,7/5,8*	*170 LJ*
19	*Dreifachstern*	*5,8/6,9/7,6*	*470 LJ*
38	*blauweißer Doppelstern*	*3,9/6,3*	*122 LJ*
41	*liegt im Großen Bär*	*5,4/8*	*288 LJ*

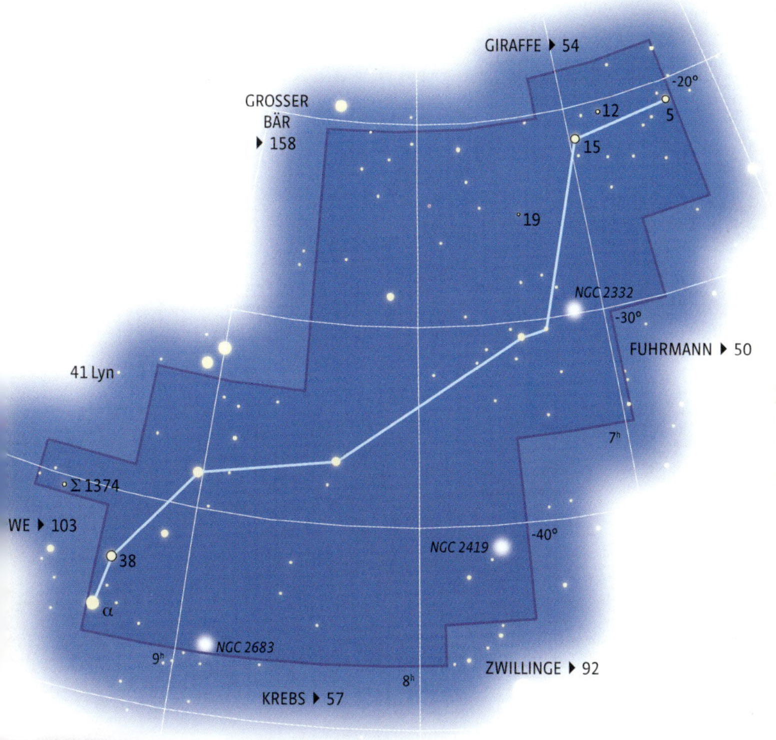

Kugelsternhaufen NGC 2419

Deep-Sky-Objekte des Luchses

Name	*Beschreibung*	*Helligkeit*	*Entfernung*
NGC 2419	Kugelsternhaufen	10,4	300 000 LJ
NGC 2683	Spiralgalaxie	9,7	16 Mio. LJ

Beobachtungstipp

Im nördlichen Teil des Sternbilds liegt der Dreifachstern mit der Bezeichnung 19. Die helleren beiden Komponenten sind blauweiß. 19 bildet mit den Sternen 15 und 21 ein extrem flaches Dreieck.

Lyra

Leier – Lyrae – Lyr

Größe: 286 Quadratgrad (Rang 52); vollständig sichtbar von 90° Nord bis 42° Süd

***Auf einen Blick** Die Leier wird durch einen sehr hellen Stern, die Wega, und eine Raute aus schwächeren Sternen charakterisiert. Sie ist ein Sommersternbild.*

- ***Sichtbar März bis November***
- ***Wega: fünfthellster Stern des Nachthimmels***
- ***Epsilon: berühmter Vierfachstern, Menschen mit scharfen Augen sehen ihn doppelt***

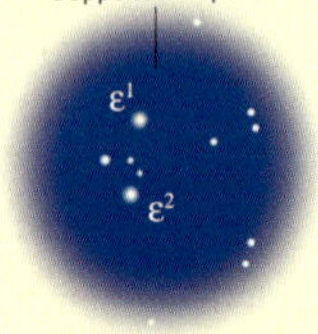

Die Leier ist relativ klein, weist aber eine markante rautenförmige Figur auf. Als klassisches Sommersternbild steht sie im Juli gegen Mitternacht hoch im Süden. Mit der Wega liegt in der Leier der fünfthellste Stern des Nachthimmels, der in Mitteleuropa gerade noch zirkumpolar ist. Sie bildet die eine Ecke des Sommerdreiecks, zu dem auch Deneb im Schwan und Atair im Adler gehören. In der griechischen Mythologie hat der Götterbote Hermes die Leier erfunden und sie seinem Halbbruder Apollo geschenkt. Dieser vermachte sie wiederum dem Sänger Orpheus.

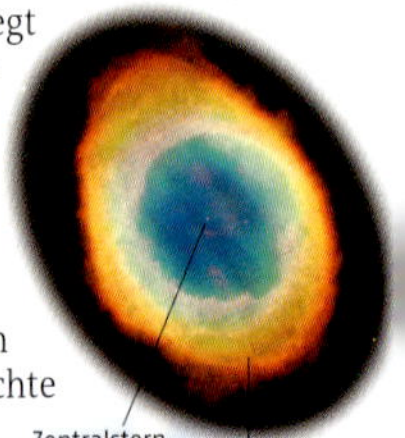

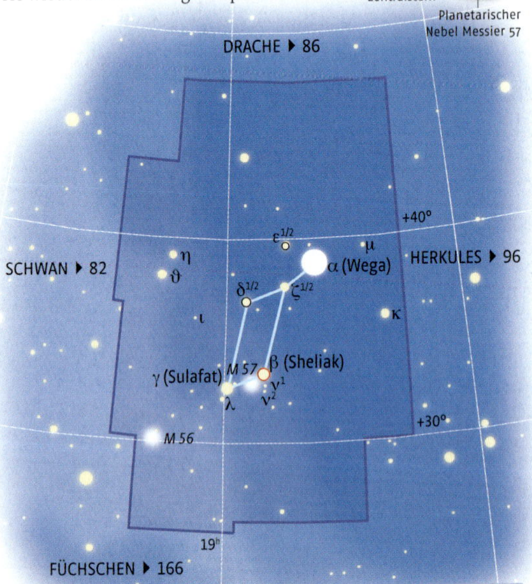

Beobachtungstipp

Links oberhalb der hellen Wega steht der Stern Epsilon. Mit sehr guten Augen oder einem Fernglas kann man ihn doppelt sehen. Beim Blick durchs Fernrohr entpuppen sich beide Komponenten wiederum als doppelt: zwei enge Sternpaare also, deren Verbindungsachsen senkrecht zueinander orientiert sind.

Sterne und Deep-Sky-Objekte der Leier

Name	Beschreibung	Helligkeit	Entfernung
Wega (α)	„Herabstürzender Adler", blauweiß	0,03	25 LJ
Sheliak (β)	„Harfe", Doppelstern, Veränderlicher	3,3–4,3/7,2	881 LJ
Sulafat (γ)	„Schildkröte", blauweiß	3,2	634 LJ
Delta-1, -2 (δ^1, δ^2)	optischer Doppelstern	5,6/4,2	1080/899 LJ
Epsilon (ε)	„Doppelter Doppelstern"	5,1/6,2//5,3/5,5	161 LJ
M 56	Kugelsternhaufen	33 000 LJ	
M 57	„Ringnebel", Planetarischer Nebel	9	2000 LJ

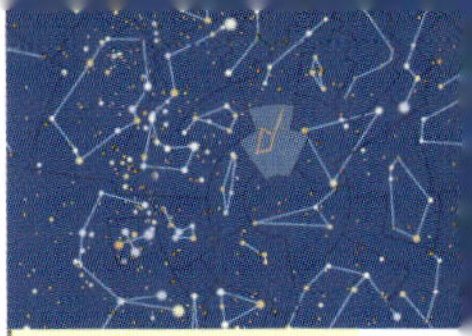

Mensa

Tafelberg – Mensae – Men

Größe: 153 Quadratgrad (Rang 75); vollständig sichtbar von 5° Nord bis 90° Süd

Dieses kleine, unscheinbare Sternbild ist von Europa aus nicht zu beobachten. Es grenzt an den südlichen Himmelspol und enthält nur schwache Sterne. Als der französische Astronom Nicolas Louis de Lacaille Anfang der 1750er Jahre von Kapstadt aus den Südhimmel beobachtete, führte er dieses Sternbild ein in Erinnerung an den oft wolkenverhangenen Tafelberg. Es gibt keine einfachen Beobachtungsobjekte in diesem Sternbild. Die Große Magellansche Wolke ragt etwas in das Sternbild hinein.

Kugelsternhaufen NGC 1841

Auf einen Blick *Der Tafelberg ist eines der kleinen Sternbilder, die in der Nähe des südlichen Himmelspols liegen. Er steht im Mai gegen Mitternacht am höchsten am Himmel.*

- ***In Mitteleuropa unsichtbar***
- ***Vier schwache Sterne bilden eine unauffällige, trapezförmige Figur***
- ***Hommage an den Tafelberg in Südafrika***

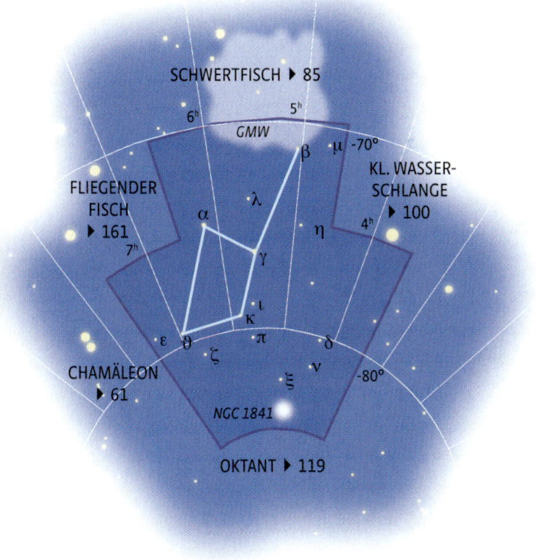

Sterne und Deep-Sky-Objekte des Tafelbergs			
Name	*Beschreibung*	*Helligkeit*	*Entfernung*
Alpha (α)	*gelb*	*5,1*	*33 LJ*
Beta (β)	*gelb*	*5,3*	*642 LJ*
Gamma (γ)	*orangerot*	*5,2*	*101 LJ*
Eta (η)	*orangerot*	*5,2*	*712 LJ*
NGC 1841	*Kugelsternhaufen*	*11,0*	*147 000 LJ*

Beobachtungstipp

NGC 1841 am Südrand des Sternbilds ist eines der südlichsten Deep-Sky-Objekte, das in mittelgroßen Fernrohren sichtbar ist. Der Kugelsternhaufen liegt in einem Bereich mit lichtschwachen Sternen und ist deshalb nicht ganz einfach als verschwommener Nebelfleck zu finden.

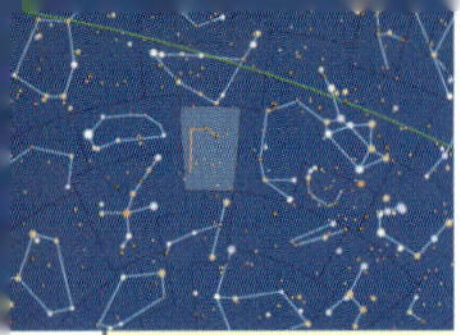

Microscopium

Mikroskop – Microscopii – Mic

Größe: 210 Quadratgrad (Rang 66); vollständig sichtbar von 45° Nord bis 90° Süd

Auf einen Blick *Das Mikroskop ist ein Sternbild des Südhimmels; es liegt unmittelbar südlich des Steinbocks. Seine Figur ist nicht sehr einprägsam.*

> ***Sichtbar Juni bis September***
> ***Höchste Stellung gegen Mitternacht im Juli/August***

Das Mikroskop steigt zwar für Mitteleuropa weitgehend über den Horizont, ist aber schwierig zu beobachten, weil es nur lichtschwache Sterne enthält. Daher fällt es zwischen seinen dominanten Nachbarn – den Sternbildern Schütze, Kreuz des Südens, Steinbock und Südlicher Fisch – auch kaum auf. Das Mikroskop geht wie viele der anderen kleinen Sternbilder des Südhimmels auf den französischen Astronomen Nicolas Louis de Lacaille zurück, der es in den 1750er Jahren am Himmel verewigt hat.

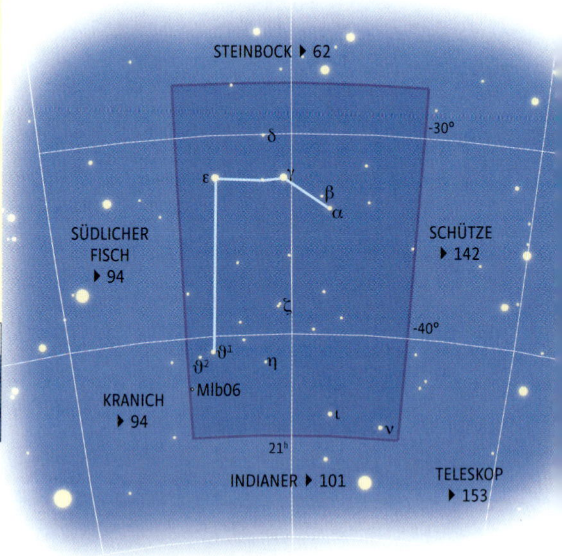

Beobachtungstipp

Südlich von Theta-1 und Theta-2 liegt der Doppelstern MlbO 6, der bereits mit einem kleinen Fernrohr deutlich zu trennen ist. Die hellere Komponente ist blauweiß, die schwächere tiefgelb. Die Abkürzung geht auf das Melbourne Observatory zurück, wo der Doppelstern gegen Ende des 19. Jahrhunderts entdeckt worden ist.

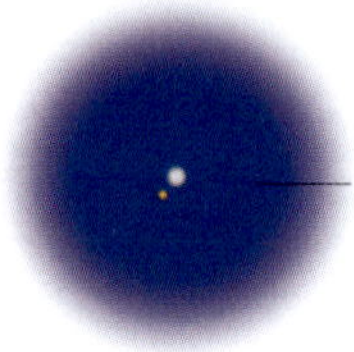

Sterne und Deep-Sky-Objekte des Mikroskops

Name	Beschreibung	Helligkeit	Entfernung
Alpha (α)	gelb	4,9	381 LJ
Gamma (γ)	gelb	4,7	224 LJ
Epsilon (ε)	blauweiß	4,7	165 LJ
Theta-1 (ϑ^1)	blauweiß	4,8	186 LJ
MlbO 6	Doppelstern	5,6/8,2	176 LJ

Musca

Fliege – Muscae – Mus

Größe: 138 Quadratgrad (Rang 77); vollständig sichtbar von 15° Nord bis 90° Süd

Die Fliege gehört zu den Sternbildern, die die niederländischen Seefahrer Pieter Dirkszoon Keyser und Frederick de Houtman Ende des 16. Jahrhunderts einführten. Johann Bayer übernahm sie in seinen 1603 erschienenen Himmelsatlas „Uranometria". Ursprünglich trug das Sternbild den Namen Apis (Biene). Die Fliege liegt zwischen dem Kreuz des Südens und dem Himmelssüdpol, daher bleibt sie in Mitteleuropa unbeobachtbar. Das kleine Sternbild enthält ein paar relativ helle Sterne und ist deshalb leicht am Südhimmel zu finden.

Auf einen Blick *Die Fliege liegt südlich des Kreuzes des Südens, das auf sie zeigt. Ihre relativ hellen Sterne sind jedoch nicht in Mitteleuropa beobachtbar.*

> ***In Mitteleuropa unbeobachtbar***
> ***Liegt in der Milchstraße***
> ***Die hellen Sterne des Zentauren und des Kreuzes des Südens liegen alle in unmittelbarer Nachbarschaft***

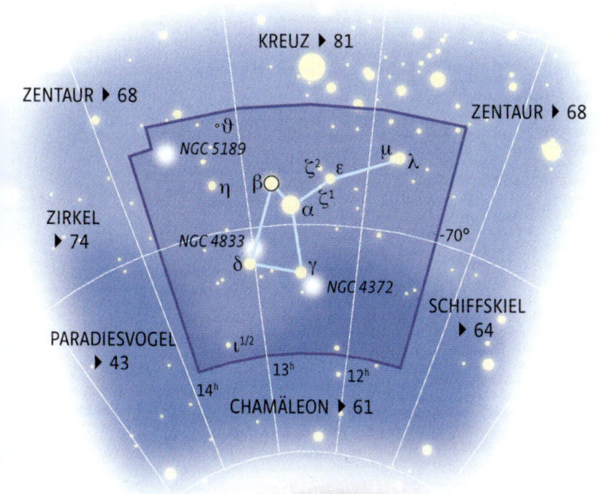

Kugelsternhaufen NGC 4833

Planetarischer Nebel NGC 5189

Sterne und Deep-Sky-Objekte der Fliege

Name	*Beschreibung*	*Helligkeit*	*Entfernung*
Alpha (α)	*blauweiß*	*2,7*	*306 LJ*
Beta (β)	*Doppelstern*	*3,6/4,0*	*311 LJ*
Delta (δ)	*orangerot*	*3,6*	*91 LJ*
Theta (ϑ)	*Doppelstern*	*5,6/7,6*	*unbekannt*
NGC 4372	*Kugelsternhaufen*	*7,8*	*19 000 LJ*
NGC 4833	*Kugelsternhaufen*	*7,4*	*20 000 LJ*
NGC 5189	*Planetarischer Nebel*	*10,3*	*4200 LJ*

Beobachtungstipp

Nördlich des Sterns Delta befindet sich der Kugelhaufen NGC 4833. Er ist im Fernglas unter guten Bedingungen als Nebelfleck zu sehen, aber in Fernrohren mittlerer Größe zeigt er bereits viele Einzelsterne. NGC 4833 ist knapp halb so groß wie das Vollmondscheibchen.

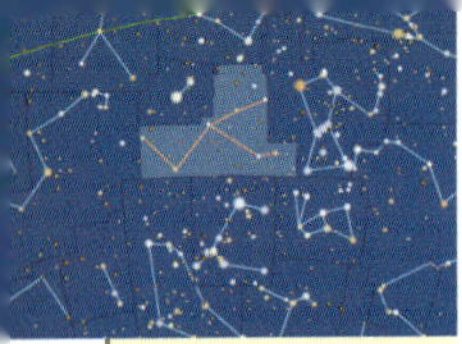

Monoceros

Einhorn – Monocerotis – Mon

Größe: 482 Quadratgrad (Rang 35); vollständig sichtbar von 79° Nord bis 78° Süd

Auf einen Blick *Das Einhorn liegt hauptsächlich in dem Dreieck zwischen Prokyon (Kleiner Hund), Beteigeuze (Orion) und Sirius (Großer Hund). Es umfasst nur lichtschwache Sterne.*

- ***Sichtbar November bis März***
- ***Südstellung im Januar gegen Mitternacht***
- ***Unscheinbares, großflächiges Sternbild, das viele Sternhaufen und Gasnebel enthält***

Das Einhorn ist ein unauffälliges Sternbild zwischen Kleinem Hund, Großem Hund und Orion, das am mitteleuropäischen Abendhimmel besonders gut zwischen Januar und März zu sehen ist. Es liegt in der Milchstraße, enthält nur schwache Sterne, aber mehrere interessante Beobachtungsobjekte. Im Jahr 1623 führte der holländische Theologe und Astronom Petrus Plancius das Sternbild ein, wohl in Anlehnung an ein Einhorn, das im Alten Testament erwähnt sein soll. Möglicherweise ist das Sternbild aber auch bereits auf einem alten persischen Himmelsglobus abgebildet worden.

Offener Sternhaufen NGC 2244

Gasnebel „Rosetten-Nebel" NGC 2237

Offener Sternhaufen Messier 50

Beobachtungstipp

Am Südrand des Einhorns, ein Stück oberhalb des Stern Sirius, liegt der offene Sternhaufen M 50. Er ist im Fernglas bereits leicht zu erkennen und zeigt im Teleskop ungefähr hundert Sterne auf einer Fläche, die der halben Vollmondscheibe entspricht.

Sterne des Einhorns

Name	***Beschreibung***	***Helligkeit***	***Entfernung***
Alpha (α)	*orangerot*	*3,9*	*144 LJ*
Beta (β)	*schöner Dreifachstern*	*4,6/5,0/5,4*	*691 LJ*
Gamma (γ)	*orangerot*	*4,0*	*644 LJ*
Delta (δ)	*blauweiß*	*4,2*	*375 LJ*
Epsilon (ε)	*optischer Doppelstern*	*4,5/6,9*	*128/79 LJ*
S (oder 15)	*Dreifachstern*	*4,7/7,5/9,8*	*1020 LJ*

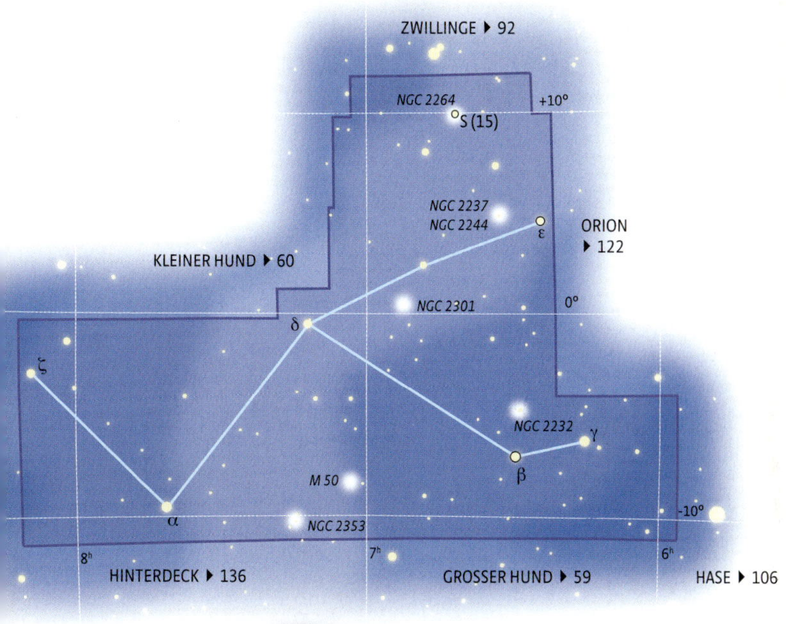

Deep-Sky-Objekte des Einhorns

Name	*Beschreibung*	*Helligkeit*	*Entfernung*
M 50	offener Sternhaufen	6,5	3000 LJ
NGC 2232	offener Sternhaufen	4	1300 LJ
NGC 2237	„Rosetten-Nebel" um Haufen N. 2244	4,8 (N. 2244)	5000 LJ
NGC 2244	offener Sternhaufen, in NGC 2237	4,8	5000 LJ
NGC 2264	„Weihnachtsbaum", off. Haufen	5	2600 LJ
NGC 2301	offener Sternhaufen	6,0	2500 LJ
NGC 2353	offener Sternhaufen	7,1	3900 LJ

Beobachtungstipp

Nördlich des Sterns Beta liegt der lockere offene Sternhaufen NGC 2232, der ungefähr 20 Sterne enthält. Zu dem vollmondgroßen Haufen gehört auch der blauweiße Stern, der die Bezeichnung „10" trägt. NGC 2232 ist bereits mit dem Fernglas zu finden.

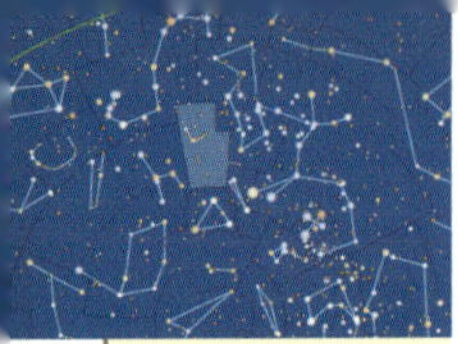

Norma

Winkelmaß – Normae – Nor

Größe: 165 Quadratgrad (Rang 74); vollständig sichtbar von 30° Nord bis 90° Süd

Auf einen Blick *Das Winkelmaß ist klein und enthält keine hellen Sterne. Es stellt einen Winkelmesser mit Lineal dar, mit dem die Seefahrer ihre Position bestimmten.*

- ***In Mitteleuropa unsichtbar***
- ***Ertrinkt im Hintergrund der Milchstraße***
- ***Zum Sternbild gehören knapp ein Dutzend offene Sternhaufen***

Dieses winzige Sternbild ist erst vom südlichen Mittelmeerraum aus zu beobachten. Es liegt südlich des Skorpions und enthält nur schwache Sterne. Im Mai kulminiert es gegen Mitternacht. Bevor der französische Himmelskartograf Nicolas Louis de Lacaille das Sternbild in den 1750er Jahren einführte, gehörten die Sterne zu Altar, Skorpion und Wolf. Später wurden die Grenzen des Winkelmaßes erneut geändert, weshalb seine Sterne Alpha und Beta heute im Skorpion liegen. Das Sternbild enthält einige helle offene Haufen.

Offener Sternhaufen NGC 6067

Offener Sternhaufen NGC 6087

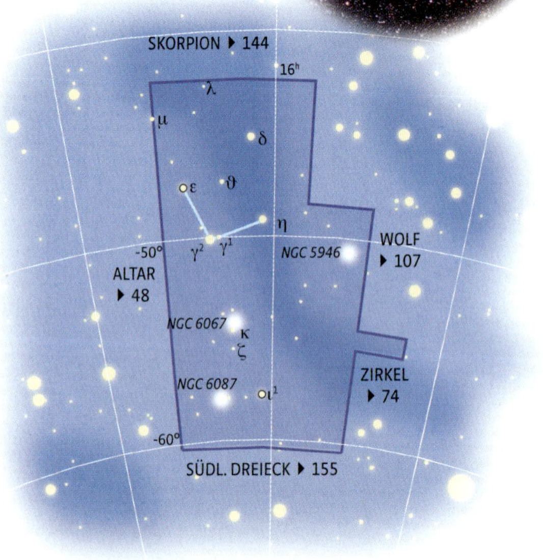

Beobachtungstipp

Im Südteil des Winkelmaßes bei den Sternen Iota-1 und Iota-2 liegt NGC 6087. Der offene Sternhaufen ist bereits im Fernglas zu erkennen. Ein kleines Fernrohr zeigt etwa 40 Sterne, die über eine Fläche von einem knappen halben Vollmondscheibchen verstreut sind.

Sterne und Deep-Sky-Objekte des Winkelmaßes

Name	*Beschreibung*	*Helligkeit*	*Entfernung*
Gamma-2 (γ^2)	gelb	4,0	128 LJ
Delta (δ)	weiß	4,7	123 LJ
Epsilon (ε)	Doppelstern	4,5/6,7	400 LJ
Iota-1 (ι^1)	Doppelstern	4,6/8,1	140 LJ
NGC 5946	Kugelhaufen	9,6	36 000 LJ
NGC 6067	offener Sternhaufen	5,6	6900 LJ
NGC 6087	offener Sternhaufen	5,4	2900 LJ

Octans

Oktant – Octantis – Oct

Größe: 291 Quadratgrad (Rang 50); vollständig sichtbar von 0° bis 90° Süd

Der Oktant umgibt den südlichen Himmelspol, er ist von Europa aus nicht zu sehen. Auch dieses unscheinbare Sternbild ist von dem Franzosen Nicolas Louis de Lacaille an den Himmel versetzt worden. Es stellt ein nautisches Winkelmessgerät dar, wie es die Seefahrer benutzten, um ihre Position zu bestimmen. Anders als am nördlichen Himmelspol gibt es im Oktanten keinen hellen Stern, der in der Nähe des südlichen Himmelspols steht. Der Stern Sigma, manchmal auch Polaris Australis genannt, ist gerade noch mit bloßem Auge zu sehen. Seine Entfernung zum Himmelssüdpol ist ungefähr so groß wie die des Polarsterns zum nördlichen Pendant.

***Auf einen Blick** Der Oktant liegt am südlichen Himmelspol. Das Sternbild ist zwar relativ groß, enthält aber keine hellen Sterne oder Deep-Sky-Objekte.*

- ***In Mitteleuropa unsichtbar***
- ***Sternbild mit relativ schwachen Sternen***
- ***Stern Sigma steht dicht neben dem Himmelssüdpol und ist quasi der südliche Polarstern***

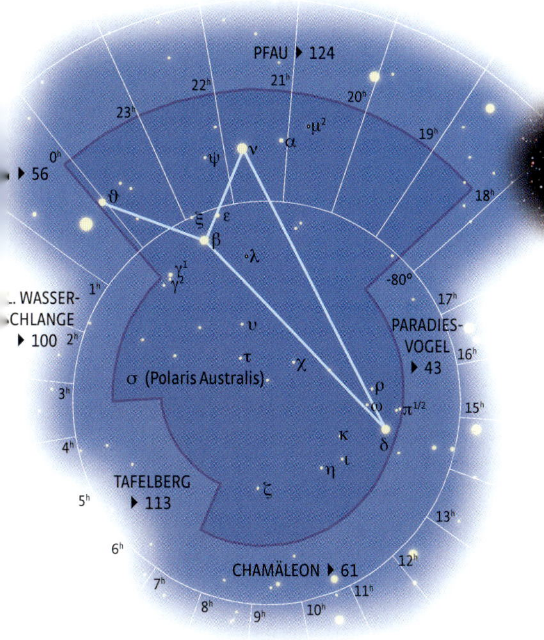

Stern Sigma Octantis

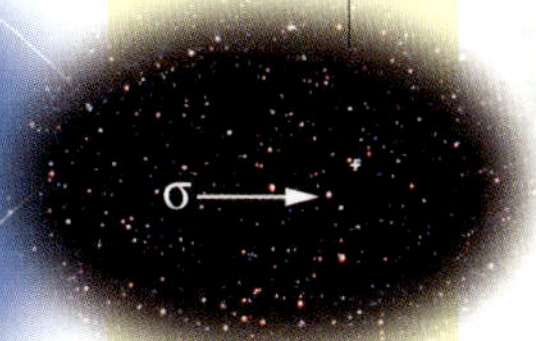

Doppelstern Lambda

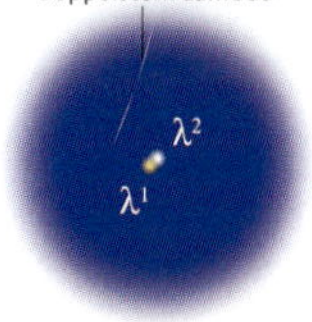

Sterne und Deep-Sky-Objekte des Oktanten			
Name	*Beschreibung*	*Helligkeit*	*Entfernung*
Alpha (α)	*gelbweiß*	*5,1*	*148 LJ*
Beta (β)	*weiß*	*4,1*	*140 LJ*
Delta (δ)	*orangerot*	*4,3*	*279 LJ*
Lambda (λ)	*Doppelstern (tiefgelb / weiß)*	*5,4 / 7,7*	*435 LJ*
Mü-2 (μ^2)	*optischer Doppelstern*	*6,6 / 7,3*	*142 LJ*
Nü (ν)	*hellster Stern*	*3,7*	*69 LJ*
Polaris Australis (σ)	*„Südlicher Polarstern“*	*5,4*	*270 LJ*

Beobachtungstipp

Mitten im Dreieck des Oktanten, das die Sterne Beta, Delta und Nü bilden, liegt der Doppelstern Lambda. Mit einem kleinen Fernrohr kann man hier einen tiefgelben und einen weißen Stern erkennen.

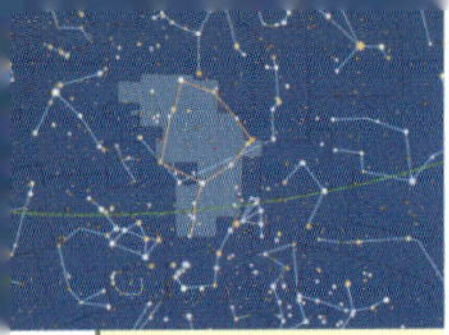

Ophiuchus

Schlangenträger – Ophiuchi – Oph

Größe: 948 Quadratgrad (Rang 11); vollständig sichtbar von 60° Nord bis 76° Süd

ADLER ▸ 46

Auf einen Blick *Der Schlangenträger ist ein Sternbild des Frühsommers, das die Schlange in zwei Hälften teilt. Alpha markiert den Kopf, Sabik den rechten Fuß und Yed Prior zusammen mit Yed Posterior markieren die linke Hand.*

- ***Sichtbar April bis August***
- ***Steht im Juni gegen Mitternacht im Süden***
- ***Enthält viele Kugelsternhaufen und zwei helle offene Sternhaufen***

Zwischen Mai und Juli steht der Schlangenträger günstig am abendlichen Südhimmel. Er gehört zu den großen Sternbildern und enthält einige helle und mittelhelle Sterne. Die Figur des Sternbilds erinnert ein bisschen an die des Fuhrmanns. In der griechischen Mythologie gibt es mehrere Deutungen des Schlangenträgers. In der gängigsten handelt es sich um Äskulap, gemeinsamer Sohn von Apollo und dessen Geliebter Koronis. Äskulap wuchs bei dem weisen Zentauren Cheiron auf und entwickelte sich zu einem großen Heiler. Noch heute ist der schlangenumrankte Äskulapstab das Symbol der Heilkunst.

Kugelsternhaufen Messier 10

Offener Sternhaufen IC 4665

Kugelsternhaufen Messier 12

Beobachtungstipp

Nördlich des Sterns Cebalrai steht der offene Sternhaufen IC 4665, der bereits mit bloßem Auge zu sehen ist. Ein Fernglas ist das ideale Beobachtungsgerät für ihn. Schwenkt man etwas nach Osten, dann findet man NGC 6633, ebenfalls ein heller offener Sternhaufen.

Sterne des Schlangenträgers

Name	*Beschreibung*	*Helligkeit*	*Entfernung*
Rasalhague (α)	„Kopf des Schlängenträgers"	2,1	47 LJ
Cebalrai (β)	„Schäferhund", orangerot	2,8	82 LJ
Yed Prior (δ)	„Vorgänger der Hand", rot	2,7	170 LJ
Yed Posterior (ε)	„Nachfolger der Hand", gelb	3,2	107 LJ
Zeta (ζ)	blau	2,5	458 LJ
Sabik (η)	„Vorangehender", blauweiß	2,4	84 LJ
Marfik (λ)	blauweißer Doppelstern	4,2/5,2	166 LJ
Rho (ρ)	Doppelstern	5,0/5,7	394 LJ
70	Doppelstern (gelb/orange)	4,2/6,0	17 LJ

Deep-Sky-Objekte des Schlangenträgers

Name	*Beschreibung*	*Helligkeit*	*Entfernung*
M 9	*Kugelsternhaufen*	*7,8*	*26 700 LJ*
M 10	*Kugelsternhaufen*	*6,6*	*14 000 LJ*
M 12	*Kugelsternhaufen*	*6,6*	*16 000 LJ*
M 14	*Kugelsternhaufen*	*7,6*	*30 000 LJ*
M 19	*Kugelsternhaufen*	*7,2*	*35 000 LJ*
M 62	*Kugelsternhaufen*	*6,6*	*20 000 LJ*
M 107	*Kugelsternhaufen*	*8,1*	*21 000 LJ*
NGC 6633	*offener Sternhaufen*	*4,6*	*1000 LJ*
IC 4665	*offener Sternhaufen*	*4,2*	*1400 LJ*

Beobachtungstipp

Östlich der Sterne Yed Prior und Yed Posterior liegen zwei helle Kugelhaufen, deren Randbereiche sich bereits mit kleinen Teleskopen in Einzelsterne auflösen lassen: M 10 und M 12. Zwar ist M 12 etwas kleiner als M 10, aber auch weniger stark konzentriert. Beide Haufen sind bereits mit einem Fernglas zu sehen.

Orion

Orion – Orionis – Ori

Größe: 594 Quadratgrad (Rang 26); vollständig sichtbar von 79° Nord bis 67° Süd

__Auf einen Blick__ Der Orion ist das auffälligste Sternbild unter den hellen Wintersternbildern. Er steht im Dezember gegen Mitternacht im Süden. Sieben seiner Sterne sind sehr hell.

- ***Sichtbar September bis Februar***
- ***Einprägsame Figur mit hellen Sternen, die Schultern, Gürtel und Knie des Jägers markieren***
- ***Orion-Nebel: Hellster Gasnebel des Nordhimmels***

Gasnebel „Orion-Nebel"

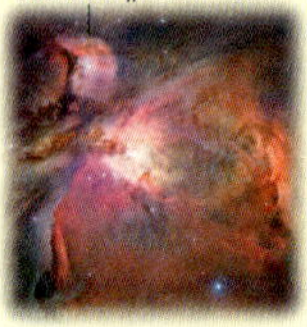

Der Orion gilt als das schönste Wintersternbild und besteht hauptsächlich aus sehr hellen Sternen. Die Figur ist recht einprägsam, mit Beteigeuze und Bellatrix als Schultern, Alnitak, Alnilam, Mintaka und Orion-Nebel als Gürtel mit Schwertgehänge sowie Saiph und Rigel als Knie. In der griechischen Mythologie ist Orion ein Jäger, wobei es verschiedene Überlieferungen gibt. In einer brüstet sich Orion damit, der größte Jäger zu sein. Zeus' Frau Hera verübelt ihm das und schickt einen Skorpion, der ihn tödlich sticht. Zeus versetzt daraufhin beide an einander gegenüberliegende Stellen des Himmels, damit sie sich nicht mehr begegnen.

Sterngruppe „Trapez" im Orion-Nebel

Beobachtungstipp

Unterhalb des Gürtels sieht man unter guten Bedingungen bereits mit dem bloßen Auge einen diffusen Fleck, den Orion-Nebel. Im Fernglas und vor allem im Fernrohr erreicht der Gasnebel eine erstaunliche Größe, so dass man auch den nördlichen Teil, M 43 genannt, unterscheiden kann, der durch eine Dunkelwolke von M 42 getrennt wird.

Sterne des Orion

Name	*Beschreibung*	*Helligkeit*	*Entfernung*
Beteigeuze (α)	*„Hand", roter Veränderlicher*	0,0–1,3	*427 LJ*
Rigel (β)	*„Fuß", blauweiß*	0,2	*773 LJ*
Bellatrix (γ)	*„Kriegerin", blauweiß*	1,6	*243 LJ*
Mintaka (δ)	*„Gürtel", Doppelstern*	2,2/6,9	*916 LJ*
Alnilam (ε)	*„Perlenkette", blau*	1,7	*1300 LJ*
Alnitak (ζ)	*Doppelstern*	1,7/3,9	*820 LJ*
Saiph (κ)	*„Schwert", blau*	2,1	*722 LJ*
Theta-1, -2 (ϑ^1,ϑ^2)	*Doppelstern*	4,6/4,8	*1900 LJ*
Theta-1 (ϑ^1)	*„Trapez", Vierfachstern*	5,1/6,7/6,7/8,0	*1900 LJ*
Sigma (σ)	*Dreifachstern*	3,8/6,6/6,6	*1150 LJ*

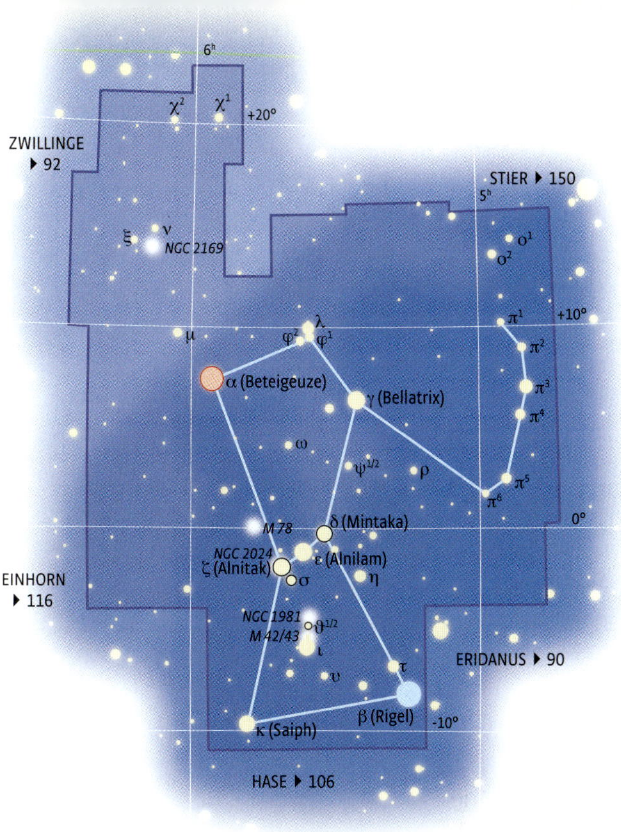

Reflexions-Gasnebel Messier 78

Deep-Sky-Objekte des Orion

Name	*Beschreibung*	*Helligkeit*	*Entfernung*
M 42/M 43	*„Orion-Nebel", Gasnebel*	*4*	*1500 LJ*
M 78	*heller Reflexionsnebel*	*8*	*1600 LJ*
NGC 1981	*offener Sternhaufen*	*4,6*	*1300 LJ*
NGC 2024	*„Flammen-Nebel", lichtschwach*	*9*	*1350 LJ*
NGC 2169	*offener Sternhaufen*	*5,9*	*3600 LJ*

Beobachtungstipp

Schaut man sich den Orion-Nebel mit dem Fernrohr an, kann man in ihm zwei Sterne erkennen: Theta-1 und Theta-2. Der als „Trapez" bezeichnete Theta-1 ist ein Vierfachstern, was bei höheren Vergrößerungen erkennbar wird.

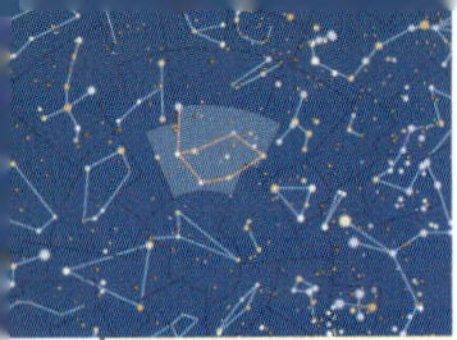

Pavo

Pfau – Pavonis – Pav

Größe: 378 Quadratgrad (Rang 44); vollständig sichtbar von 15° Nord bis 90° Süd

Auf einen Blick *Der Pfau ist ein Sternbild mittlerer Größe, das dank seines hellen Hauptsterns, Peacock, am Himmel gut zu finden ist. Um in der Figur einen Pfau zu erkennen, bedarf es trotzdem etwas Fantasie.*

> ***In Mitteleuropa unsichtbar***
> ***Kulminiert im Juli gegen Mitternacht***
> ***NGC 6752: Einer der hellen Kugelsternhaufen des Südhimmels***

Der Pfau bleibt von Mitteleuropa aus unsichtbar. Er gehört zu jenen Sternbildern, die die holländischen Seefahrer Pieter Dirkszoon Keyser und Frederick de Houtman gegen Ende des 16. Jahrhunderts eingeführt haben. Das Sternbild enthält einen hellen Stern, die anderen sind relativ schwach. Der Pfau hat auch in der griechischen Mythologie eine Bedeutung. Er war Hera geweiht, der Gemahlin des Göttervaters Zeus. Zu den auffälligeren Sternbildern in der direkten Nachbarschaft des Pfaus gehören Tukan, Südliches Dreieck und Altar.

Spiralgalaxie NGC 6744

Kugelsternhaufen NGC 6752

Beobachtungstipp

Nördlich der Hauptfigur des Pfaus liegt der Kugelsternhaufen NGC 6752, der bereits mit dem Fernglas als kleiner, diffuser Fleck zu sehen ist. Es handelt sich um einen der hellen Kugelhaufen des Südhimmels. Er füllt eine Fläche aus, die größer als ein halbes Vollmondscheibchen ist.

Sterne des Pfaus

Name	*Beschreibung*	*Helligkeit*	*Entfernung*
Peacock (α)	„Pfau", blauweiß	1,9	183 LJ
Beta (β)	weiß	3,4	138 LJ
Delta (δ)	gelb	3,6	20 LJ
Eta (η)	orangerot	3,6	371 LJ
Kappa (κ)	gelber Veränderlicher	4,0–4,9	544 LJ
Xi (ξ)	Doppelstern	4,4/8,6	420 LJ

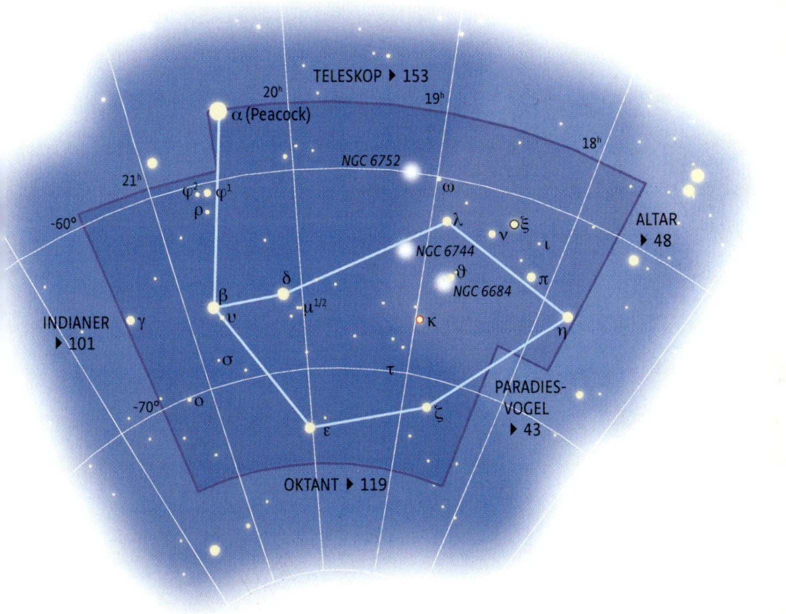

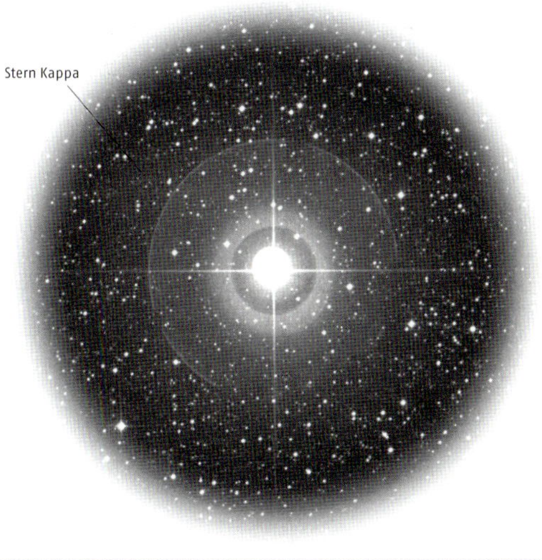

Deep-Sky-Objekte des Pfaus

Name	*Beschreibung*	*Helligkeit*	*Entfernung*
NGC 6684	*Balkenspiralgalaxie*	*11,4*	*45 Mio. LJ*
NGC 6744	*Balkenspiralgalaxie*	*9,0*	*23 Mio. LJ*
NGC 6752	*Kugelsternhaufen*	*5,4*	*13 000 LJ*

Beobachtungstipp

Der Stern Kappa liegt inmitten des Achtecks, das den Hauptteil der Figur des Pfaus ausmacht. Dabei handelt es sich um den hellsten Cepheiden-Veränderlichen: Der gelbweiße Stern schwankt innerhalb von 9,1 Tagen zwischen 4,0 und 4,9 Größenklassen.

Pegasus

Pegasus – Pegasi – Peg

Größe: 1121 Quadratgrad (Rang 7); vollständig sichtbar von 90° Nord bis 53° Süd

Auf einen Blick *Der Pegasus bildet mit der Andromeda eine Einheit, deren westlicher Eckstern gleichzeitig einer der Sterne des Pegasus-Vierecks darstellt. Das große Sternbild enthält wenige helle Deep-Sky-Objekte.*

- ***Sichtbar Juni bis Dezember***
- ***Steht im August/September gegen Mitternacht im Süden***
- ***Das Pegasus-Quadrat heißt auch Herbstviereck***

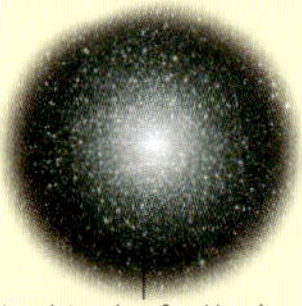

Kugelsternhaufen Messier 15

Der Pegasus ist ein Herbststernbild. Er stellt ein geflügeltes Pferd dar, das kopfüber am Himmel steht: Der Stern Enif bildet die Nase, die vier Sterne Markab, Scheat, Algenib und Sirrah (in der Andromeda) stellen den Rumpf des Tieres dar. In der griechischen Mythologie ist der Pegasus aus dem Blut der Medusa entstanden, das aus ihrem Hals herausspritzte, nachdem ihr Perseus den Kopf abgeschlagen hatte. Der Held Bellerophon ritt später das geflügelte Ross. Doch als er sich mit ihm zu den Göttern aufschwingen wollte, brachte Zeus das Pferd zum Scheuen. Bellerophon fiel auf die Erde zurück, Pegasus flog zum Olymp, wo er seitdem die Blitze des Zeus trägt.

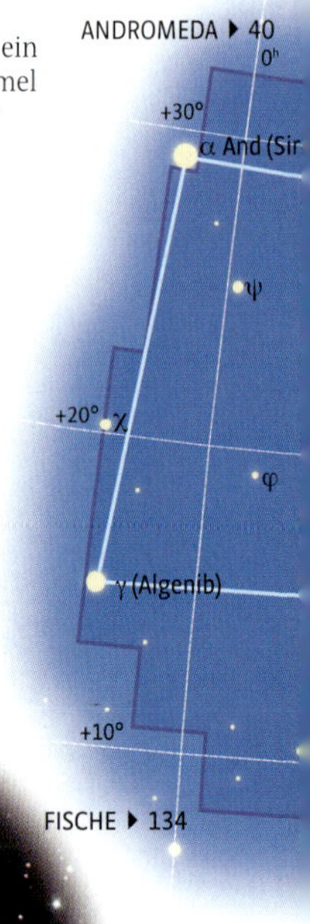

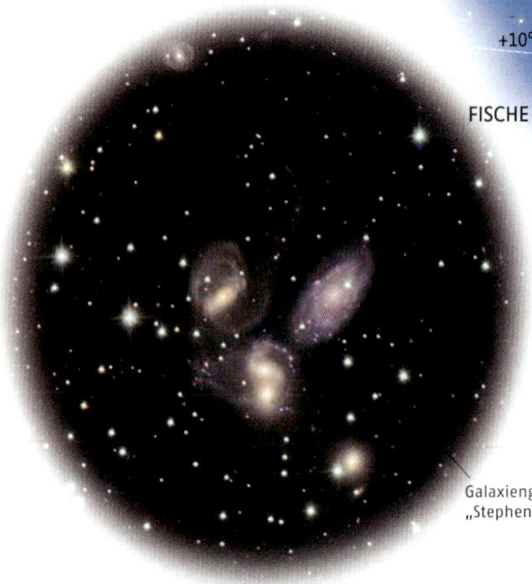

Galaxiengruppe „Stephen's Quintet"

Beobachtungstipp

Folgt man, ausgehend vom Pegasus-Quadrat, dem Schwung des Pferdehalses, so stößt man etwas westlich des Sterns Enif auf M 15. Der helle Kugelsternhaufen ist bereits mit dem Fernglas zu sehen. Mittelgroße Teleskope lösen den Randbereich von M 15 in Einzelsterne auf.

Sterne des Pegasus

Name	*Beschreibung*	*Helligkeit*	*Entfernung*
Markab (α)	„Schulter", blauweiß	2,5	140 LJ
Scheat (β)	„Schienbein", rot	2,3–2,7	199 LJ
Algenib (γ)	„Seite", blauweiß	2,8	333 LJ
Enif (ε)	„Nase", Doppelstern	2,4/8,4	670 LJ
Homam (ζ)	blauweiß	3,4	209 LJ
Matar (η)	gelb	2,9	215 LJ
Pi (π)	optischer Doppelstern	4,3/5,6	252/283 LJ
51	erste extrasolare Planetenentdeckung	5,5	50 LJ

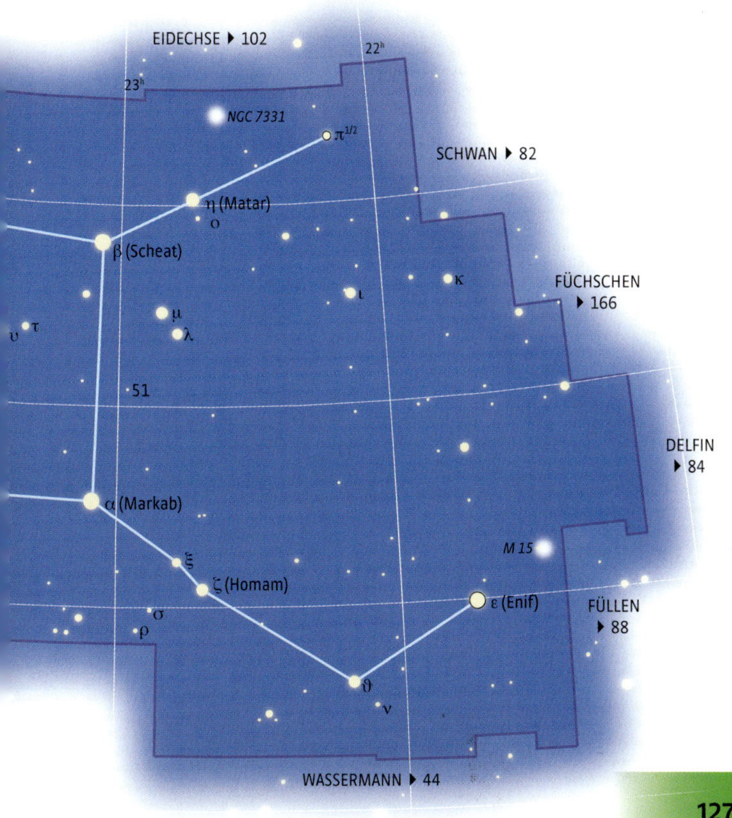

Spiralgalaxie NGC 7331

Deep-Sky-Objekte des Pegasus

Name	*Beschreibung*	*Helligkeit*	*Entfernung*
M 15	*Kugelsternhaufen*	*6,4*	*33 000 LJ*
NGC 7331	*Spiralgalaxie*	*9,5*	*50 Mio. LJ*

Beobachtungstipp

Um die Spiralgalaxie NGC 7331 zu beobachten, bedarf es eines mittelgroßen Teleskops. Darin zeigt sie sich überraschend hell und länglich. Die Spiralarme sind jedoch erst mit großen Instrumenten zu sehen. NGC 7331 ist kein Objekt für Anfänger. Etwas unterhalb von NGC 7331 findet man die lichtschwache Galaxiengruppe „Stephen's Quintet".

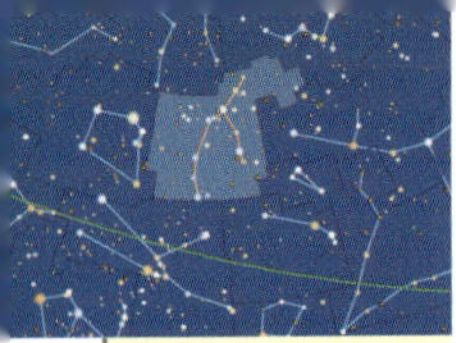

Perseus

Perseus – Persei – Per

Größe: 615 Quadratgrad (Rang 24); vollständig sichtbar von 90° Nord bis 31° Süd

Auf einen Blick *Der Perseus ist ein Herbst- und Wintersternbild, durch das die Milchstraße verläuft. Er besteht aus zwei Sternketten heller und mittelheller Sterne, die sich bei Mirfak treffen.*

- ***Sichtbar Juli bis April***
- ***h+χ: berühmter Doppelhaufen im Perseus***
- ***Namensgeber des Sternschnuppenstroms der „Perseiden" (beobachtbar im August)***

Der nördliche Teil des Perseus ist in Mitteleuropa zirkumpolar, also das ganze Jahr zu sehen. In der griechischen Mythologie schlägt Perseus der Gorgone Medusa den Kopf ab, deren Blick Sterbliche zu Stein erstarren ließ. Perseus benutzte Athenes Schild als Spiegel und entging dadurch diesem Schicksal. Anschließend rettete der Held die äthiopische Königstochter Andromeda vor dem Meeresungeheuer (Cetus). Am Himmel trägt Perseus noch immer das Haupt der Medusa in der Hand, deren Auge durch den Veränderlichen Stern Algol dargestellt wird.

Veränderlicher Stern Algol

Offene Sternhaufen h+χ

Beobachtungstipp

Sie bieten immer einen schönen Anblick, egal ob mit bloßem Auge, Fernglas oder Teleskop: Die offenen Sternhaufen h+χ beeindrucken vor allem durch ihren Sternreichtum. Sie liegen zwischen den Sternen Eta im Perseus und Delta in der Kassiopeia.

Sterne des Perseus

Name	*Beschreibung*	*Helligkeit*	*Entfernung*
Mirfak (α)	„Ellbogen", auch Algenib („Seite")	1,8	592 LJ
Algol (β)	„Teufelsstern", Veränderlicher	2,1–3,4	93 LJ
Gamma (γ)	gelb	2,9	256 LJ
Delta (δ)	blau	3,0	528 LJ
Epsilon (ε)	blauweiß	2,9	538 LJ
Zeta (ζ)	blauer Doppelstern	2,9/9,5	982 LJ
Eta (η)	Doppelstern (orangerot/blau)	3,8/8,5	1300 LJ

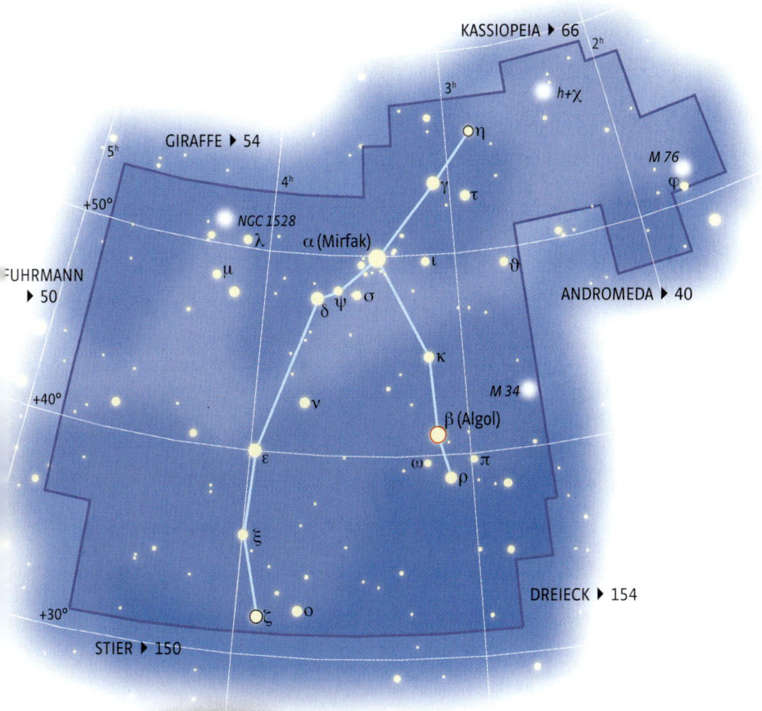

Planetarischer Nebel Messier 76

Deep-Sky-Objekte des Perseus			
Name	***Beschreibung***	***Helligkeit***	***Entfernung***
h+χ	*„Doppelsternhaufen"*	*4/4*	*7100/7500 LJ*
M 34	*offener Sternhaufen*	*5,2*	*1500 LJ*
M 76	*„Kleiner Hantel-Nebel", Plan. Nebel*	*10*	*3500 LJ*
NGC 1528	*offener Sternhaufen*	*6,4*	*2600 LJ*

Beobachtungstipp

Der zweithellste Stern des Perseus ist Algol, ein Bedeckungsveränderlicher – sozusagen ein Doppelstern, den man nicht doppelt sieht. Bei Algol zieht die lichtschwächere Komponente alle 2,87 Tage vor der helleren vorbei, weshalb das Gesamtlicht des Sterns für etwa zehn Stunden von 2,1 auf 3,4 Größenklassen sinkt.

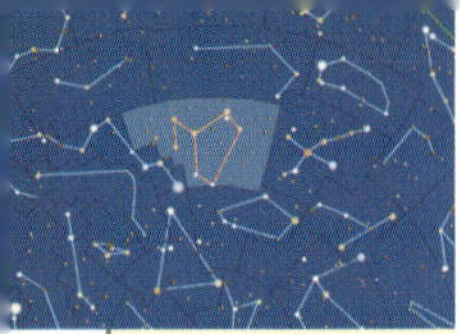

Phoenix

Phönix – Phoenices – Phe

Größe: 247 Quadratgrad (Rang 59); vollständig sichtbar 32° Nord bis 90° Süd

Auf einen Blick *Der Phönix erreicht im September/Oktober gegen Mitternacht seine höchste Stellung am Himmel. Er steht am Ende des Sternbilds Eridanus, nahe bei dem hellen Stern Achernar.*

> ***In Mitteleuropa unsichtbar***
> ***Stern Ankaa markiert den Kopf, das Sternenfünfeck den Körper des Vogels, die Sterne Gamma und Delta den rechten Flügel***

In Mitteleuropa ist der Phönix nicht zu sehen. Das Sternbild gehört zu jenen, die die holländischen Seefahrer Pieter Dirkszoon Keyser und Frederick de Houtman eingeführt haben. Es besitzt keine markante Figur, aber einen hellen Hauptstern: Ankaa. Beim Phönix handelt es sich um den mystischen Vogel, der aus seiner eigenen Asche emporgestiegen ist. Er entstammt ursprünglich der ägyptischen Mythologie, wurde als heilig verehrt und galt als die Personifizierung des Sonnengottes Ra. Das Sternbild enthält keine hellen Deep-Sky-Objekte.

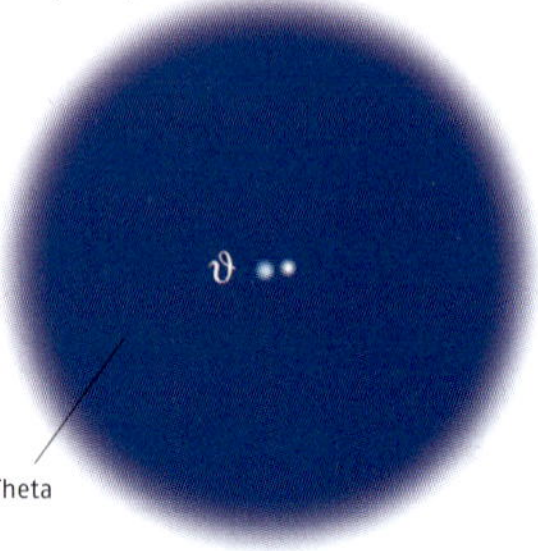

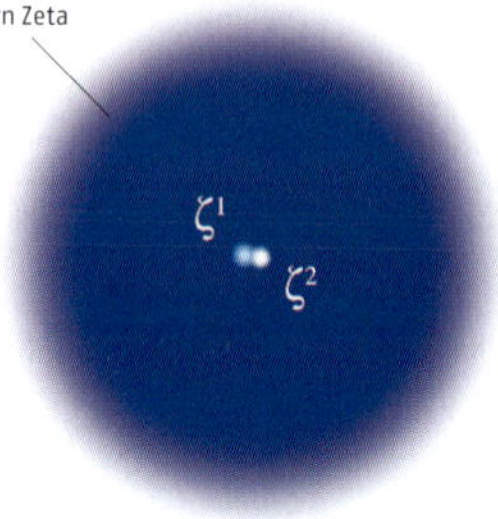

Beobachtungstipp

Am rechten Bein des Phönix steht der Doppelstern Zeta, bei dem es sich in Wirklichkeit um ein Mehrfachsystem handelt. Die Hauptkomponente ist ein Bedeckungsveränderlicher, bei dem ein Stern achter Größenklasse steht, der mit einem kleinen Teleskop sichtbar ist.

Sterne des Phönix

Name	*Beschreibung*	*Helligkeit*	*Entfernung*
Ankaa (α)	*orangerot*	*2,4*	*77 LJ*
Beta (β)	*schwieriger Doppelstern*	*4,0/4,2*	*198 LJ*
Gamma (γ)	*orangerot*	*3,4*	*234 LJ*
Zeta (ζ)	*Doppelstern*	*3,9–4,4/8*	*280 LJ*
Theta (ϑ)	*Doppelstern*	*6,5/7,3*	*278 LJ*

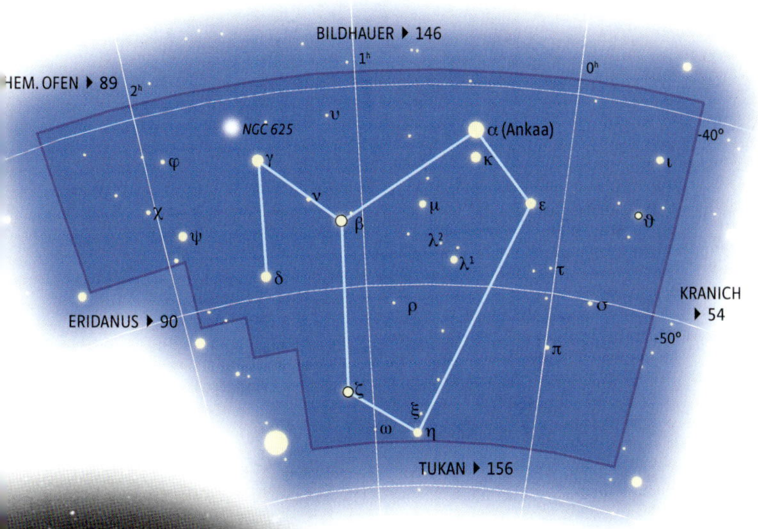

Galaxie NGC 625

Deep-Sky-Objekte des Phönix			
Name	*Beschreibung*	*Helligkeit*	*Entfernung*
NGC 625	*Balkenspiralgalaxie*	*11,0*	*13 Mio. LJ*

Beobachtungstipp

Am westlichen Rand des Sternbildes, sozusagen am Ende des linken Flügels, steht der Doppelstern Theta. Um seine beiden Komponenten getrennt sehen zu können, ist ein kleines Fernrohr erforderlich. Der Hauptstern weist eine blauweiße Färbung auf.

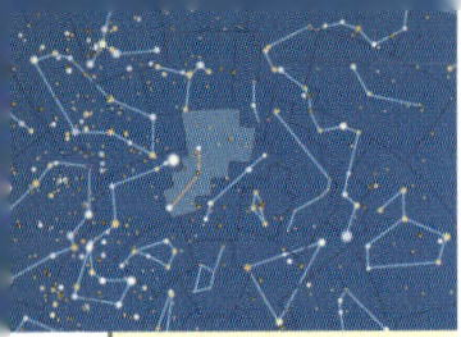

Pictor

Maler – Pictoris – Pic

Größe: 247 Quadratgrad (Rang 59); vollständig sichtbar von 26° Nord bis 90° Süd

Auf einen Blick *Der Maler ist ein wenig markantes Sternbild des Südhimmels. Wegen seiner Nähe zu dem Stern Kanopus ist der Ort des Sternbilds relativ leicht zu finden.*

> ***In Mitteleuropa unsichtbar***
> ***Enthält nur relativ schwache Sterne; keine einprägsame Gestalt***

Der Maler gehört zu jenen kleinen, wenig auffälligen Sternbildern, die der französische Himmelskartograf Nicolas Louis de Lacaille im 18. Jahrhundert eingeführt hat. Es ist auf der Nordhalbkugel erst vom Mittelmeerraum oder noch weiter südlich zu sehen. Ursprünglich hieß das Sternbild Malerstaffelei. Der Maler liegt zwischen dem hellen Stern Kanopus im Schiffskiel und der hellen Großen Magellanschen Wolke im Schwertfisch – kein Wunder, dass er am Nachthimmel gerne übersehen wird.

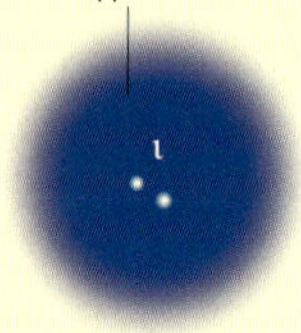

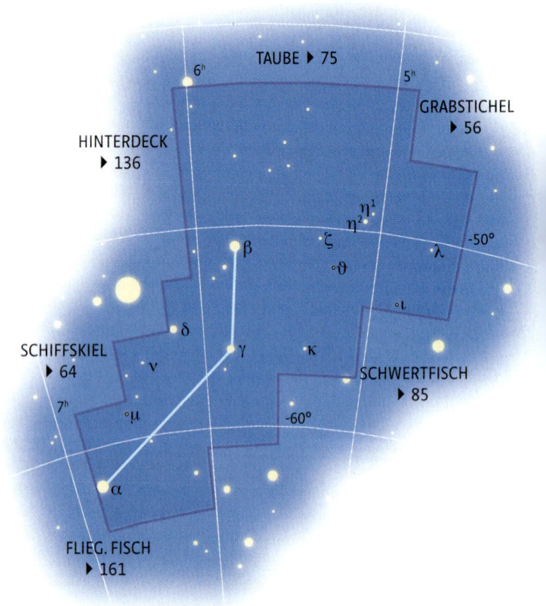

Beobachtungstipp

An der Grenze zum Sternbild Schwertfisch liegt der Doppelstern Iota, der sich bereits mit einem kleinen Fernrohr in seine Komponenten zerlegen lässt. Beide Sterne leuchten gelb und sind deutlich unterschiedlich hell.

Sterne und Deep-Sky-Objekte des Malers

Name	*Beschreibung*	*Helligkeit*	*Entfernung*
Alpha (α)	*weißgelb*	*3,2*	*99 LJ*
Beta (β)	*blauweiß*	*3,9*	*63 LJ*
Gamma (γ)	*orangerot*	*4,5*	*174 LJ*
Theta (ϑ)	*Doppelstern*	*6,3/6,8*	*530 LJ*
Iota (ι)	*Doppelstern*	*5,6/6,6*	*121 LJ*
Mü (μ)	*Doppelstern*	*5,7/9,4*	*724 LJ*

Piscis Austrinus

Südlicher Fisch – Piscis Austrini – PsA

Größe: 245 Quadratgrad (Rang 60); vollständig sichtbar von 54° Nord bis 90° Süd

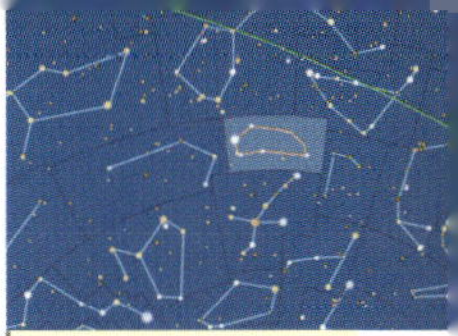

Der Südliche Fisch steht an mitteleuropäischen Herbstabenden knapp über dem Südhorizont, unterhalb des Wassermanns. Bei aufgehelltem Himmel ist nur sein strahlender Hauptstern Fomalhaut zu sehen. Das Sternbild war bereits in der griechischen Antike bekannt und zeigt in bildlichen Darstellungen meistens einen Fisch, dem der Wassermann Wasser ins Maul schüttet. Fomalhaut markiert das Maul.

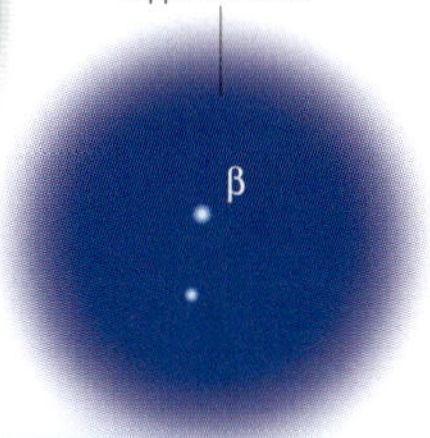

Auf einen Blick *Der Südliche Fisch ist ein unscheinbares Sternbild, das hauptsächlich schwache Sterne enthält. Nur wegen des Hauptsterns Fomalhaut ist es leicht am Himmel zu finden.*

> ***Sichtbar Juli bis November***
>
> ***Fomalhaut gehört zu den 20 hellsten Sternen des Himmels und heißt gelegentlich auch „der Einsame", weil dieser Bereich des Himmels nur dünn mit Sternen besiedelt ist***

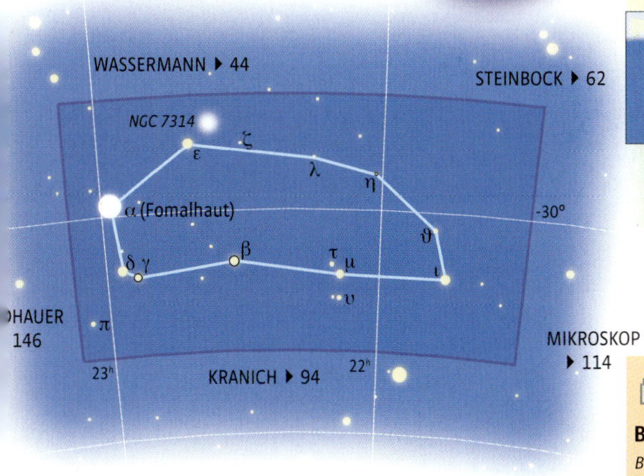

Sterne und Deep-Sky-Objekte des Südlichen Fisches			
Name	***Beschreibung***	***Helligkeit***	***Entfernung***
Fomalhaut (α)	*„Fischmaul", blauweiß*	*1,2*	*25 LJ*
Beta (β)	*Doppelstern*	*4,3/7,8*	*148 LJ*
Gamma (γ)	*Doppelstern*	*4,5/8,2*	*222 LJ*
Eta (η)	*enger Doppelstern*	*5,7/6,8*	*1000 LJ*
NGC 7314	*Spiralgalaxie*	*10,9*	*65 Mio. LJ*

Beobachtungstipp

Bereits mit einem kleinen Fernrohr kann man den Doppelstern Beta beobachten, der südwestlich des Sterns Fomalhaut liegt. Die hellere Komponente ist blauweiß. Beta und Fomalhaut bilden ein Dreieck mit den dicht beisammen stehenden Sternen Delta und Gamma. Letzterer ist ebenfalls doppelt.

Pisces

Fische – Piscium – Psc

Größe: 889 Quadratgrad (Rang 14); vollständig sichtbar von 84° Nord bis 56° Süd

Auf einen Blick *Die Fische sind ein großes, aber unauffälliges Sternbild südlich von Andromeda und Pegasus. Sie stehen im September/Oktober gegen Mitternacht im Süden.*

- **Sichtbar August bis Dezember**
- **V-förmige Figur, an deren Spitze der Hauptstern Alrescha liegt**
- **Eines der zwölf Tierkreissternbilder**

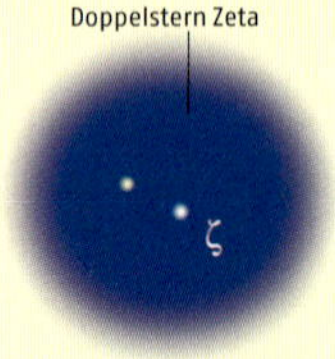

Von September bis Januar stehen die Fische relativ günstig am Abendhimmel. Das große Sternbild enthält nur schwächere Sterne, weshalb es am Himmel nicht sehr auffällt. Es ist ein Tierkreissternbild, westlich von ihm liegt der Wassermann, östlich der Widder. Das seit der Antike bekannte Sternbild stellt zwei Fische dar, die an ihren Schwänzen beim Stern Alrescha miteinander verbunden sind. In einer gängigen Deutung der griechischen Mythologie handelt es sich um Aphrodite, die Göttin der Schönheit, und ihren Sohn Eros, die auf der Flucht vor dem Ungeheuer Typhon in einen Fluss sprangen und sich in Fische verwandelten.

Beobachtungstipp

Neben dem hellsten Stern der Fische, Eta, liegt die Galaxie M 74. Für ihre Beobachtung ist ein kleines Fernrohr erforderlich, das allerdings nur einen schwachen Nebelfleck zeigt. Unter sehr guten Bedingungen kann man M 74 auch mit einem Fernglas erkennen.

Sterne der Fische

Name	Beschreibung	Helligkeit	Entfernung
Alrescha (α)	„Schnur", Doppelstern	4,2/5,3	139 LJ
Beta (β)	blauweiß	4,5	492 LJ
Gamma (γ)	gelb	3,7	131 LJ
Zeta (ζ)	Doppelstern	5,3/6,4	148 LJ
Eta (ϑ)	hellster Stern	3,6	294 LJ
Kappa (κ)/9	optischer Doppelstern	4,9/6,3	162/424 LJ
Rho (ρ)/94	optischer Doppelstern	5,3/5,5	85/307 LJ
Psi-1 (ψ¹)	blauweißer Doppelstern	5,3/5,6	238 LJ

MEDA

Galaxie NGC 524

Spiralgalaxie Messier 74

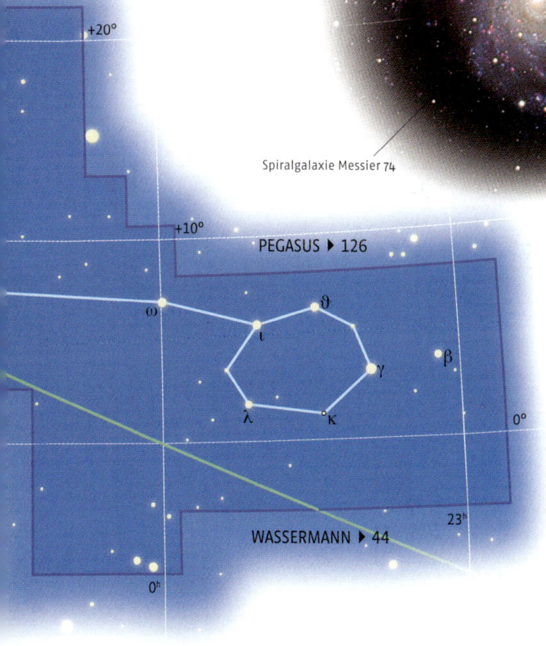

Deep-Sky-Objekte der Fische

Name	*Beschreibung*	*Helligkeit*	*Entfernung*
M 74	Spiralgalaxie	9,2	30 Mio. LJ
NGC 524	Elliptische Galaxie	10,6	130 Mio. LJ (?)

Beobachtungstipp

In der ungefähr waagerecht am Himmel liegenden Sternkette der Fische liegt der Doppelstern Zeta, für dessen Beobachtung unter guten Bedingungen ein Fernglas genügt. Leichter zu sehen sind die beiden weißen Komponenten jedoch im kleinen Teleskop.

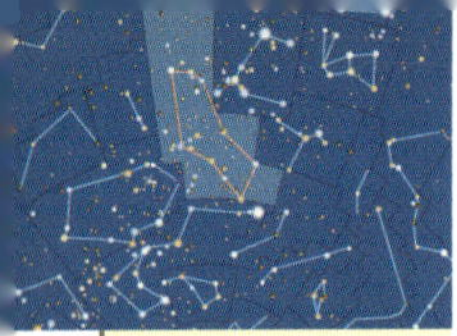

Puppis

Hinterdeck – Puppis – Pup

Größe: 673 Quadratgrad (Rang 20); vollständig sichtbar von 39° Nord bis 90° Süd

Auf einen Blick *Das Hinterdeck ist ein großes Sternbild mit vielen offenen Sternhaufen. Es erreicht im Januar seine Südstellung gegen Mitternacht.*

- ***Sichtbar Januar bis Februar***
- ***Liegt inmitten des Milchstraßenbandes***
- ***M 46 und M 47: zwei nebeneinander stehende, helle Sternhaufen***

Offener Sternhaufen Messier 47

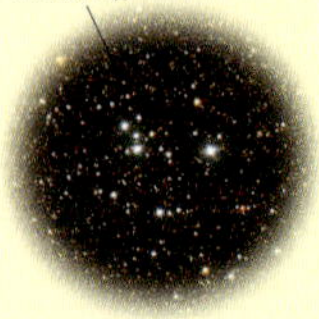

An Winterabenden steigt das Hinterdeck noch zum Teil über den mitteleuropäischen Südhorizont. Es gehörte ursprünglich zum Sternbild Schiff Argo, das Nicolas Louis de Lacaille 1763 aufteilte. Durch die Teilung in drei eigenständige Sternbilder (Hinterdeck, Schiffskiel und Segel) gibt es im Hinterdeck nicht alle griechischen Buchstaben, beispielsweise keinen Stern Alpha. Das Sternbild ist Teil des Schiffes, mit dem Jason und die Argonauten sich auf die Suche nach dem goldenen Vlies des Widders machten.

Planetarischer Nebel NGC 2438

Offener Sternhaufen Messier 46

Offener Sternhaufen Messier 93

Beobachtungstipp

Östlich des Sterns Sirius im Großen Hund liegt der offene Sternhaufen M 47. Er ist bereits mit bloßem Auge zu sehen und zeigt im Fernglas wenige, aber helle Sterne. Seine Ausdehnung am Himmel entspricht ungefähr dem Vollmondscheibchen.

Sterne des Hinterdecks

Name	Beschreibung	Helligkeit	Entfernung
Naos (ζ)	„Schiff“, blau	2,2	1400 LJ
Kappa (κ)	Doppelstern	4,5/4,6	454 LJ
Asmidiske (ξ)	optischer Doppelstern	3,3/5,3	1350/321 LJ
Pi (π)	orangerot	2,7	1100 LJ
Rho (ρ)	gelbweiß	2,8	63 LJ
Sigma (σ)	Doppelstern (orange/gelb)	3,3/9,5	184 LJ

Deep-Sky-Objekte des Hinterdecks

Name	Beschreibung	Helligkeit	Entfernung
M 46	offener Sternhaufen	6,5	5500 LJ
M 47	offener Sternhaufen	4,3	5700 LJ
M 93	offener Sternhaufen	6,5	6500 LJ
NGC 2298	Kugelsternhaufen	9,3	39 000 LJ
NGC 2451	offener Sternhaufen	3,7	720 LJ
NGC 2477	offener Sternhaufen	5,8	4200 LJ
NGC 2546	offener Sternhaufen	5,2	3300 LJ

Beobachtungstipp

In direkter Nachbarschaft von M 47 liegt der offene Sternhaufen M 46, der lichtschwächer und sternreicher ist. Mit dem Fernglas sind noch keine Einzelsterne zu erkennen; mit einem mittelgroßen Teleskop aber sogar der Planetarische Nebel NGC 2438 im Nordosten des Haufens.

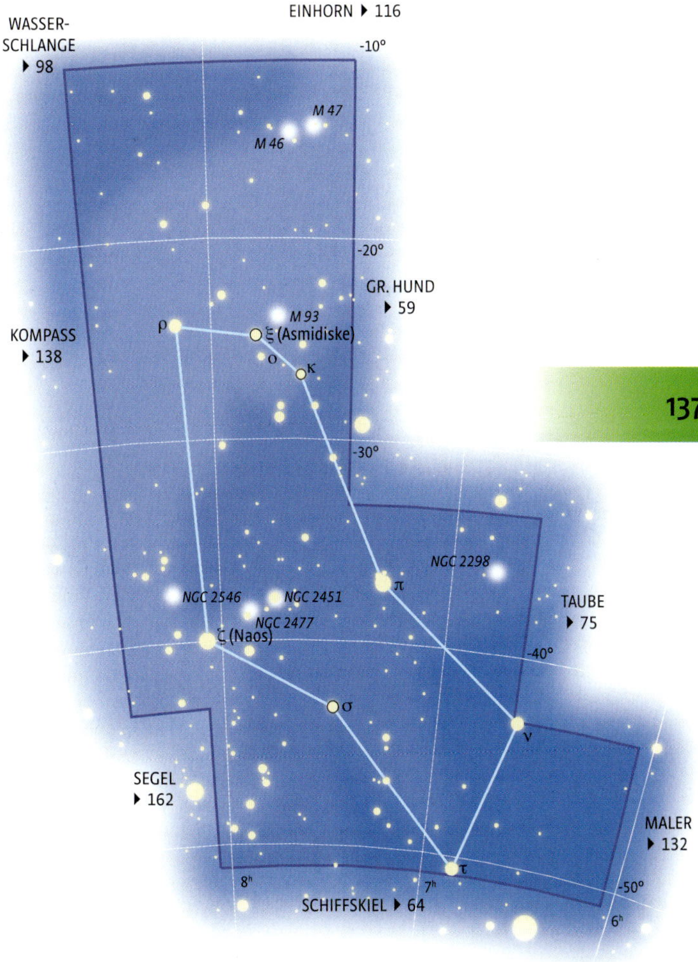

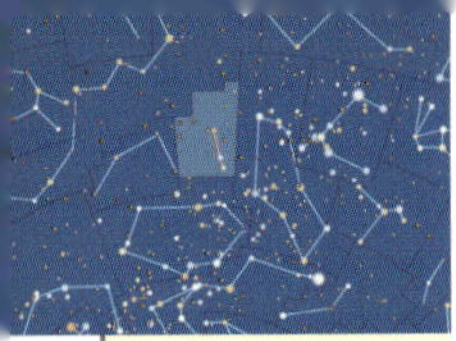

Pyxis

Kompass – Pyxidis – Pyx

Größe: 221 Quadratgrad (Rang 65); vollständig sichtbar von 53° Nord bis 90° Süd

Auf einen Blick *Der Kompass liegt neben dem Hinterdeck und erreicht im Januar/Februar gegen Mitternacht seine höchste Position im Süden. Er enthält nur relativ schwache Sterne.*

> ***Sichtbar November bis März***

> ***Steht in Mitteleuropa immer nah am Südhorizont***

Der Kompass geht ebenfalls auf den französischen Astronomen Nicolas Louis de Lacaille zurück, der ihn Anfang der 1750er Jahre am Himmel verewigte. Das Sternbild ist klein und unscheinbar, da es keine helleren Sterne enthält. Es liegt in unmittelbarer Nähe zum Schiff Argo, das Lacaille in Hinterdeck, Schiffskiel und Segel aufgeteilt hat. Allerdings hat der Kompass nichts mit der griechischen Sage zu tun, die sich um das Schiff Argo rankt, denn einen Kompass mit Magnetnadel gab es damals noch nicht. Das Sternbild ist im Spätwinter und Anfang des Frühjahrs am Abendhimmel zu sehen.

Offener Sternhaufen NGC 2818

Offener Sternhaufen NGC 2627

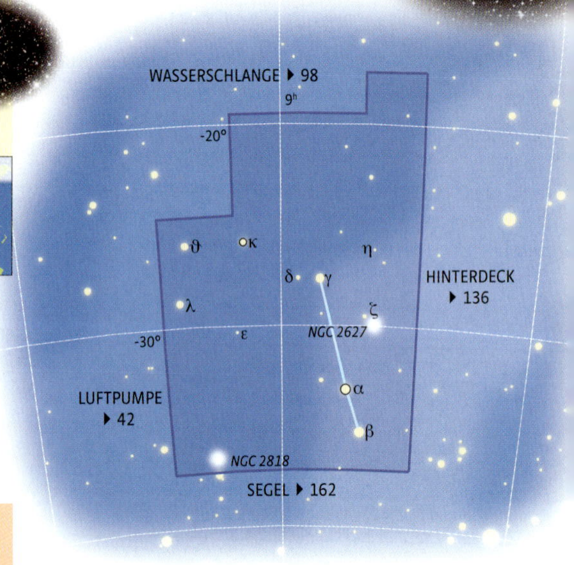

Beobachtungstipp

Neben dem Stern Zeta steht der offene Sternhaufen NGC 2627, dessen Sterne ziemlich dicht beisammen stehen. Für die Beobachtung ist ein kleines Teleskop erforderlich, das dann unter sehr günstigen Bedingungen auch die ersten Einzelsterne zeigt.

Sterne und Deep-Sky-Objekte des Kompasses

Name	Beschreibung	Helligkeit	Entfernung
Alpha (α)	blauer Doppelstern	3,7/8,0	845 LJ
Beta (β)	gelb	4,0	388 LJ
Gamma (γ)	orangerot	4,0	209 LJ
Kappa (κ)	Doppelstern	4,6/9,8	487 LJ
NGC 2627	offener Sternhaufen	8	6600 LJ
NGC 2818	offener Sternhaufen	8,2	10 400 LJ

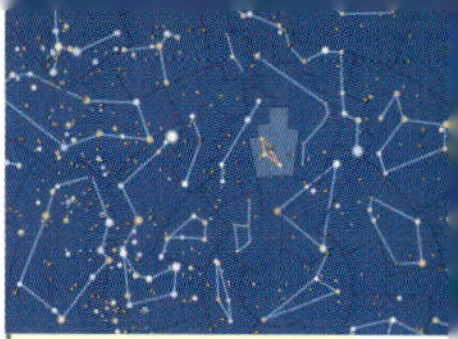

Reticulum

Netz – Reticuli – Ret

Größe: 114 Quadratgrad (Rang 82); vollständig sichtbar 23° Nord bis 90° Süd

Das Netz gehört zu den zehn kleinsten Sternbildern des Himmels und ist in Mitteleuropa nicht zu sehen. Seine Sterne sind alle relativ schwach. Der französische Astronom Nicolas Louis de Lacaille führte es Anfang der 1750er Jahre als Reticulum Rhomdoidalis (Fadenkreuz) ein. Obwohl durch das Netz das Band der Milchstraße verläuft, gibt es keine hellen Deep-Sky-Objekte in ihm.

Auf einen Blick *Das Netz ist ein Sternbild des Südhimmels. Es liegt in der Nähe der Großen Magellanschen Wolke, seine Position am Himmel ist daher relativ leicht zu finden.*

- ***In Mitteleuropa unsichtbar***
- ***Westlich des Sterns Alpha steht ein Dreieck aus orangefarbenen Sternen: Gamma, Delta und Iota***

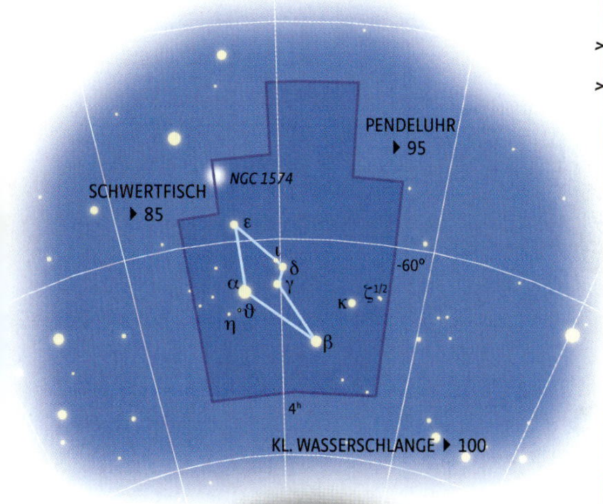

Doppelstern Zeta

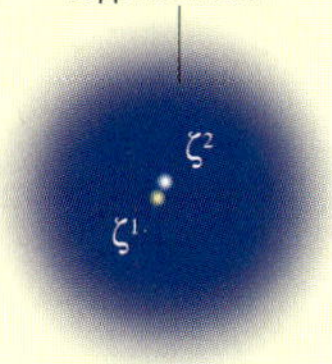

Galaxie NGC 1574

Sterne und Deep-Sky-Objekte des Netzes

Name	Beschreibung	Helligkeit	Entfernung
Alpha (α)	gelb	3,3	163 LJ
Beta (β)	orangerot	3,8	100 LJ
Zeta-1, -2 (ζ¹, ζ²)	gelber Doppelstern	5,2/5,5	40 LJ
Theta (ϑ)	Doppelstern	6,0/7,8	462 LJ
NGC 1574	Linsenförmige Galaxie	10,5	56 Mio. LJ (?)

Beobachtungstipp

Westlich der rautenförmigen Sternbildfigur liegt der Doppelstern Zeta-1/Zeta-2. Die beiden gelben Komponenten sind so hell und haben einen ausreichend großen Abstand voneinander, dass sie Menschen mit scharfen Augen getrennt sehen können. Ein Fernglas beseitigt dann etwaige Zweifel.

Sagitta

Pfeil – Sagittae – Sge

Größe: 80 Quadratgrad (Rang 86); vollständig sichtbar von 90° Nord bis 68° Süd

Auf einen Blick *Der Pfeil liegt zwischen Schwan und Adler am abendlichen Sommersternhimmel. Er ist ein sehr kleines Sternbild ohne hellere Sterne.*

> ***Sichtbar Mai bis Oktober***
> ***Bereits seit der Antike bekannt***
> ***Durch das Sternbild verläuft die Milchstraße***

Obwohl das Sternbild nur relativ schwache Sterne enthält, war es bereits in der griechischen Antike bekannt. In einer gängigen mythologischen Deutung des Sternbilds schoss Herkules den Pfeil auf den Adler, der täglich an der Leber des an einen Felsen geketteten Prometheus fraß. Prometheus, der Freund der Menschheit, hatte ihr das Feuer gebracht und wurde dafür von den Göttern bestraft. Der Adler grenzt südlich an den Pfeil an, Herkules steht nordwestlich. Der Pfeil ist das drittkleinste Sternbild des Nachthimmels.

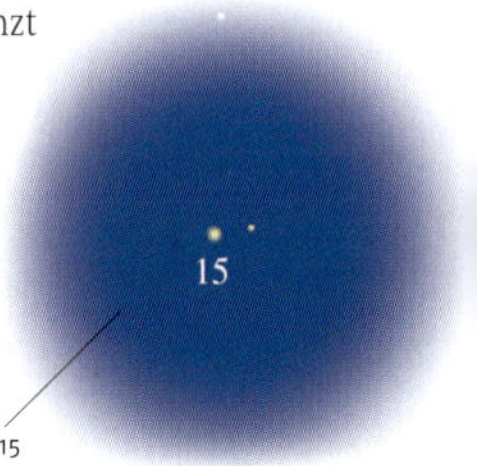

Doppelstern 15

Kugelsternhaufen Messier 71

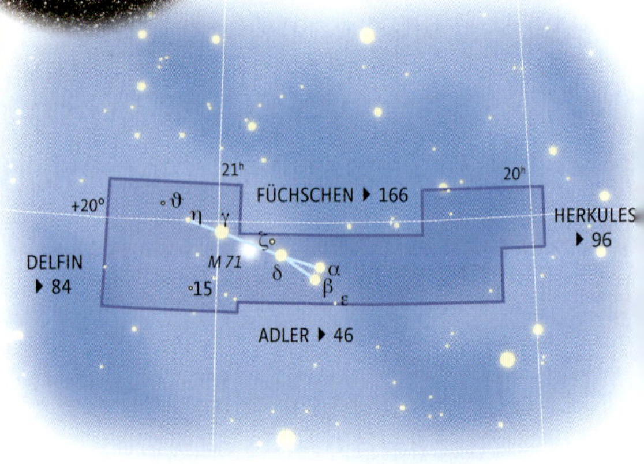

Beobachtungstipp

Zwischen den Sternen Gamma und Delta liegt der Kugelsternhaufen M 71, der bereits mit dem Fernglas als diffuses Fleckchen zu erkennen ist. Erst mit einem mittelgroßen Teleskop sind die ersten Einzelsterne in diesem sternarmen Kugelhaufen zu sehen.

Sterne und Deep-Sky-Objekte des Pfeils

Name	*Beschreibung*	*Helligkeit*	*Entfernung*
Alpha (α)	gelb	4,4	473 LJ
Beta (β)	gelb	4,4	466 LJ
Gamma (γ)	orangerot	3,5	274 LJ
Delta (δ)	rot	3,7	448 LJ
Zeta (ζ)	Doppelstern	5,0/9	326 LJ
Theta (ϑ)	Doppelstern	6,6/9,1	147 LJ
15	optischer Doppelstern	5,8/6,9	58/577 LJ
M 71	Kugelsternhaufen	8,3	13 000 LJ

Scutum

Schild – Scuti – Sct

Größe: 109 Quadratgrad (Rang 84); vollständig sichtbar von 74° Nord bis 90° Süd

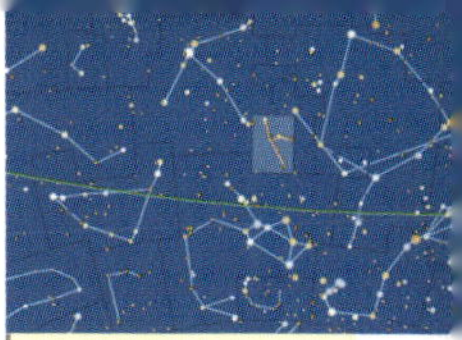

Der Schild steht an Sommerabenden in Mitteleuropa im Süden. Er ist ein unscheinbares Sternbild und gehört zu den fünf kleinsten am Himmel. Seine Sterne sind recht schwach, und läge der Schild nicht inmitten des Milchstraßenbandes, so wäre er weitgehend unbekannt. 1690 hat ihn der Astronom Johannes Hevelius als Sternbild eingeführt. Er wollte damit den polnischen König Jan III. Sobieski ehren, der 1683 Wien von den türkischen Belagerern befreit hatte. Das Sternbild symbolisiert den Sobieskischen Schild – so hieß die Figur auch ursprünglich.

Auf einen Blick *Der Schild schließt sich direkt an den Adler an. Das Sternbild ist sehr unscheinbar und vor allem wegen seines hellen offenen Sternhaufens M 11 bekannt.*

- ***Sichtbar Mai bis August***
- ***Erreicht im Juli gegen Mitternacht seine höchste Stellung über dem Südhorizont***
- ***M 11: Prachtstück eines offenen Sternhaufens für kleine Fernrohre***

Offener Sternhaufen Messier 26

Offener Sternhaufen Messier 11

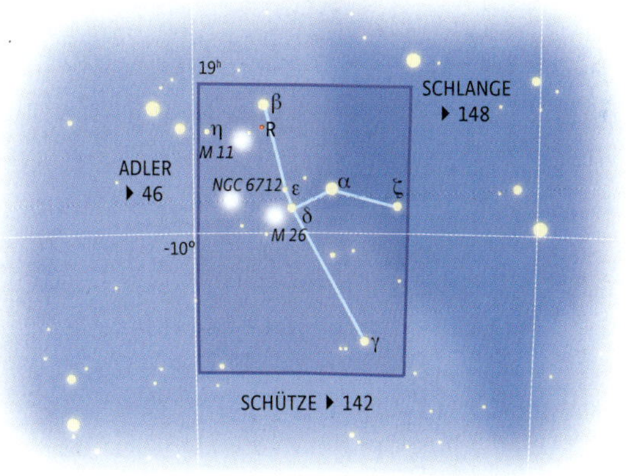

Sterne und Deep-Sky-Objekte des Schilds

Name	*Beschreibung*	*Helligkeit*	*Entfernung*
Alpha (α)	*orangerot*	*3,9*	*174 LJ*
R	*orangeroter Veränderlicher*	*4,2–8,6*	*1405 LJ*
M 11	*„Wildente", offener Sternhaufen*	*5,8*	*5600 LJ*
M 26	*offener Sternhaufen*	*8,0*	*5000 LJ*
NGC 6712	*Kugelsternhaufen*	*8,2*	*25 000 LJ*

Beobachtungstipp

In einem Halbkreis aus sechs Sternen des Adlers (unter anderem Lambda) und des Schilds (unter anderem Beta) liegt der offene Sternhaufen M 11. Er enthält ungefähr 200 Sterne und ist am besten mit einem Teleskop zu beobachten. In der Nachbarschaft befindet sich auch der langperiodische Veränderliche R.

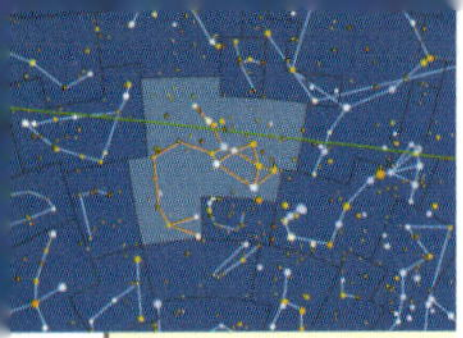

Sagittarius

Schütze – Sagittarii – Sgr

Größe: 867 Quadratgrad (Rang 15); vollständig sichtbar von 45° Nord bis 90° Süd

***Auf einen Blick** Der Schütze besitzt viele helle Sterne, die von Mitteleuropa aus wegen der geringen Höhe des Sternbilds über dem Horizont nicht voll zur Geltung kommen.*

> ***Sichtbar Juni bis August***
> ***Im Schützen liegt das Zentrum unseres Milchstraßensystems (in der Ecke, wo die Grenzen von Schütze, Skorpion und Schlangenträger aneinander stoßen)***

Der Schütze ist ein klassisches Sommersternbild, das allerdings nicht allzu weit über den mitteleuropäischen Horizont steigt. Er ist ein Tierkreissternbild, dem im Westen der Skorpion vorausgeht und im Osten der Steinbock folgt.
Durch den Schützen verläuft die Milchstraße. In der griechischen Mythologie stellt das Sternbild einen Zentauren dar – halb Mensch, halb Tier. Er zielt mit seinem Pfeil und Bogen auf das Herz des Skorpions. Der Bogen besteht aus den Sternen Kaus Borealis, Kaus Media und Kaus Australis, der Stern Alnasl markiert die Spitze des Pfeils.

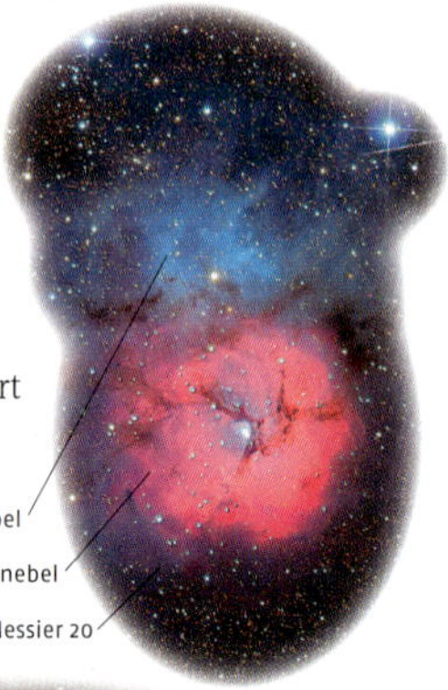

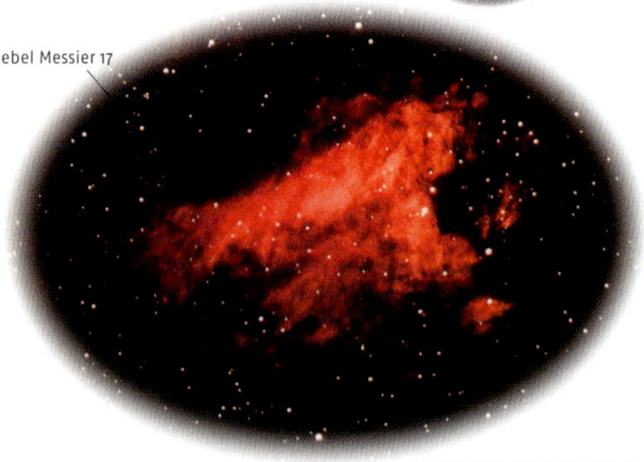

Beobachtungstipp

Inmitten der Milchstraße, nördlich der Sterne Alnasl und Kaus Borealis, stößt man auf den Lagunen- und den Trifid-Nebel. Diese beiden Gasnebel sind mit dem Fernglas zu erkennen, wobei der kleine Trifid-Nebel (M 20) im Teleskop deutlich mehr bietet. Der Lagunen-Nebel (M 8) ist unter guten Bedingungen bereits mit bloßem Auge zu sehen.

Sterne des Schützen

Name	*Beschreibung*	*Helligkeit*	*Entfernung*
Rukbat (α)	„Knie", blauweiß	4,0	170 LJ
Arkab (β¹, β²)	„Achillessehne", opt. Doppelstern	4,3/7,4//4,0	378//139 LJ
Alnasl (γ)	„Punkt", orangerot	3,0	96 LJ
Kaus Media (δ)	„Mitte des Bogens", orangerot	2,7	306 LJ
Kaus Australis (ε)	„Südlicher Bogenteil", blauweiß	1,8	145 LJ
Ascella (ζ)	blauweiß	2,6	89 LJ
Kaus Borealis (λ)	„Nördlicher Bogenteil", orangerot	2,8	77 LJ
Nunki (σ)	blauweiß	2,1	224 LJ

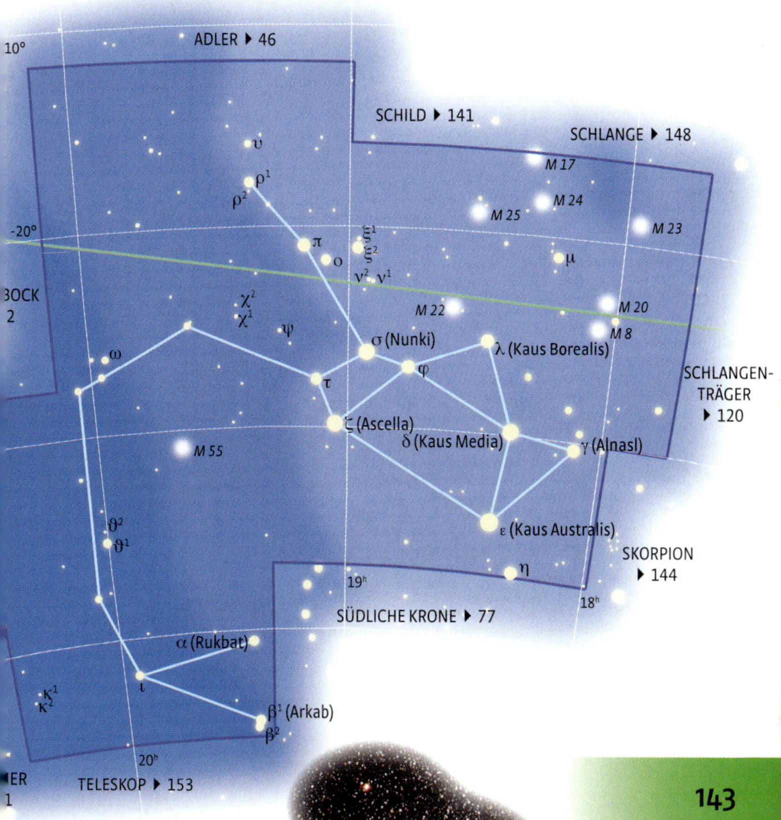

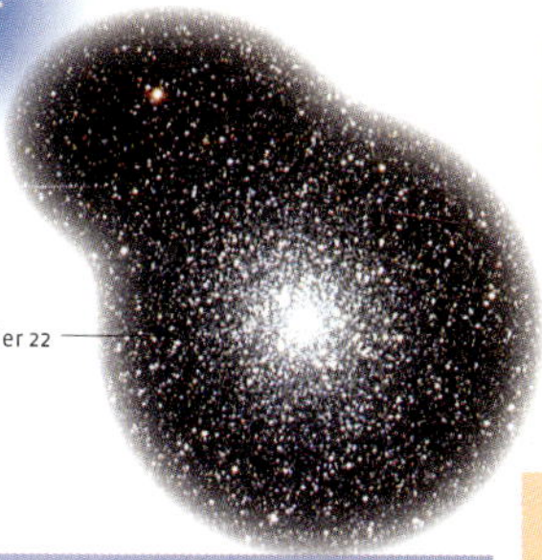
Kugelsternhaufen Messier 22

Deep-Sky-Objekte des Schützen

Name	*Beschreibung*	*Helligkeit*	*Entfernung*
M 8 / M 20	*„Lagunen-Nebel"/„Trifid-Nebel"*	*5,2/6,3*	*5200/5000 LJ*
M 17	*„Omega-Nebel", mit Sternhaufen*	*6,0*	*5000 LJ*
M 22	*Kugelsternhaufen*	*5*	*10 000 LJ*
M 23	*offener Sternhaufen*	*5,5*	*2200 LJ*
M 24	*Gebiet der Milchstraße*	*–*	*–*
M 25	*offener Sternhaufen*	*4,6*	*2300 LJ*
M 55	*Kugelsternhaufen*	*7, 0*	*17 000 LJ*

Beobachtungstipp

Der Kugelsternhaufen M 22 bildet mit den Sternen Nunki und Kaus Borealis annähernd ein rechtwinkliges Dreieck. Er ist unter guten Bedingungen mit bloßem Auge zu sehen und selbst mit einem kleinen Teleskop bereits in Einzelsterne auflösbar.

Scorpius

Skorpion – Scorpii – Sco

Größe: 497 Quadratgrad (Rang 33); vollständig sichtbar von 44° Nord bis 90° Süd

Auf einen Blick *Der Skorpion steht in Mitteleuropa tief am Südhimmel. Er erreicht im Juni seine größte Höhe gegen Mitternacht. Dank zwölf relativ hellen Sternen kann man seine Gestalt recht gut erkennen.*

- ***Sichtbar Mai bis Juli***
- ***Liegt mitten in der Milchstraße und enthält viele offene Sternhaufen***
- ***Antares: intensiv rot funkelnder Stern, markiert den Körper***

Während mitteleuropäischer Sommerabende steht der Skorpion tief über dem Südhorizont. Seinen schönsten Teil, den Stachel und die dort liegenden Sternhaufen M 6 und M 7, kann man leider erst vom Mittelmeerraum aus richtig bewundern. Der Skorpion ist ein Tierkreissternbild, das im Westen von der Waage und im Osten vom Schützen eingerahmt wird. In der griechischen Mythologie gibt es verschiedene Deutungen des Skorpions, meistens enden sie aber damit, dass der Skorpion den Orion sticht. Damit die beiden nicht mehr aneinander geraten, geht der Orion erst dann auf, wenn der Skorpion untergeht.

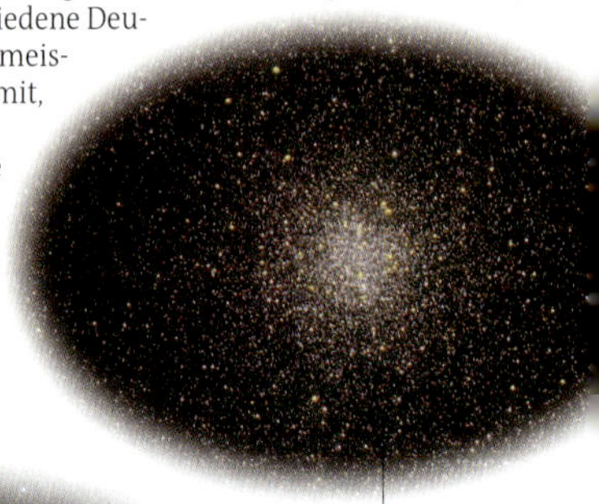

Kugelsternhaufen Messier 4

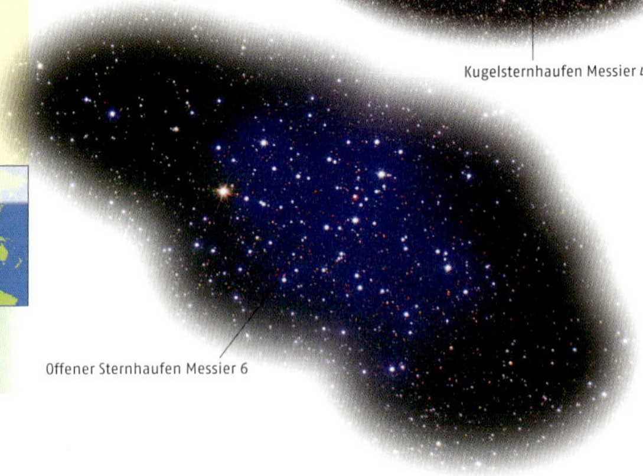

Offener Sternhaufen Messier 6

Beobachtungstipp

Nördlich des Stachels, den der Stern Shaula markiert, stehen die beiden offenen Sternhaufen M 6 und M 7. Ihre volle Pracht entwickeln sie erst bei der Beobachtung von südlicheren Breiten aus. Dort sind beide auch bereits mit dem bloßen Auge zu sehen. M 7 ist deutlich größer als M 6.

Sterne des Skorpions

Name	*Beschreibung*	*Helligkeit*	*Entfernung*
Antares (α)	*„Marsähnlich", Doppelstern*	*0,9–1,2/5,5*	*604 LJ*
Akrab (β)	*„Skorpion", Doppelstern*	*2,6/4,9*	*530 LJ*
Dschubba (δ)	*„Stirn", blauweiß*	*2,3*	*402 LJ*
Epsilon (ε)	*orangerot*	*2,3*	*65 LJ*
Zeta-1, -2 (ζ^1, ζ^2)	*optischer Doppelstern (weiß/orange)*	*4,8/3,6*	*6500/151 LJ*
Theta (ϑ)	*weißer Doppelstern*	*1,9/5,3*	*272 LJ*
Shaula (λ)	*„Stachel", blauweiß*	*1,6*	*703 LJ*
Mü-1, -2 (μ^1, μ^2)	*Doppelstern (blauweiß/blauweiß)*	*2,9–3,2/3,6*	*822/517 LJ*

Offener Sternhaufen
NGC 6231

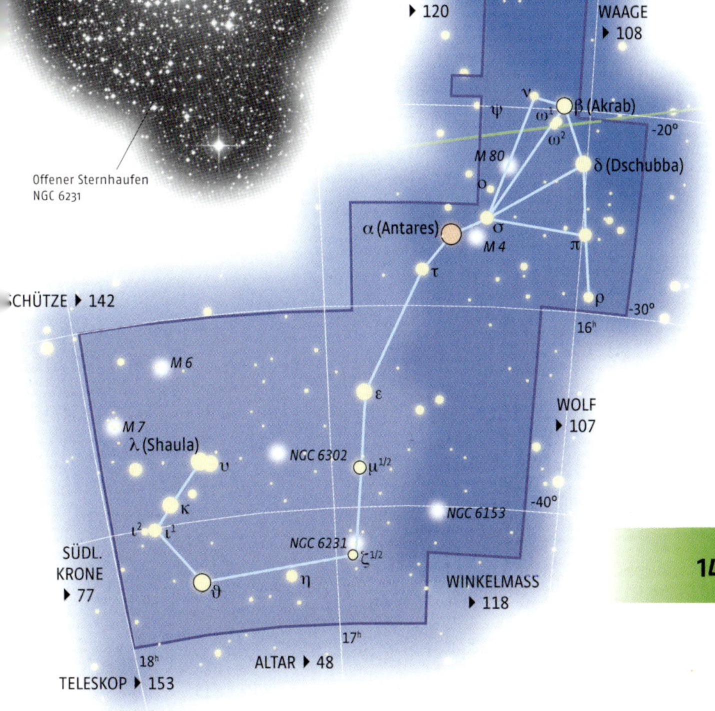

Deep-Sky-Objekte des Skorpions

Name	*Beschreibung*	*Helligkeit*	*Entfernung*
M 4	*Kugelsternhaufen*	*6*	*7000 LJ*
M 6	*offener Sternhaufen*	*4,5*	*1600 LJ*
M 7	*offener Sternhaufen*	*3,5*	*950 LJ*
M 80	*Kugelsternhaufen*	*7,5*	*27 000 LJ*
NGC 6153	*Planetarischer Nebel*	*10,9*	*5900 LJ*
NGC 6231	*offener Sternhaufen*	*6*	*6500 LJ*
NGC 6302	*„Bug-Nebel", Planet. Nebel*	*9,6*	*6500 LJ*

Beobachtungstipp

Südlich des Sterns Epsilon liegt ein offener Sternhaufen, der in seiner Pracht M 7 in keiner Weise nachsteht: NGC 6231. Auch er ist von südlicheren Breiten bereits mit bloßem Auge zu sehen. Im Fernrohr zeigen sich mehr als 100 Einzelsterne, darunter blauweiße, gelbe und orangerote.

Sculptor

Bildhauer – Sculptoris – Scl

Größe: 475 Quadratgrad (Rang 36); vollständig sichtbar von 51° Nord bis 65° Süd

Auf einen Blick *Der Bildhauer wird nach Norden vom Walfisch, Wassermann und Südlichen Fisch begrenzt. Fomalhaut im Südlichen Fisch kann auch als Ausgangspunkt für die Suche nach dem Bildhauer dienen.*

- ***Sichtbar September bis Dezember***
- ***Erst vom Mittelmeerraum aus gut zu beobachten***
- ***Erreicht im September/Oktober seine höchste Stellung im Süden gegen Mitternacht***

Schweift das Auge vom Quadrat des Pegasus nach Süden, dann trifft es direkt über dem Horizont auf den Bildhauer. Das Sternbild enthält nur lichtschwache Sterne, weshalb es in Mitteleuropa mit bloßem Auge faktisch nicht zu sehen ist. Der französische Astronom Nicolas Louis de Lacaille hat den Bildhauer in den 1750er Jahren eingeführt, ursprünglich als Bildhauerwerkstatt. Die Figur ist nicht eingängig. Unter Hobbyastronomen ist das Sternbild am bekanntesten für die relativ helle Spiralgalaxie NGC 253.

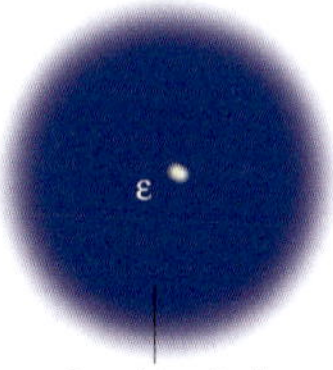

Doppelstern Epsilon

Spiralgalaxie NGC 253

Beobachtungstipp

Am nördlichen Rand des Sternbilds liegt die Spiralgalaxie NGC 253, die bereits in kleinen Teleskopen als länglicher Fleck erkennbar ist. Schwenkt man sein Fernrohr noch etwas weiter nach Südosten, stößt man auf den Kugelsternhaufen NGC 288, in dem mit mittelgroßen Geräten erste Einzelsterne zu erkennen sind – gute Sichtbedingungen vorausgesetzt.

Sterne des Bildhauers

Name	*Beschreibung*	*Helligkeit*	*Entfernung*
Alpha (α)	*blauweiß*	*4,3*	*672 LJ*
Beta (β)	*blauweiß*	*4,4*	*178 LJ*
Gamma (γ)	*orangerot*	*4,4*	*179 LJ*
Delta (δ)	*blauweiß*	*4,6*	*143 LJ*
Epsilon (ε)	*Doppelstern*	*5,3/8,6*	*89 LJ*
Kappa-1 (κ^1)	*weißer Doppelstern*	*6,1/6,2*	*224 LJ*

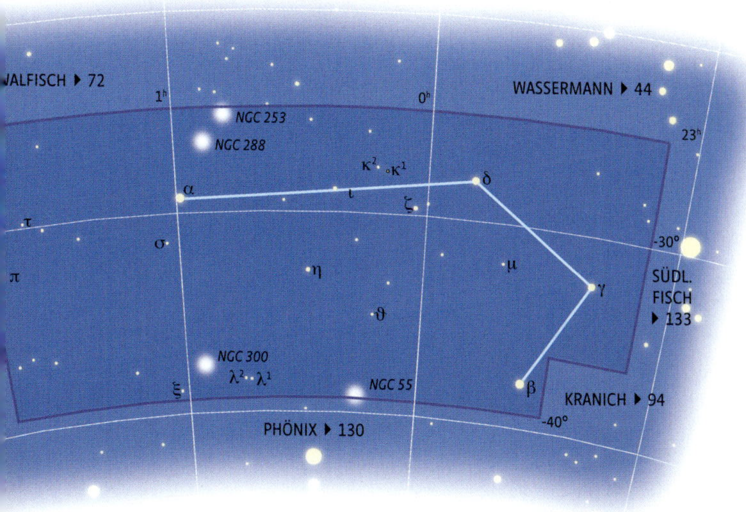

Spiralgalaxie NGC 300

Deep-Sky-Objekte des Bildhauers			
Name	***Beschreibung***	***Helligkeit***	***Entfernung***
NGC 55	*Balkenspiralgalaxie*	*8,2*	*6 Mio. LJ*
NGC 253	*Spiralgalaxie*	*7,1*	*9 Mio. LJ*
NGC 288	*Kugelsternhaufen*	*8,1*	*27 000 LJ*
NGC 300	*Spiralgalaxie*	*9*	*6,5 Mio. LJ*

Beobachtungstipp

In der nordöstlichen Ecke des Bildhauers steht der Doppelstern Epsilon, dessen Komponenten sich mit einem kleinen Teleskop trennen lassen. Der hellere Stern ist weißgelb, der schwächere orangerot. Erkennbar werden die Farben aber erst mit größeren Geräten.

Serpens

Schlange – Serpentis – Ser

Größe: 637 Quadratgrad (Rang 23); vollständig sichtbar von 87° Nord bis 65° Süd

***Auf einen Blick** Die Schlange ist zweigeteilt. Ihr Kopf steht im Mai gegen Mitternacht im Süden, ihr Schwanz erst im Juni. Die unscheinbare Figur des Sternbilds besteht im Wesentlichen aus zwei Sternketten.*

> ***Sichtbar März bis August***
> ***Lange Ketten aus lichtsachwachen Sternen, nur Unukalhai ist heller***
> ***M 5: einer der hellsten Kugelsternhaufen des Nordhimmels***

Kugelsternhaufen Messier 5

Die Schlange ist in Mitteleuropa am sommerlichen Abendhimmel zu sehen. Da sie kaum helle Sterne enthält, fällt sie nur wenig auf. Sie ist das einzige zweigeteilte Sternbild des Himmels: Es gibt Kopf (Serpens Caput) und Schwanz (Serpens Cauda). Zwischen den beiden Teilen liegt der Schlangenträger. Manche Quellen geben daher für die Gesamtzahl der Sternbilder 89 statt 88 an. In der griechischen Mythologie handelt es sich um die Schlange, die um den Äskulapstab gewunden ist. Der Schlangenträger steht für Äskulap, den Gott der Heilkunst.

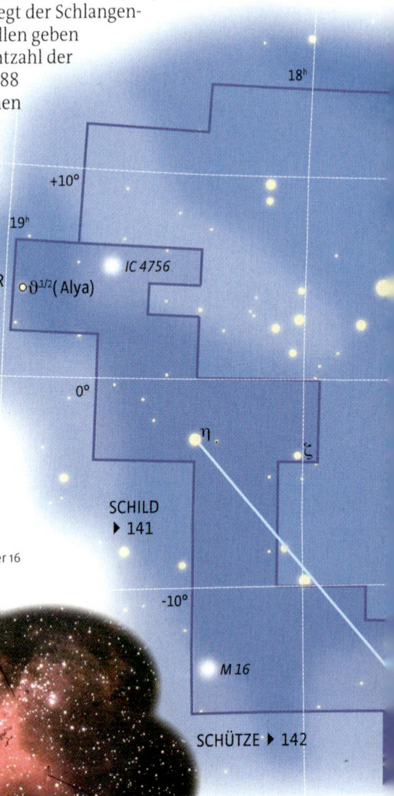

Offener Sternhaufen Messier 16

Gasnebel „Adler-Nebel"

Beobachtungstipp

Südwestlich des Sterns Unukalhai liegt der Kugelsternhaufen M 5, der neben M 13 und M 3 zu den drei hellsten Objekten dieses Typs am Nordhimmel zählt. Mit einem Fernglas sieht man nur einen Nebelfleck, aber mit einem Teleskop werden in M 5 Einzelsterne erkennbar.

Sterne der Schlange

Name	Beschreibung	Helligkeit	Entfernung
Unukalhai (α)	„Schlangenhals", orangerot	2,6	73 LJ
Beta (β)	optischer Doppelstern mit 29	3,7/6,7	153/– LJ
Gamma (γ)	weiß	36 LJ	
Delta (δ)	Doppelstern (weiß)	4,2/5,2	210 LJ
Alya (ϑ)	Doppelstern (weiß/weiß)	4,7/5,1	132 LJ
Nü (ν)	Doppelstern	4,3/8,3	193 LJ

Offener Sternhaufen IC 4756

Deep-Sky-Objekte der Schlange

Name	*Beschreibung*	*Helligkeit*	*Entfernung*
M 5	*Kugelsternhaufen*	*5,8*	*26 000 LJ*
M 16	*Offener Sternhaufen mit Adler-Nebel*	*6*	*8500 LJ*
IC 4756	*offener Sternhaufen*	*5,4*	*1300 LJ*

Beobachtungstipp

Zwischen Atair im Adler und Cebalrai im Schlangenträger liegt der offene Sternhaufen IC 4756. Unter guten Bedingungen ist er bereits mit bloßem Auge sichtbar. Der lockere Haufen erscheint am Himmel größer als das Vollmondscheibchen und eignet sich ideal für die Fernglasbeobachtung.

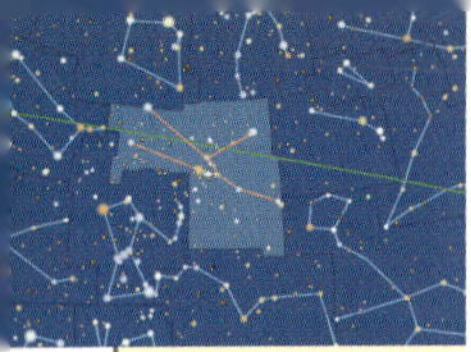

Taurus

Stier – Tauri – Tau

Größe: 797 Quadratgrad (Rang 17); vollständig sichtbar von 89° Nord bis 59° Süd

Auf einen Blick *Der Stier liegt zwischen Fuhrmann und Orion. Vor allem sein Hauptstern Aldebaran und der Sternhaufen der Plejaden sind sehr auffällig. Das Sternbild kulminiert im November/Dezember gegen Mitternacht.*

- ***Sichtbar September bis März***
- ***Aldebaran gehört zu den 15 hellsten Sternen am Himmel***
- ***M 45: auffälligster Sternhaufen des Nordhimmels, auch „Siebengestirn" genannt***

Von Oktober bis März ist der Stier am Abendhimmel günstig zu sehen. Den Kopf des Stiers bilden die V-förmigen Hyaden, der Stern Aldebaran das Auge. Die Sterne Alnath und Zeta markieren die Enden der Hörner. Der Stier ist ein Tierkreissternbild, das zwischen Widder und Zwillingen liegt. In der griechischen Mythologie nahm der Göttervater Zeus die Gestalt eines Stiers an, um sich der phönizischen Königstochter Europa zu nähern. Der Sternhaufen der Plejaden wiederum stellt den Titanen Atlas, dessen Frau Plejone und ihre gemeinsamen Töchter dar.

Offener Sternhaufen „Plejaden"

Supernova-Überrest „Krabben-Nebel"

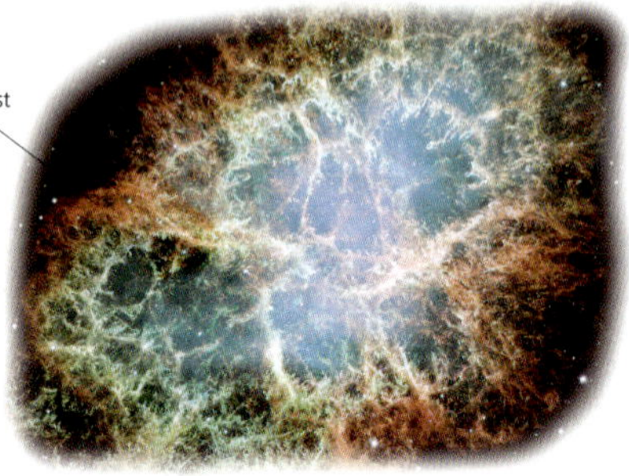

Beobachtungstipp

Zwischen Aldebaran und Perseus stößt man auf den offenen Sternhaufen M 45. Von den Plejaden sind zumindest sechs Sterne bereits mit bloßem Auge erkennbar. Im Fernglas und kleinen Teleskop zeigt das Siebengestirn seine ganze Pracht. Mehr als 50 Sterne werden dann sichtbar.

Sterne des Stiers

Name	*Beschreibung*	*Helligkeit*	*Entfernung*
Aldebaran (α)	„Verfolger", orangerot	0,9	65 LJ
Alnath (β)	„Mit den Hörnern Stoßender"	1,6	131 LJ
Oculus Boreus (ε)	orangerot	3,5	155 LJ
Alkyone (η)	bläulich	2,9	368 LJ
Theta-1, -2 (ϑ^1, ϑ^2)	optischer Doppelstern	3,8/3,4	158/149 LJ
Kappa-1, -2 (κ^1, κ^2)	optischer Doppelstern	4,2/5,3	153/144 LJ
Sigma-1, -2 (σ^1, σ^2)	optischer Doppelstern	5,1/4,7	152/159 LJ

Deep-Sky-Objekte des Stiers

Name	*Beschreibung*	*Helligkeit*	*Entfernung*
Hyaden	*offener Sternhaufen*	–	*150 LJ*
M 1	*„Krabben-Nebel“, Gasnebel*	*8,5*	*6500 LJ*
M 45	*„Plejaden“, offener Sternhaufen*	*1,5*	*400 LJ*
NGC 1514	*Planetarischer Nebel*	*9,4*	*2000 LJ*
NGC 1647	*offener Sternhaufen*	*6,4*	*1800 LJ*
NGC 1746	*offener Sternhaufen*	*6*	*1400 LJ*

Beobachtungstipp

Um den Stern Aldebaran liegen die Hyaden. Dieser offene Sternhaufen nimmt eine beträchtliche Fläche am Himmel ein und ist daher am besten mit dem Fernglas zu beobachten. Aldebaran gehört nicht dazu, sondern steht nur in derselben Richtung.

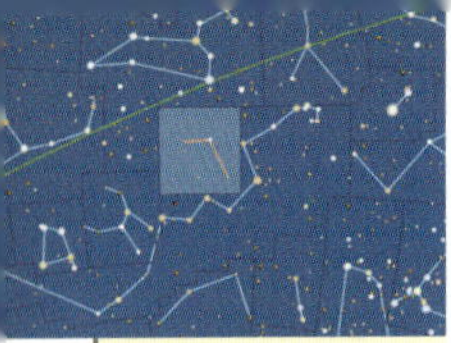

Sextans

Sextant – Sextantis – Sex

Größe: 314 Quadratgrad (Rang 47); vollständig sichtbar von 78° Nord bis 84° Süd

Auf einen Blick *Der Sextant liegt südlich des Regulus (Sternbild Löwe). Da es keine hellen Sterne enthält, wird das Sternbild leicht übersehen.*

- ***Sichtbar Januar bis April***
- ***Unscheinbares Sternbild ohne echte Sehenswürdigkeiten***
- ***Erreicht im Februar/März seine höchste Position am Himmel gegen Mitternacht***

Der Sextant ist das dritte kleine Sternbild, das zwischen Wasserschlange sowie Jungfrau und Löwe liegt. In Mitteleuropa ist es abends am besten im Frühjahr zu beobachten. Es ist aber sehr unauffällig, weil es keine hellen Sterne besitzt. Wie den Schild hat auch den Sextanten der polnische Astronom Johannes Hevelius gegen Ende des 17. Jahrhunderts am Himmel verewigt. Es handelt sich dabei um ein Instrument, mit dem sich die Positionen der Sterne bestimmen lassen.

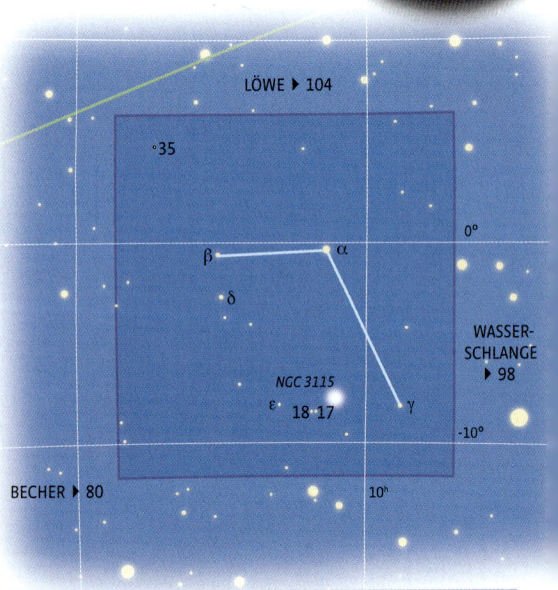

Beobachtungstipp

Östlich des Sterns Gamma stehen zufällig zwei Sterne relativ nah am Himmel beisammen. Sie tragen die Bezeichnungen 17 und 18 und sind mit einem Fernglas als schönes Paar zu sehen. Nordwestlich von ihnen liegt die hellste Galaxie des Sextanten, NGC 3115, für deren Beobachtung sich jedoch ein Teleskop empfiehlt.

Sterne und Deep-Sky-Objekte des Sextanten

Name	Beschreibung	Helligkeit	Entfernung
Alpha (α)	blauweiß	4,5	287 LJ
Beta (β)	blauweiß	5,1	345 LJ
17/18	optischer Doppelstern	5,9/5,6	527/473 LJ
35	Doppelstern	6,3/7,4	697 LJ
NGC 3115	Elliptische Galaxie	9,2	14 Mio. LJ

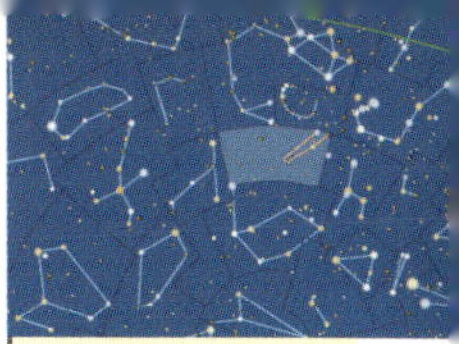

Telescopium

Teleskop – Telescopii – Tel

Größe: 252 Quadratgrad (Rang 57); vollständig sichtbar von 33° Nord bis 90° Süd

Das Teleskop ist von Mitteleuropa aus nicht zu sehen. Es gehört zu den kleineren Sternbildern, die der französische Astronom Nicolas Louis de Lacaille in den 1750er Jahren eingeführt hat. Er würdigte damit das Fernrohr, das so viele Entdeckungen in der Astronomie ermöglichte. Das Sternbild enthält keine hellen Sterne und weist eine wenig markante Figur auf.

Galaxie NGC 6868

***Auf einen Blick** Das Teleskop liegt zwischen Schütze, Skorpion und Pfau. Es ist ein Sternbild des Südhimmels und auf der Nordhalbkugel erst ab dem Mittelmeerraum zu beobachten.*

- ***In Mitteleuropa unsichtbar***
- ***Höchste Stellung am Himmel im Juli gegen Mitternacht***
- ***Unscheinbares Sternbild ohne helle Deep-Sky-Objekte***

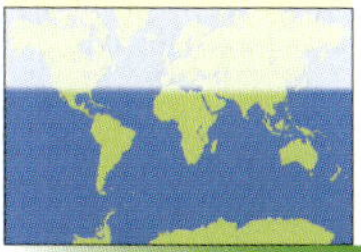

Sterne und Deep-Sky-Objekte des Teleskops

Name	*Beschreibung*	*Helligkeit*	*Entfernung*
Alpha (α)	*blauweiß*	*3,5*	*249 LJ*
Delta-1, -2 (δ^1, δ^2)	*optischer Doppelstern*	*4,9/5,1*	*800/1120 LJ*
Epsilon (ε)	*gelb*	*4,5*	*409 LJ*
Zeta (ζ)	*gelb*	*4,1*	*127 LJ*
Δ 227	*Doppelstern (orange/weiß)*	*5,7/6,5*	*354 LJ*
NGC 6584	*Kugelsternhaufen*	*9*	*44 000 LJ*
NGC 6868	*Linsenförmige Galaxie*	*10,6*	*87 Mio. LJ (?)*

Kugelsternhaufen NGC 6584

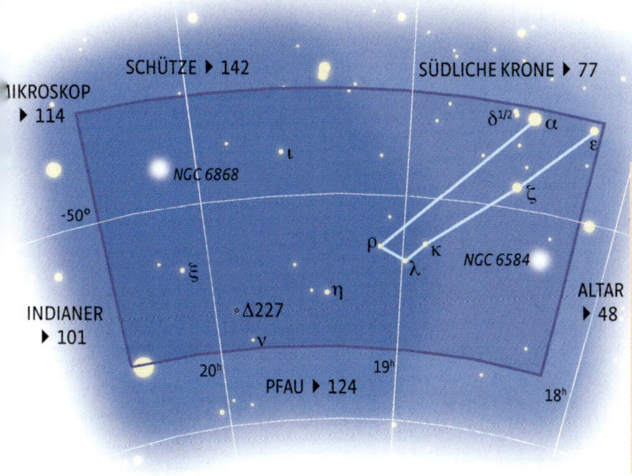

Beobachtungstipp

Der Kugelsternhaufen NGC 6584 bildet mit Zeta im Teleskop und Theta im Altar ein ungefähr rechtwinkliges Dreieck. Erst mit mittelgroßen Teleskopen kann man in ihm die ersten Einzelsterne erkennen.

Triangulum

Dreieck – Trianguli – Tri

Größe: 132 Quadratgrad (Rang 78); vollständig sichtbar von 90° Nord bis 53° Süd

Auf einen Blick *Das Dreieck liegt zwischen Andromeda und Widder. Es ist vor allem für die Spiralgalaxie M 33 bekannt, ein Nachbar unseres Milchstraßensystems.*

- ***Sichtbar Juli bis März***
- ***Figur aus drei mittelhellen Sternen***
- ***M 33: Spiralgalaxie, die nicht so hell ist wie ihr Pendant in der Andromeda***

Spiralgalaxie Messier 33

Von September bis März ist das Dreieck in Mitteleuropa günstig am Abendhimmel zu sehen. Das kleine Sternbild enthält keine hellen Sterne, ist aber trotzdem bereits seit der Antike bekannt. Die Griechen bezeichneten es damals als Trigonon oder Deltoton. Drei, beziehungsweise vier Sterne bilden die sehr spitzwinklige Figur.

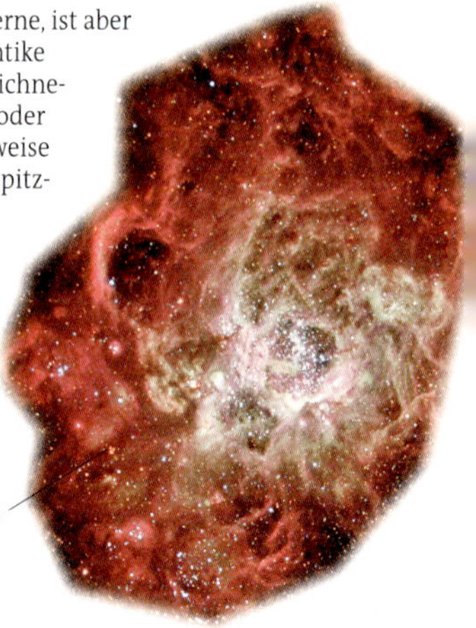

Gasnebel NGC 604 in M 33

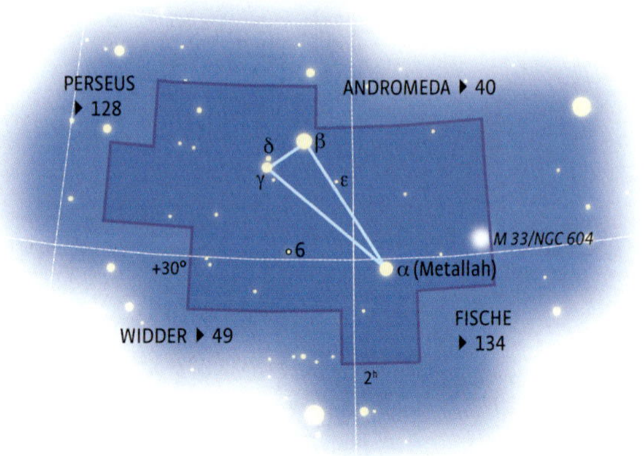

Beobachtungstipp

Nordwestlich des Sterns Metallah liegt die Spiralgalaxie M 33, die wir von oben sehen. Aus diesem Grund ist sie auch nicht so leicht zu erkennen wie die Andromeda-Galaxie, da sich ihr Licht auf eine größere Fläche verteilt. In M 33 liegt ein heller Gasnebel, NGC 604, der in mittelgroßen Teleskopen zu erkennen ist.

Sterne und Deep-Sky-Objekte des Dreiecks

Name	*Beschreibung*	*Helligkeit*	*Entfernung*
Metallah (α)	„Kopf des Dreiecks", gelbweiß	3,4	64 LJ
Beta (β)	weiß	3,0	124 LJ
Gamma (γ)	blauweiß	4,0	118 LJ
6	Doppelstern (gelb/blauweiß)	5,3/6,9	305 LJ
M 33	Spiralgalaxie	5,7	2,7 Mio. LJ
NGC 604	Gasnebel in M 33	–	2,7 Mio. LJ

Triangulum Australe

Südliches Dreieck – Trianguli Australis – TrA

Größe: 110 Quadratgrad (Rang 83); vollständig sichtbar von 20° Nord bis 90° Süd

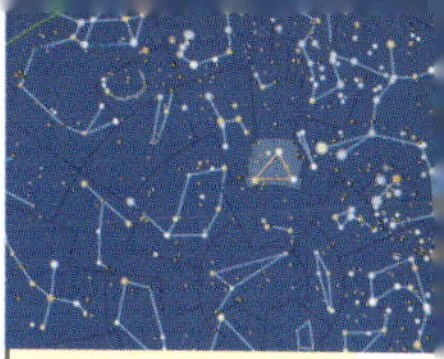

Das Südliche Dreieck ist von Mitteleuropa aus unbeobachtbar. Das kleine, aber markante Sternbild hat deutlich hellere Sterne als sein nördliches Pendant. Als „Väter" des Sternbildes gelten die holländischen Seefahrer Pieter Dirkszoon Keyser und Frederick de Houtman, die es gegen Ende des 16. Jahrhunderts beschrieben haben. Durch das Südliche Dreieck verläuft das Band der Milchstraße.

Auf einen Blick *Das Südliche Dreieck liegt östlich des hellen Sterns Rigil Kent (Zentaur) und ist wegen seiner hellen Sterne nicht zu übersehen. Sie bilden ein fast gleichseitiges Dreieck.*

> ***In Mitteleuropa unsichtbar***
> ***Erreicht im Mai gegen Mitternacht seine höchste Position am Himmel***
> ***Liegt in der Milchstraße***

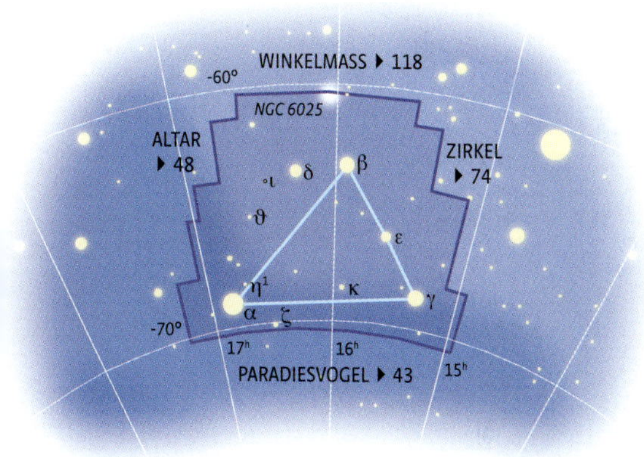

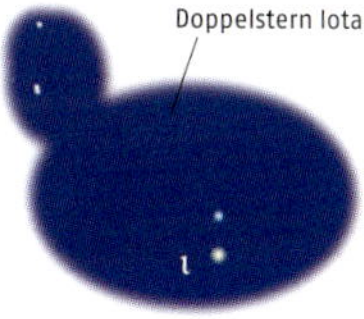

Doppelstern Iota

Offener Sternhaufen NGC 6025

Sterne und Deep-Sky-Objekte des Südlichen Dreiecks			
Name	***Beschreibung***	***Helligkeit***	***Entfernung***
Alpha (α)	*orangerot*	*1,9*	*415 LJ*
Beta (β)	*weiß*	*2,8*	*40 LJ*
Gamma (γ)	*blauweiß*	*2,9*	*183 LJ*
Iota (ι)	*optischer Doppelstern*	*5,3/9,4*	*132/– LJ*
NGC 6025	*offener Haufen*	*5,1*	*2500 LJ*

Beobachtungstipp

Nördlich des Sterns Beta an der Grenze zum Sternbild Winkelmaß liegt NGC 6025. Der offene Sternhaufen umfasst etwa 30 Sterne, von denen die hellsten im Fernglas zu sehen sind. Ideal ist jedoch ein kleines Teleskop, um NGC 6025 zu beobachten.

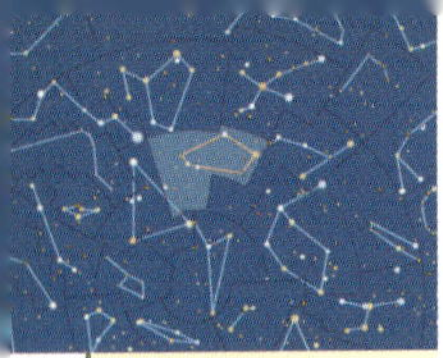

Tucana

Tukan – Tucanae – Tuc

Größe: 295 Quadratgrad (Rang 48); vollständig sichtbar von 15° Nord bis 90° Süd

Auf einen Blick *Der Tukan liegt in der Nähe des südlichen Himmelspols, daher ist er in Europa nicht zu sehen. Das auffälligste Objekt des Sternbilds ist die Kleine Magellansche Wolke.*

- ***In Mitteleuropa unsichtbar***
- ***Erreicht im September gegen Mitternacht seine höchste Position am Himmel***
- ***Kleine Magellansche Wolke: helle Begleitgalaxie unseres Milchstraßensystems***

Der Tukan ist in Mitteleuropa unbeobachtbar. Das Sternbild enthält keine wirklich hellen Sterne und besitzt eine unauffällige Figur. Es stellt einen in Südamerika heimischen Vogel mit großem Schnabel dar und wurde von den holländischen Seefahrern Pieter Dirkszoon Keyser und Frederick de Houtman erfunden. Höhepunkte des Tukans sind die Kleine Magellansche Wolke und der Kugelsternhaufen 47.

Gasnebel NGC 346

Galaxie „Kleine Magellansche Wolke“

Beobachtungstipp

Die Kleine Magellansche Wolke im Südteil des Sternbilds sieht wie ein Fetzen der Milchstraße aus. Sie ist bereits mit bloßem Auge nicht zu übersehen, ein Blick mit dem Fernglas lohnt sich, und ein Teleskop zeigt Objekte, die in dieser Begleitgalaxie unseres Milchstraßensystems liegen.

Sterne des Tukans

Name	*Beschreibung*	*Helligkeit*	*Entfernung*
Alpha (α)	*orangerot*	*2,9*	*199 LJ*
Beta-1, -2, -3 ($\beta^{1,2,3}$)	*optischer Dreifachstern*	*4,4/4,5/5,2*	*140/172/152 LJ*
Delta (δ)	*Doppelstern*	*4,5/8,9*	*267 LJ*
Kappa (κ)	*Doppelstern*	*5,1/7,3*	*67 LJ*

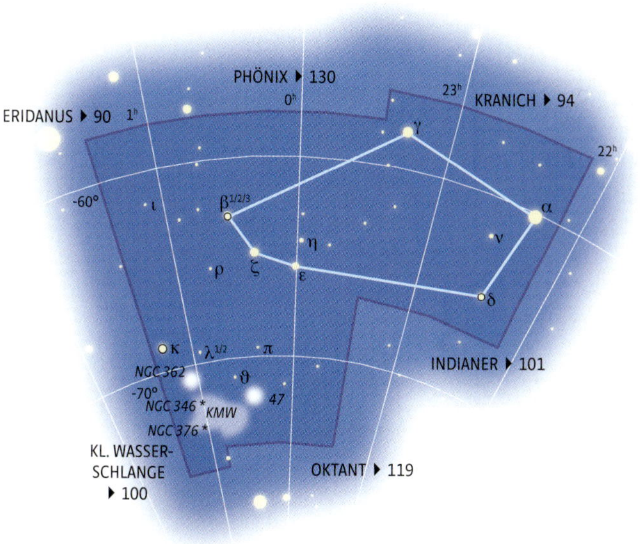

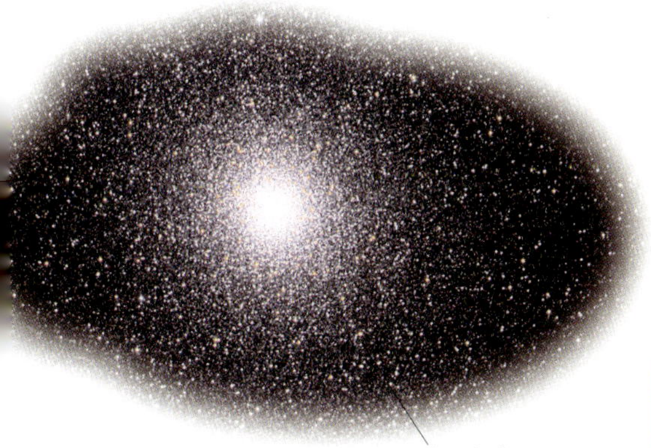

Kugelsternhaufen 47 Tucanae

Deep-Sky-Objekte des Tukans

Name	*Beschreibung*	*Helligkeit*	*Entfernung*
KMW	*Kleine Magellansche Wolke*	*2,5*	*200 000 LJ*
47	*Kugelsternhaufen*	*4,0*	*15 000 LJ*
NGC 346	*Gasnebel in KMW*	*7*	*200 000 LJ*
NGC 362	*Kugelsternhaufen*	*6,6*	*29 000 LJ*
NGC 376	*Kugelsternhaufen in KMW*	*10,5*	*200 000 LJ*

Beobachtungstipp

Dass er die Bezeichnung eines Sterns trägt, zeigt, wie hell er ist: Der Kugelhaufen 47 im Tukan ist bereits mit bloßem Auge zu sehen. Ein Blick auf ihn lohnt sich mit jedem Gerät. Etwas weiter östlich liegt der lichtschwächere, aber immer noch helle Kugelsternhaufen NGC 362.

Ursa Maior

Großer Bär – Ursae Maioris – UMa

Größe: 1280 Quadratgrad (Rang 3); vollständig sichtbar von 90° Nord bis 17° Süd

***Auf einen Blick** Der Große Bär ist das drittgrößte Sternbild des Himmels. Weite Teile des Großen Bären sind in Mitteleuropa das ganze Jahr über zu sehen, vor allem der Große Wagen.*

- ***Ganzjährig sichtbar in Mitteleuropa***
- ***Die sieben Sterne des Großen Wagens sind in Mitteleuropa zirkumpolar***
- ***Mizar/Alkor: einer der bekanntesten Doppelsterne, Alkor heißt auch „Reiterlein"***

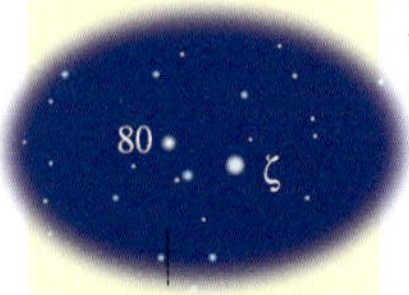

Doppelstern Alkor/Mizar

Der Große Bär ist ein ausgedehntes Sternbild mit vielen hellen Sternen. Er ist in Mitteleuropa von März bis Juli besonders gut zu sehen. In Europa sind die sieben hellsten Sterne der Figur auch als Großer Wagen bekannt, in Amerika als Große Schöpfkelle. Der Wagenkasten markiert den Rücken des Bären, die Deichsel den Schwanz und die vom Wagenkasten nach Süden ausgehenden Sterne die Beine des Bären. In der griechischen Mythologie handelt es sich bei dem Sternbild um die Nymphe Kallisto, die Zeus in eine Bärin verwandelte, um sie vor seiner Gattin Hera zu verbergen. In einer anderen Version verwandelte Hera aus Wut Kallisto in den Großen Bären.

Spiralgalaxie Messier 101

Spiralgalaxie Messier 81

Beobachtungstipp

Am Knick der Wagendeichsel steht der helle Stern Mizar. Dicht über ihm ist bereits mit dem bloßen Auge der Stern Alkor, das „Reiterlein", zu sehen. Im Teleskop sieht man, dass Mizar selbst doppelt ist. Alkor steht nur zufällig in derselben Blickrichtung mit den beiden anderen Sternen.

Sterne des Großen Bären

Name	Beschreibung	Helligkeit	Entfernung
Dubhe (α)	„Bär", gelborange	1,8	124 LJ
Merak (β)	„Lende", blauweiß	2,3	79 LJ
Phad (γ)	„Schenkel", blauweiß	2,4	84 LJ
Megrez (δ)	„Schwanzansatz", blauweiß	3,3	81 LJ
Alioth (ε)	„Schwanz", blauweiß	1,8	81 LJ
Mizar/Alkor (ζ/80)	Dreifachstern	2,3/3,9//4,0	78//81 LJ
Alkaid (η)	„Anführer"	1,9	101 LJ
Xi (ξ)	Doppelstern (gelb/gelb)	4,3/4,8	25 LJ

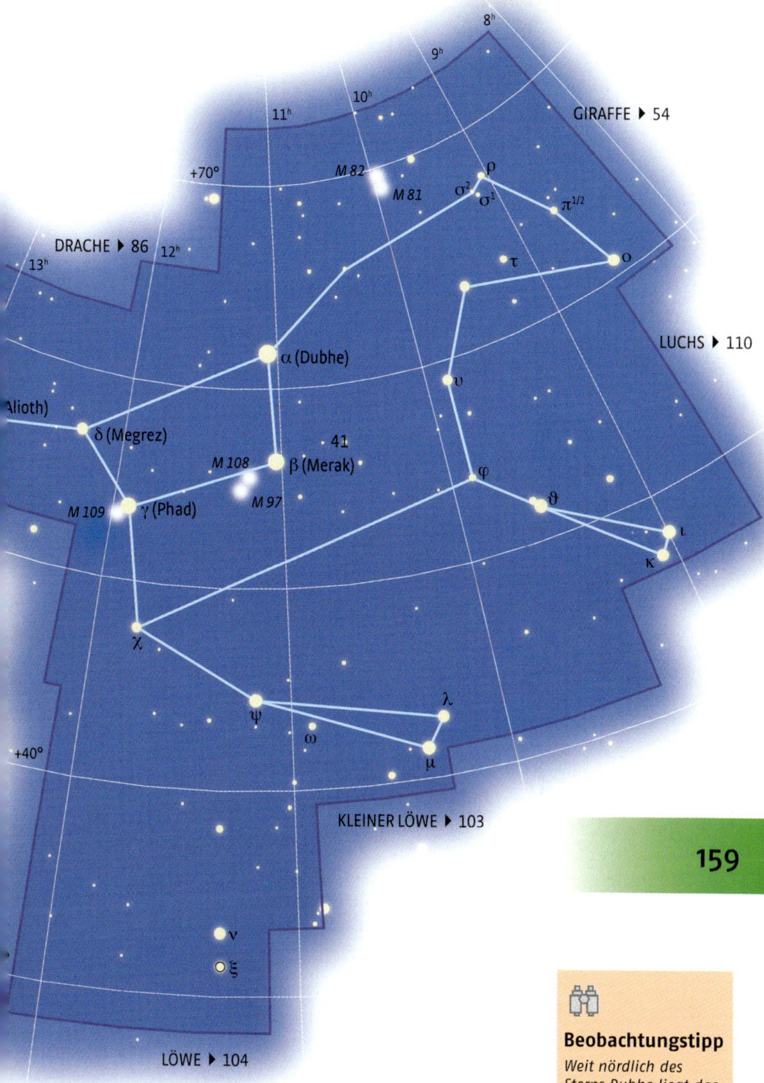

Deep-Sky-Objekte des Großen Bären

Name	Beschreibung	Helligkeit	Entfernung
M 81	Spiralgalaxie, Paar mit M 82	6,9	10 Mio. LJ
M 82	gestörte Spiralgalaxie	8,4	10 Mio. LJ
M 97	„Eulen-Nebel“, Plan. Nebel	11	1300 LJ
M 101	„Windrad“, Spiralgalaxie	7,7	23 Mio. LJ
M 108	Spiralgalaxie in Kantenlage	10,6	45 Mio. LJ
M 109	Balkenspiralgalaxie	9,8	55 Mio. LJ

Beobachtungstipp

Weit nördlich des Sterns Dubhe liegt das Paar M 81/M 82, das bereits mit kleinen Fernrohren zu sehen ist. Die beiden Galaxien zerren aufgrund ihrer gegenseitigen Schwerkraft aneinander, M 82 als die kleinere sieht daher ziemlich zerzaust aus. Spiralarme sind bei den beiden Galaxien mit kleinen Geräten nicht zu erkennen.

Ursa Minor

Kleiner Bär – Ursae Minoris – UMi

Größe: 256 Quadratgrad (Rang 56); vollständig sichtbar von 90° Nord bis 0° Süd

Auf einen Blick *Der Kleine Bär dreht sich um den nördlichen Himmelspol. Das Sternbild enthält nur drei hellere Sterne. Der Polarstern diente schon früh als Navigationshilfe.*

> ***Ganzjährig sichtbar in Europa***
> ***Heißt auch Kleiner Wagen***
> ***Polarstern: markiert den nördlichen Himmelspol***

Der Kleine Bär geht in Mitteleuropa nie unter. Da seine helleren Sterne in der Form eines Wagens angeordnet sind, heißt das Sternbild in Europa auch Kleiner Wagen. Nur der Polarstern am nördlichen Himmelspol und die hinteren beiden Kastensterne, Kochab und Pherkad, springen ins Auge. In der griechischen Mythologie handelt es sich bei dem Sternbild um Arkas, den gemeinsamen Sohn von Zeus und der Nymphe Kallisto. Zeus verwandelte Arkas in einen Bären, damit dieser auf der Jagd die ebenfalls in einen Bären verwandelte Kallisto nicht unwissentlich töten konnte.

Doppelstern Eta/19

Doppelstern Alpha
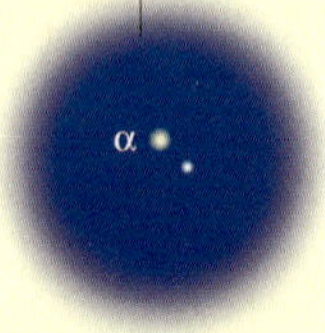

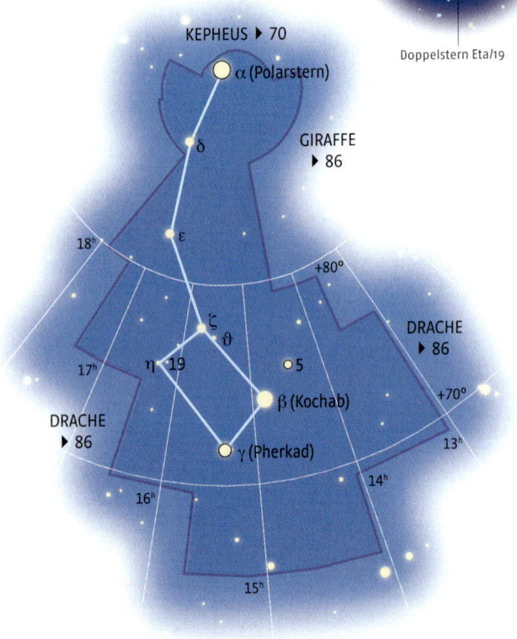

Beobachtungstipp

Zufällig steht am nördlichen Himmelspol ein recht heller Stern, der daher Polarstern genannt wird. Alle Sterne wandern im Lauf der Nacht scheinbar in Kreisen um ihn. Es handelt sich um einen Doppelstern, dessen Begleiter man bereits mit einem kleinen Teleskop erkennen kann.

Sterne und Deep-Sky-Objekte des Kleinen Bären

Name	*Beschreibung*	*Helligkeit*	*Entfernung*
Polarstern (α)	Doppelstern	2,0/8,2	431 LJ
Kochab (β)	orangerot	2,1	126 LJ
Pherkad (γ)	optischer Doppelstern mit 11	3,0/5,0	480/390 LJ
Epsilon (ε)	gelb	4,2	346 LJ
Eta (η)/19	optischer Doppelstern	5,0/5,5	97/665 LJ
5	Doppelstern	4,73/9,8	345 LJ

Volans

Fliegender Fisch – Volantis – Vol

Größe: 141 Quadratgrad (Rang 76); vollständig sichtbar 15° Nord bis 90° Süd

Der Fliegende Fisch ist ein Sternbild des Südhimmels. Er enthält keine hellen Sterne. Wie viele andere der kleinen Sternbilder des Südhimmels haben die holländischen Seefahrer Pieter Dirkszoon Keyser und Frederick de Houtman auch den Fliegenden Fisch erfunden.

Auf einen Blick *Der Fliegende Fisch liegt südlich des Schiffskiels und enthält nur recht lichtschwache Sterne. Immerhin ist seine Figur relativ eingängig.*

- ***In Mitteleuropa unsichtbar***
- ***Erreicht im Januar gegen Mitternacht seine höchste Position am Himmel***

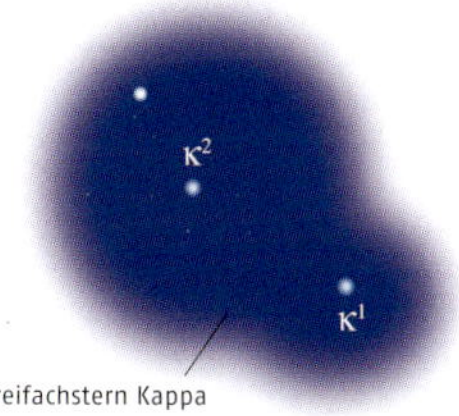

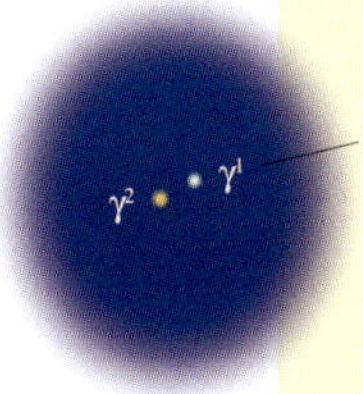

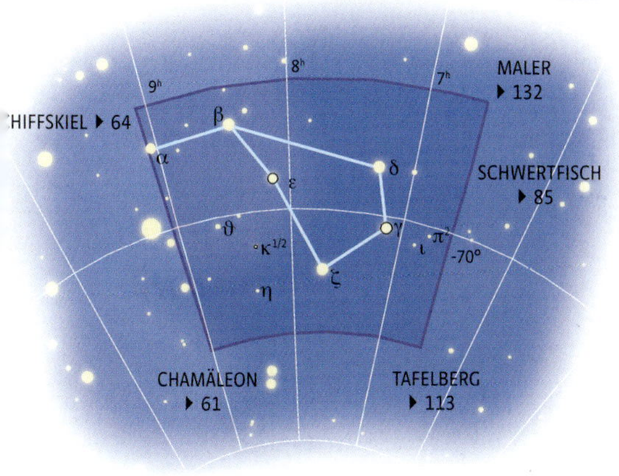

Sterne und Deep-Sky-Objekte des Fliegenden Fisches			
Name	***Beschreibung***	***Helligkeit***	***Entfernung***
Alpha (α)	*blauweiß*	4,0	124 LJ
Beta (β)	*orangerot*	3,8	108 LJ
Gamma (γ)	*Doppelstern*	3,9/5,8	142 LJ
Delta (δ)	*gelbweiß*	4,0	660 LJ
Epsilon (ε)	*Doppelstern*	4,4/7,5	642 LJ
Kappa (κ)	*Dreifachstern*	5,3/5,6/7,9	390 LJ

Beobachtungstipp

Der Doppelstern Gamma besteht aus einer gelben und einer weißgelben Komponente, die man mit einem kleinen Teleskop getrennt sehen kann. Der weiter östlich gelegene Dreifachstern Kappa ist bereits mit dem Fernglas erkennbar, spätestens mit dem Teleskop sieht man eine dritte Komponente.

Vela

Segel – Velorum – Vel

Größe: 500 Quadratgrad (Rang 32); vollständig sichtbar von 33° Nord bis 90° Süd

***Auf einen Blick** Das Segel liegt zwischen Zentaur, Schiffskiel und Hinterdeck, die ebenfalls viele helle Sterne enthalten. Zehn Sterne bilden die Figur des Sternbilds.*

- ***In Mitteleuropa unsichtbar***
- ***Erreicht im Februar gegen Mitternacht seine höchste Position am Himmel***
- ***„Falsches Kreuz": Sterne Delta und Kappa (Segel) mit Epsilon und Iota (Schiffskiel)***

Das Segel ist in Mitteleuropa nicht zu sehen, aber für den südlichen Mittelmeerraum steht es im Spätwinter und Frühjahr bereits vollständig über dem Südhorizont. In der griechischen Antike gehörte das Sternbild zum Schiff Argo, mit dem Jason und die Argonauten sich auf die Suche nach dem goldenen Vlies machten. Der französische Himmelskartograf Nicolas Louis de Lacaille teilte das riesige Schiff Argo im 18. Jahrhundert in Segel, Hinterdeck und Schiffskiel auf. Die Sterne Delta und Kappa im Segel sowie die Sterne Epsilon und Iota im Schiffskiel bilden das „falsche Kreuz", das manchmal mit dem Kreuz des Südens verwechselt wird.

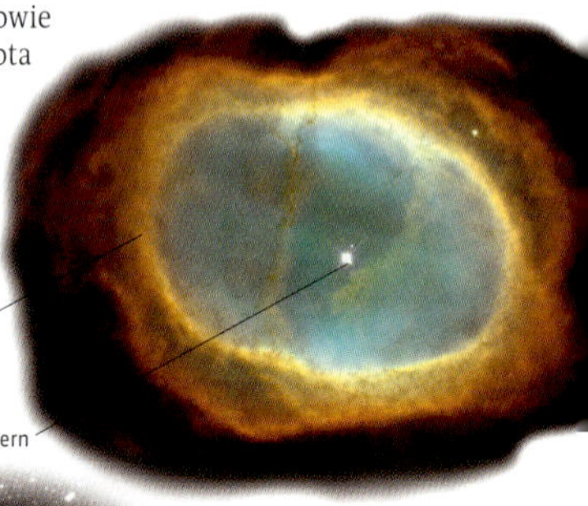

Planetarischer Nebel NGC 3132

Zentralstern

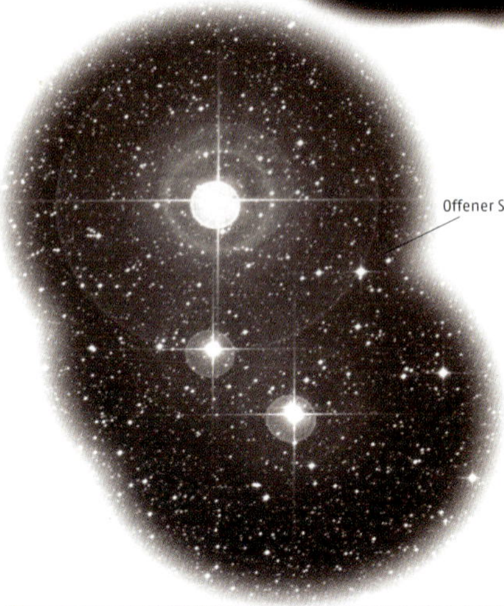

Offener Sternhaufen IC 2391

Beobachtungstipp

Nördlich des Sterns Delta liegt der helle offene Sternhaufen IC 2391. In ihm steht auch der mit bloßem Auge sichtbare Stern Omikron. Der Haufen hat den doppelten Durchmesser des Vollmondscheibchens und enthält etwa 30 Sterne. Er ist mit bloßem Auge zu sehen und bietet auch etwas fürs Fernglas.

Sterne des Segels

Name	*Beschreibung*	*Helligkeit*	*Entfernung*
Suhail al Muhlif (γ)	optischer Doppelstern	1,8/4,2	840/1600 LJ
Delta (δ)	Doppelstern	1,9/5,1	80 LJ
Kappa (κ)	blauweiß	2,5	539 LJ
Suhail al Wazn (λ)	orangerot	2,2	573 LJ
Mü (μ)	Doppelstern	2,9/5,9	116 LJ
x	Doppelstern	4,3/6,2	901 LJ

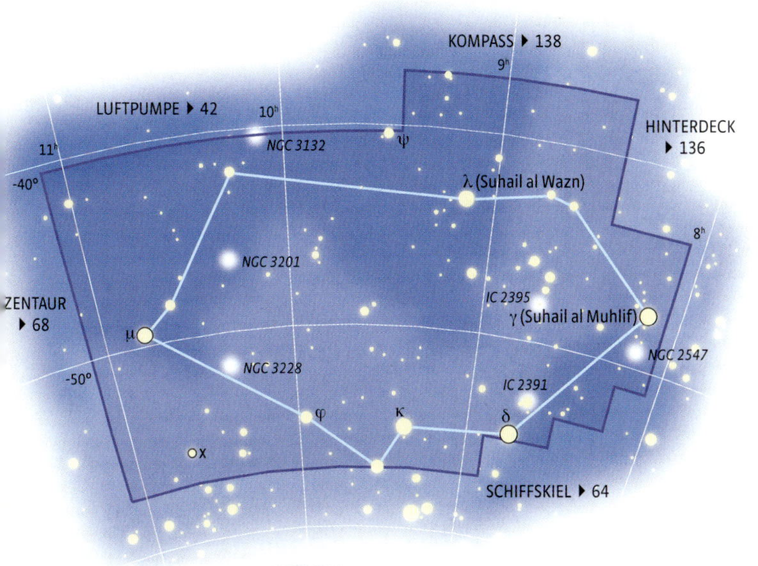

Offener Sternhaufen IC 2395

Deep-Sky-Objekte des Segels

Name	Beschreibung	Helligkeit	Entfernung
NGC 2547	offener Sternhaufen	4,7	1300 LJ
NGC 3132	„Eight-Burst-Nebel", Plan. Nebel	9,2	2600 LJ
NGC 3201	Kugelsternhaufen	6,8	17 000 LJ
NGC 3228	offener Sternhaufen	6,0	1600 LJ
IC 2391	offener Sternhaufen	2,5	500 LJ
IC 2395	offener Sternhaufen	4,6	3100 LJ

Beobachtungstipp

Östlich des Sterns Suhail al Muhlif findet man einen zweiten offenen Sternhaufen, der recht hell ist. Er trägt die Bezeichnung IC 2395 und enthält etwa 40 Sterne. Der hellste Stern steht jedoch wahrscheinlich im Vordergrund, gehört also nicht zu IC 2395.

Virgo

Jungfrau – Virginis – Vir

Größe: 1294 Quadratgrad (Rang 2); vollständig sichtbar von 67° Nord bis 75° Süd

Auf einen Blick *Die Jungfrau ist ein Tierkreissternbild, das zwischen Waage und Löwe liegt. Sie besteht aus einem sehr hellen Stern sowie einigen Sternen mittlerer Helligkeit.*

- ***Sichtbar Februar bis Juni***
- ***Zweitgrößtes Sternbild des Himmels***
- ***Heimat vieler Galaxien, die teils recht lichtschwach sind***

Die Jungfrau ist ein typisches Frühlingssternbild, das im April gegen Mitternacht seine höchste Stellung am Himmel erreicht. Der Hauptstern Spika bildet eine Ecke des Frühlingsdreiecks. In der Jungfrau liegen sehr viele Galaxien, die fast alle zum Virgo-Haufen gehören. Ansonsten ist das Sternbild zwar recht weitläufig, besitzt aber keine markante Figur. In der griechischen Mythologie gibt es verschiedene Deutungen. In einer stellt das Sternbild Persephone dar, die gemeinsame Tochter von Zeus und der Fruchtbarkeitsgöttin Demeter. Sie hält eine Kornähre (Spika) in ihrer Hand.

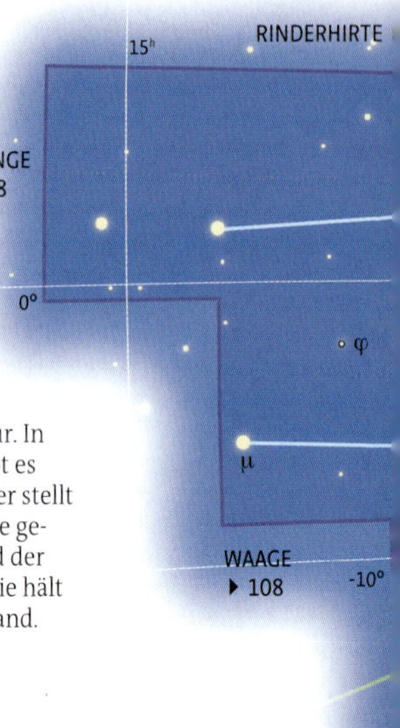

Elliptische Galaxie Messier 49

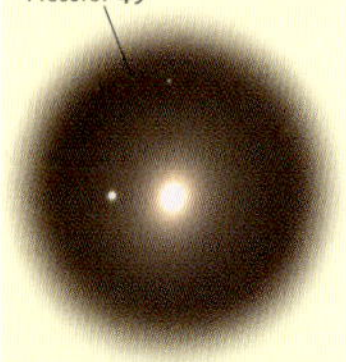

Spiralgalaxie Messier 104

Dunkles Staubband

Beobachtungstipp

Im nördlichen Teil des Sternbilds liegt die hellste Galaxie des Virgo-Haufens: M 49. Um diese elliptische Galaxie zu beobachten, muss man allerdings ein Teleskop benutzen. In ihm zeigt sich dann ein rundliches Nebelfleckchen.

Sterne der Jungfrau

Name	*Beschreibung*	*Helligkeit*	*Entfernung*
Spika (α)	„Kornähre", blauweiß	1,0	262 LJ
Zavija (β)	gelbweiß	3,6	36 LJ
Porrima (γ)	Doppelstern (weiß/weiß)	3,6/3,6	39 LJ
Delta (δ)	rot	3,4	202 LJ
Vindemiatrix (ε)	„Traubensammler"	2,8	102 LJ
Theta (ϑ)	enger Doppelstern	4,4/9,4	415 LJ
Phi (φ)	gelber Doppelstern	4,8/9,0	135 LJ

Deep-Sky-Objekte der Jungfrau			
Name	***Beschreibung***	***Helligkeit***	***Entfernung***
M 49	*Elliptische Galaxie*	*8,4*	*55 Mio. LJ*
M 58	*Balkenspiralgalaxie*	*9,8*	*55 Mio. LJ*
M 60	*Elliptische Galaxie*	*8,8*	*55 Mio. LJ*
M 84/M 86	*Zwei elliptische Galaxien*	*9,3/9*	*55 Mio. LJ*
M 87	*Elliptische Galaxie*	*9*	*55 Mio. LJ*
M 90	*Spiralgalaxie*	*9,5*	*55 Mio. LJ*
M 104	*„Sombrero-Galaxie", Spiralgalaxie*	*8,5*	*35 Mio. LJ*

Beobachtungstipp

An der Grenze zum Sternbild Rabe liegt die Sombrero-Galaxie, M 104. Ihren Namen bekam sie wegen des dunklen Staubbandes, das entlang ihres Äquators verläuft. Um das Staubband sehen zu können, muss man allerdings ein mittelgroßes Teleskop benutzen.

Vulpecula

Füchschen – Vulpeculae – Vul

Größe: 268 Quadratgrad (Rang 55); vollständig sichtbar von 90° Nord bis 61° Süd

Auf einen Blick *Das Füchschen ist ein unscheinbares Sternbild zwischen Schwan und Delfin, das nur lichtschwache Sterne enthält. Seine größte Höhe über dem Horizont erreicht es im Juli gegen Mitternacht.*

- **Sichtbar April bis Oktober**
- **Mit Sterngruppe in der Form eines Kleiderbügels**
- **Hantel-Nebel: heller Planetarischer Nebel, im Fernglas sichtbar**

Das Füchschen ist ein unscheinbares, aber relativ weitläufiges Sternbild südlich des Sterns Albireo im Schwan. Es ist in Mitteleuropa am abendlichen Sommer- und Herbsthimmel gut zu beobachten, enthält aber keine helleren Sterne. Berühmt ist es wegen des Hantel-Nebels, einem Planetarischen Nebel, der bereits mit dem Fernglas zu erkennen ist. Der polnische Astronom Johann Hevelius hat das Sternbild Ende des 17. Jahrhunderts als „Fuchs mit Gans" eingeführt. Heute zeugt nur noch der Eigenname des Sterns Alpha davon.

Planetarischer Nebel Messier 27

Beobachtungstipp

Südöstlich von Albireo im Schwan liegt in einem dichten Sternfeld der Planetarische Nebel M 27. Bereits kleine Geräte zeigen bei dem Hantel-Nebel genannten Objekt die längliche Form mit eingeschnürter Taille. In jedem Teleskop bietet M 27 einen schönen Anblick.

Sterne des Füchschens

Name	Beschreibung	Helligkeit	Entfernung
Anser (α)/8	„Gans", optischer Doppelstern	4,4/5,8	297/424 LJ
2	Doppelstern	5,5/9,2	1920 LJ

Deep-Sky-Objekte des Füchschens

Name	Beschreibung	Helligkeit	Entfernung
M 27	„Hantel-Nebel", Plan. Nebel	7,6	1000 LJ
Kleiderbügel	offener Sternhaufen	–	400 LJ
NGC 6882	offener Sternhaufen	6	3300 LJ
NGC 6940	offener Sternhaufen	6,3	2600 LJ

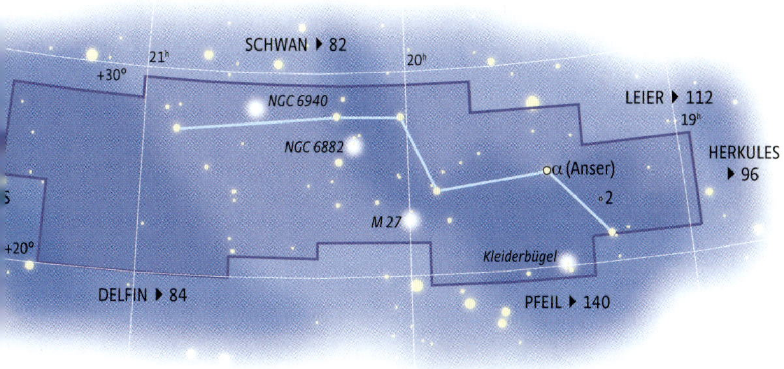

Offener Sternhaufen NGC 6882

Sternmuster „Kleiderbügel"

Beobachtungstipp

An der Grenze zum Sternbild Pfeil liegt ein offener Sternhaufen, dessen helle Mitgliedssterne in der Form eines Kleiderbügels angeordnet sind. Möglicherweise handelt es sich auch nur um eine Sterngruppe, deren Mitglieder verschieden weit entfernt stehen. Bereits der persische Astronom Al Sufi hat den Haufen 964 n. Chr. beschrieben.

Die Himmelskarten

Norden

***Wissenswertes** Der Polarstern steht zufällig sehr nahe beim nördlichen Himmelspol. Daher scheinen sich um ihn alle anderen Sterne im Lauf einer Nacht zu drehen. Der Polarstern gibt die Nordrichtung viel genauer an als ein Kompass.*

JANUAR

Hoch am Himmel funkelt die gelb leuchtende Kapella, der Hauptstern des Sternbildes Fuhrmann. Links davon sieht man den auf dem Kopf stehenden Perseus. Hoch im Nordosten steigt der Große Bär nach oben. Die sieben Sterne des Großen Wagens, ein Teil des Sternbilds Großer Bär, fallen sofort ins Auge. Die beiden hinteren Sterne des Wagenkastens weisen auf den Polarstern im Kleinen Bären. Links vom Polarstern steht das Himmels-W, die Kassiopeia, unter ihr der eher unauffällige Kepheus.

Horizontnah kann man bei freier Sicht gerade noch den Stern Deneb funkeln sehen.

Die Milchstraße steigt im Nordwesten steil nach oben bis in Zenitnähe. Am hellsten ist sie hier im Bereich Perseus und Kassiopeia.

Sternbild Giraffe

JANUAR

Hoch am Himmel im Südosten steht das Sternbild Zwillinge mit den beiden hellen Sternen Kastor und Pollux. Ein Stück unter ihnen prangt der Löwe mit seinen beiden hellen Sternen Regulus und Denebola. Links oberhalb von ihm liegt der Große Bär, der seine Tatzen in Richtung Löwe streckt. Zwischen Großem Bär und Löwe steht der Kleine Löwe, zwischen Großem Bär und Zwillingen der Luchs. Rechts von der Wagendeichsel sieht man das kleine Sternbild der Jagdhunde.

Horizontnah ist bereits ein Großteil des Sternbildes Rinderhirte zu sehen. Sein Hauptstern Arktur erfordert jedoch einen freien Blick zum Horizont. Im Südosten steigt die Wasserschlange empor.

Die Milchstraße ist vor allem noch in den Zwillingen zu sehen.

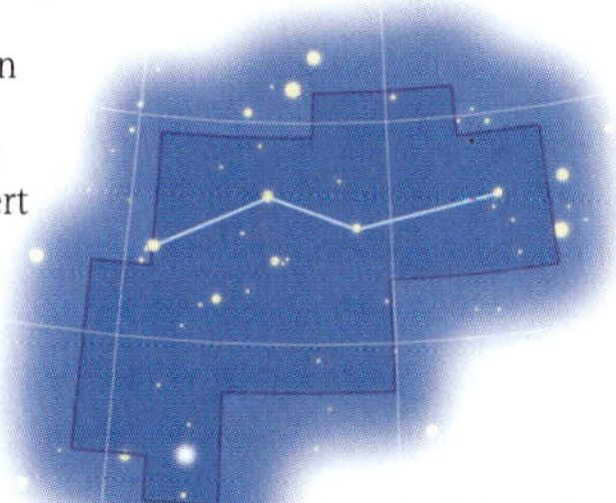

Sternbild Kleiner Löwe

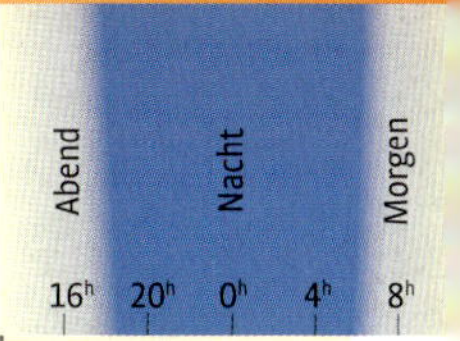

Sonnenzeiten

Auf- und Untergang

1. Jan	*8.19 – 16.29*
10. Jan	*8.16 – 16.39*
20. Jan	*8.08 – 16.54*
31. Jan	*7.55 – 17.12*

Nachtstunden

1. Jan	*17.48 – 6.59*
10. Jan	*17.57 – 6.58*
20. Jan	*18.10 – 6.52*
31. Jan	*18.26 – 6.41*

Zeitangaben in MEZ

Fernglastipp *Im Sternbild Zwillinge entdeckt man am rechten Ende der oberen Sternenkette den offenen Sternhaufen M 35, unter guten Bedingungen sogar schon mit bloßem Auge. Der Sternhaufen nimmt fast dieselbe Himmelsfläche ein wie der Vollmond.*

JANUAR

Hoch am Himmel stehen die Wintersternbilder Fuhrmann, Zwillinge, Kleiner Hund, Orion und Stier. In ihnen gibt es viele helle Sterne, etwa Kapella im Fuhrmann, Kastor und Pollux in den Zwillingen, den rötlichen Aldebaran im Stier oder Prokyon im Kleinen Hund. Der Orion besteht aus einer ganzen Armada an hellen Sternen, von denen der bläuliche Rigel und die rötliche Beteigeuze am hellsten strahlen.

Horizontnah steht der Große Hund nun in seiner günstigsten Position. Sein Hauptstern Sirius ist der hellste Stern des Nachthimmels.

Die Milchstraße verläuft vom Großen Hund durch die Wintersternbilder bis zum Perseus, der bereits weit im Südwesten steht.

Sternbild Großer Hund

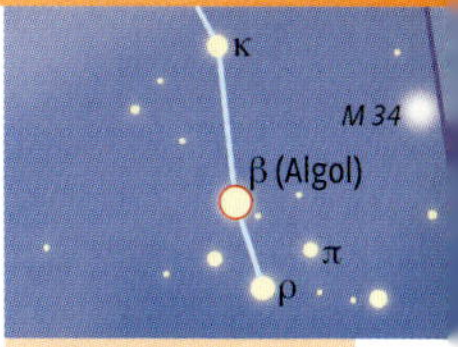

Der Teufelsstern *Im Sternbild Perseus befindet sich Algol, der Teufelsstern. Alle 2,7 Tage wird er für einige Stunden schwächer und erreicht anschließend wieder seine ursprüngliche Helligkeit. Bei Algol bedecken sich zwei Sterne gegenseitig, die wir nicht getrennt sehen können.*

JANUAR

Hoch am Himmel ist der Stern Kapella im Fuhrmann nicht zu übersehen. An dieses Sternbild schließt sich nach unten der Stier an. Rechts davon liegen Perseus und Kassiopeia. Im Perseus befindet sich der bemerkenswerte Stern Algol (siehe Kasten rechts). Durch die Tierkreissternbilder Stier, Widder und Fische wandern die Planeten. Oben links stehen in Zenitnähe die Zwillinge, darunter die markante Figur des Orion.

Horizontnah liegen die letzten Herbststernbilder: Andromeda, Dreieck und Widder. Vom Pegasus ist dagegen nur noch ein Teil seines Quadrats zu sehen.

Die Milchstraße erstreckt sich hoch vom Südwesten bis in mittlere Höhen im Nordwesten.

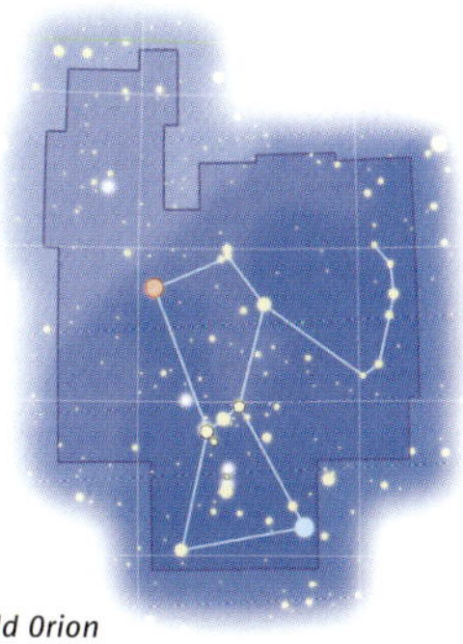

Sternbild Orion

Norden

Wissenswertes Fünf Planeten sind bereits mit bloßem Auge zu sehen. Sie heißen Merkur, Venus, Mars, Jupiter und Saturn. Man erkennt sie an ihrer Bewegung im Lauf von Tagen oder Wochen vor dem Hintergrund der Sternbilder sowie an ihrem sehr ruhigen Leuchten.

FEBRUAR

Hoch am Himmel ist der Große Bär in seiner ganzen Pracht zu sehen, der Große Wagen steht nun auf dem Kopf. Auch der Luchs hat inzwischen seine höchste Position am Himmel erreicht. Da sich Großer Bär und Kassiopeia wie Gegengewichte verhalten, die sich um den Polarstern drehen, steht das Himmels-W nun schon recht tief. Dafür ist der Drache, der rechts vom Kleinen Bären liegt, nun gut zu sehen. Sein trapezförmiger Kopf hängt nach unten.
Horizontnah funkelt der helle Stern Wega. Der Kepheus hat ebenfalls seine tiefste Stellung fast erreicht. Tief im Nordwesten ist noch die obere Hälfte der Andromeda zu sehen.
Die Milchstraße verläuft durch die Sternbilder Fuhrmann, Perseus, Kassiopeia und Kepheus.

Sternbild Kleiner Bär

FEBRUAR

Hoch am Himmel beherrschen Großer Bär und Löwe die Szenerie. Regulus, der Hauptstern des Löwen, leuchtet bläulich, ebenso Denebola, der zweithellste Stern des Sternbilds. Der Löwe besteht aus einem großen Trapez, an dem ein kleines Trapez ansetzt. Zwischen Löwe und Großer Bär findet man die beiden kleinen Sternbilder Jagdhunde und Haar der Berenike.

Horizontnah sind mit dem Rinderhirten und der Jungfrau die beiden anderen prägenden Sternbilder des Frühjahrs bereits aufgetaucht. Arktur, der Hauptstern des Rinderhirten, leuchtet rötlich, Spika blauweiß. Sie ist der Hauptstern der Jungfrau. Unterhalb des Rinderhirten findet man das kleine, halbkreisförmige Sternbild Nördliche Krone.

Die Milchstraße ist in dieser Himmelsrichtung nicht zu sehen.

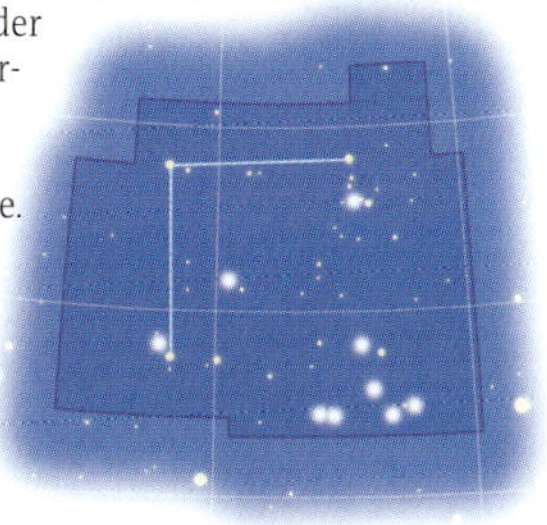

Sternbild Haar der Berenike

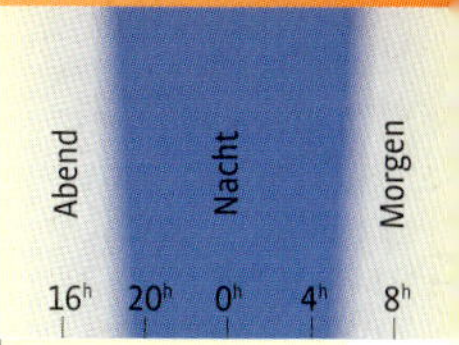

Sonnenzeiten

Auf- und Untergang

1. Feb	*7.54 – 17.14*
10. Feb	*7.40 – 17.29*
20. Feb	*7.22 – 17.46*
28. Feb	*7.06 – 18.00*

Nachtstunden

1. Feb	*18.28 – 6.40*
10. Feb	*18.41 – 6.28*
20. Feb	*18.57 – 6.11*
28. Feb	*19.10 – 5.56*

Zeitangaben in MEZ

Süden

***Fernglastipp** Mitten in der Y-förmigen Figur des Krebses stößt man auf den offenen Sternhaufen Praesepe, auch „Krippe" genannt. Er ist bereits mit dem bloßen Auge zu sehen, falls der Mond nicht am Himmel stört. Im Fernglas nimmt die Praesepe eine viel größere Fläche als der Vollmond ein.*

FEBRUAR

Hoch am Himmel stehen die unscheinbaren Sternbilder Kleiner Löwe und Luchs, auch die Tatzen des Großen Bären sind zu sehen. Richtung Südwesten stößt man auf die Wintersternbilder Fuhrmann, Zwillinge, Kleiner Hund und Orion. Zwischen Löwe und Zwillingen befindet sich der Krebs, der nur aus lichtschwachen Sternen besteht. Am meisten fällt in ihm der Sternhaufen Praesepe auf. **Horizontnah** steht ganz links das trapezförmige Sternbild Rabe. Die Wasserschlange fällt vor allem wegen ihres Hauptsterns Alphard auf. Ganz rechts findet man schließlich den Großen Hund mit dem funkelnden Sirius. **Die Milchstraße** verläuft vom Südpunkt steil nach oben durch die Wintersternbilder. Sie ist nicht besonders hell.

Sternbild Hinterdeck

FEBRUAR

Hoch am Himmel stehen die unauffälligen Sternbilder Krebs und Luchs. Unter ihnen findet man die Wintersternbilder Kleiner Hund, Zwillinge und Fuhrmann mit ihren hellen Sternen Kastor, Pollux und Kapella. Rechts von der Kapella stehen die schwache Giraffe und darunter der Perseus.

Horizontnah ist ganz links Sirius zu sehen. Der Orion mit seinen sieben hellen Sternen steht weiter rechts und neigt sich ebenfalls bereits dem Untergang entgegen. Der Stier mit seinem rötlichen Hauptstern Aldebaran ist gerade noch vollständig zu sehen. Widder und Andromeda, ganz rechts, gehen dagegen bereits unter.

Die Milchstraße verläuft waagrecht durch die Winter- und Herbststernbilder.

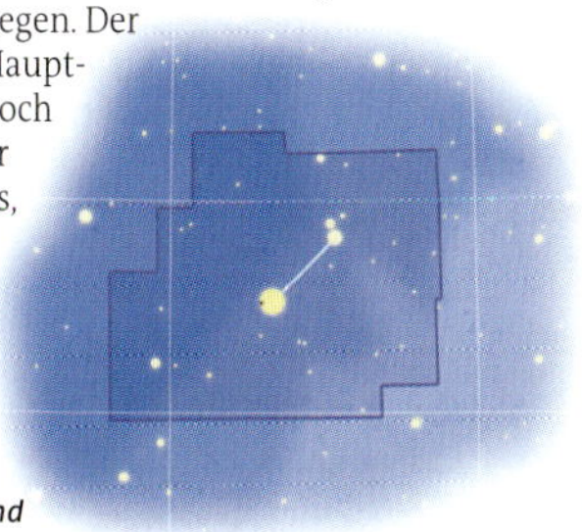

Sternbild Kleiner Hund

Goldenes Tor *Im Stier zwischen den Sternhaufen der Plejaden und der Hyaden verläuft die Bahn von Sonne, Mond und Planeten. Wandert eines der Mitglieder des Sonnensystems zwischen den beiden Sternhaufen hindurch, sagt man, dass es „im goldenen Tor der Ekliptik" steht.*

Wissenswertes *Die drei hellsten Sterne des Himmels stehen auf der südlichen Himmelshalbkugel. Nur Sirius, der hellste von ihnen, ist von Mitteleuropa aus zu sehen. Kanopus und Toliman (auch Rigil Kentaurus genannt) bleiben uns immer verborgen.*

MÄRZ

Hoch am Himmel steht der Große Bär mit den sieben hellen Sternen, die den Großen Wagen bilden. Der Knick der Wagendeichsel weist auf den Polarstern, zu dem man gelangt, wenn man den Abstand der hinteren beiden Sterne des Wagenkastens um das Fünffache nach unten verlängert. Zwischen Großem und Kleinem Bären windet sich der Drache. Ganz im Nordosten stehen die Frühlingssternbilder Rinderhirte und Herkules.

Horizontnah funkeln im Nordosten Deneb im Schwan und Wega in der Leier als Vorboten des Sommers. Die Kassiopeia hat nun fast ihre geringste Höhe über dem Horizont erreicht. Die W-förmige Anordnung ihrer Sterne bleibt aber auffällig.

Die Milchstraße verläuft von links oben nach rechts unten. Wegen ihrer Horizontnähe ist sie schlecht zu sehen.

Sternbild Großer Bär

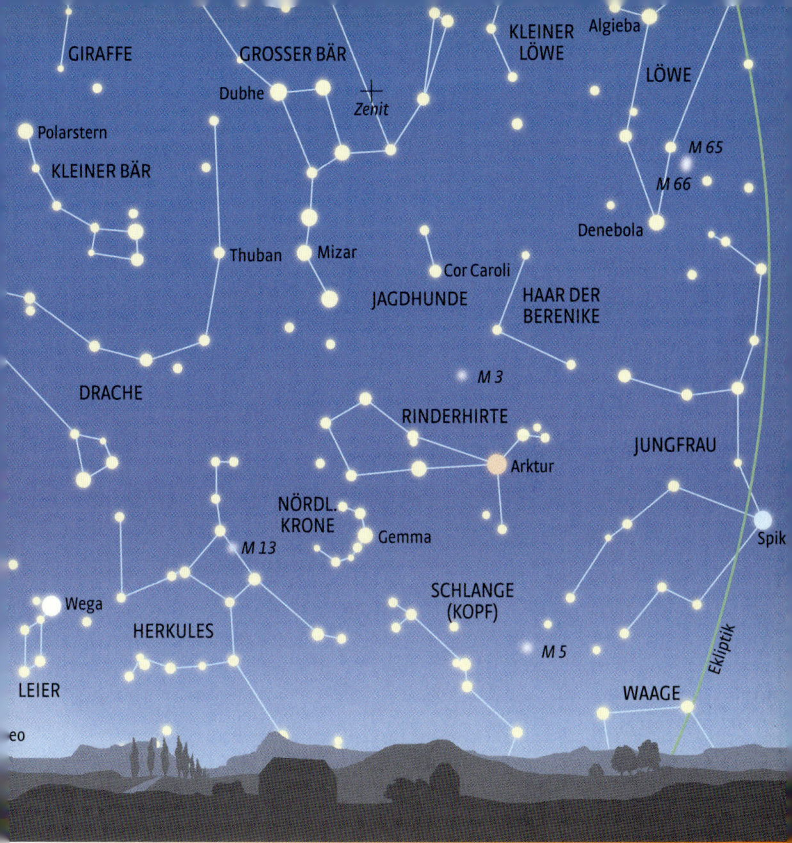

Osten

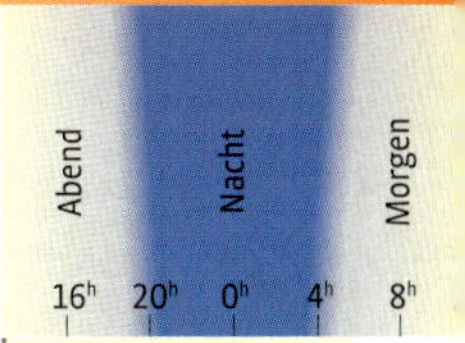

MÄRZ

Hoch am Himmel steht der Große Bär. Folgt man dem Bogen seines Schwanzes (der Wagendeichsel), so trifft man auf den rötlich funkelnden Arktur, der Hauptstern des Rinderhirten. Der Rinderhirte liegt waagerecht am Himmel und zeigt mit seiner Spitze zum Drachenkopf. Rechts oben liegt der Löwe mit seinen hellen Sternen Regulus und Denebola, darunter steigt die Jungfrau mit der blauweiß funkelnden Spika empor.

Horizontnah sind weitere Frühlingssternbilder zu beobachten. Unter dem Rinderhirten liegt der kleine Halbkreis der Nördlichen Krone mit dem Hauptstern Gemma. Links von ihr ist der Herkules bereits vollständig aufgegangen, unter ihr der Kopf der Schlange. Im Nordosten funkelt Wega in der Leier.

Die Milchstraße ist nur zu einem kleinen Teil ganz links unten zu sehen.

Sternbild Rinderhirte

Sonnenzeiten

Auf- und Untergang

1. Mrz	*7.04 – 18.02*
10. Mrz	*6.45 –18.16*
20. Mrz	*6.23 – 18.32*
31. Mrz	*5.59 – 18.50*

Nachtstunden

1. Mrz	*19.11 – 5.54*
10. Mrz	*19.26 – 5.35*
20. Mrz	*19.43 – 5.13*
31. Mrz	*20.02 – 4.48*

Zeitangaben in MEZ

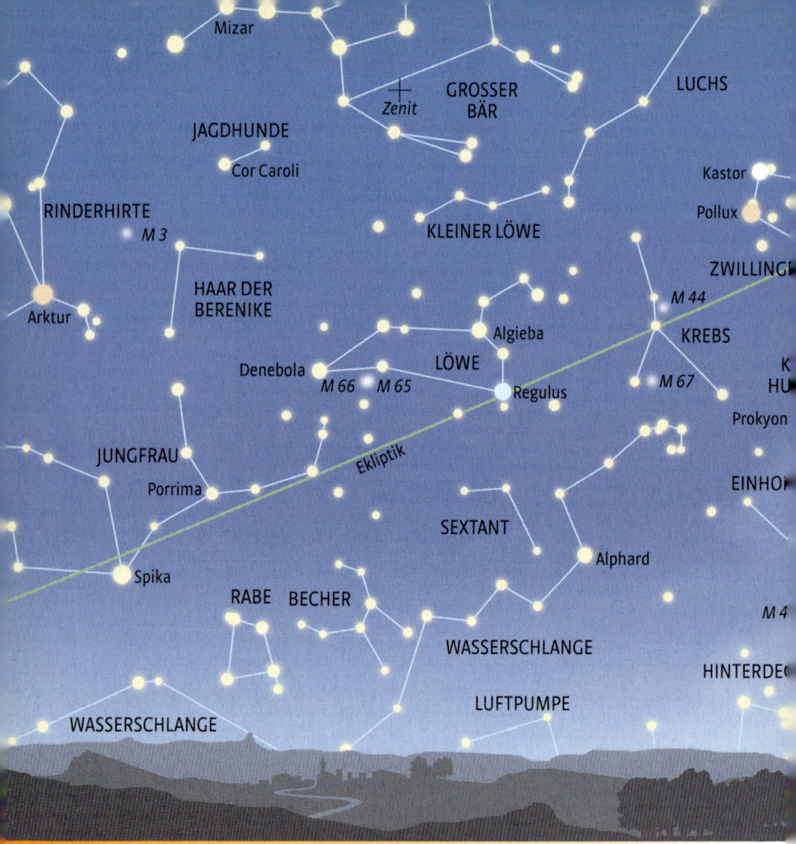

Fernglastipp *Unterhalb des großen Löwen-Trapezes liegen die beiden Galaxien M 65 und M 66. Es sind zwei weit entfernte Milchstraßensysteme, von denen wir nur das Gesamtlicht ihrer zig Millionen Einzelsterne als zwei kleine Nebelfleckchen sehen können.*

MÄRZ

Hoch am Himmel steht der Große Bär, zu dessen Füßen drei kleine Sternbilder zu finden sind. Unter dem Schwanz sind dies die beiden Sterne der Jaghunde sowie, noch tiefer, das Haar der Berenike. Unter den Hintertatzen des Bären stößt man auf den Kleinen Löwen, bevor man auf den Löwen trifft. Links neben dem Großen Bären steht der Rinderhirte, dessen Figur an einen Kinderdrachen erinnert. Durch Jungfrau, Löwe, Krebs und Zwillinge wandern die Planeten.

Horizontnah windet sich die Wasserschlange, deren Hauptstern Alphard am auffälligsten ist. Über ihr liegen die kleinen Sternbilder Rabe, Becher und Sextant.

Die Milchstraße steigt rechts steil nach oben, ist in diesem Bereich aber nicht so auffällig.

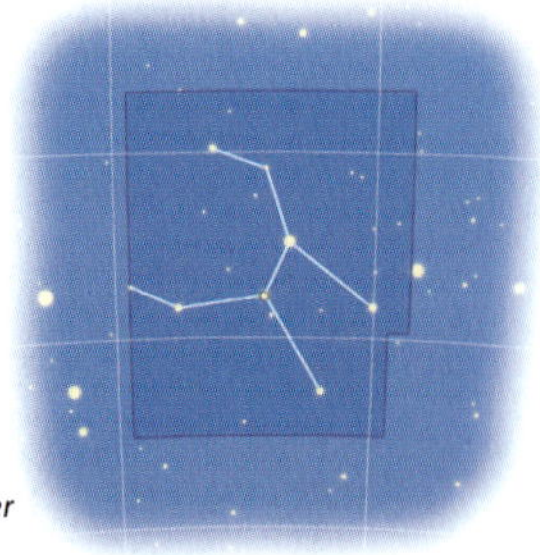

Sternbild Becher

MÄRZ

Hoch am Himmel ist das unscheinbare Sternbild Luchs unter den Vordertatzen des Großen Bären zu sehen. Links oben steht der Löwe mit seinen beiden markanten Trapezen, die nahtlos ineinander übergehen. Der Luchs und der links unterhalb von ihm liegende Krebs markieren die Grenze zwischen Frühlings- und Wintersternbildern. Kleiner Hund, Zwillinge, Fuhrmann und Perseus kann man noch gut beobachten.

Horizontnah stehen noch Teile der Wintersternbilder Orion und Stier. Vor allem die rötliche Beteigeuze, der linke Schulterstern der Orion-Figur, sticht ins Auge.

Die Milchstraße verläuft parallel zum Horizont.

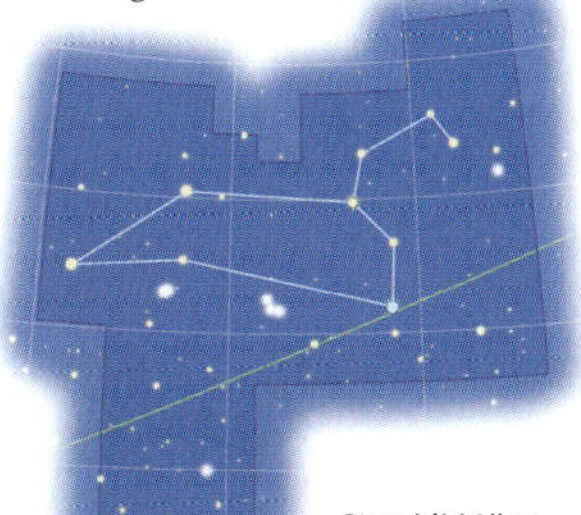

Sternbild Löwe

***Abendstern** Während der Dämmerung im Frühling sind die beiden Planeten Merkur und Venus oft besonders günstig am Abendhimmel zu sehen. Die Venus erscheint heller als alle Sterne und wird Abendstern genannt, wenn sie abends im Westen steht.*

APRIL

Hoch am Himmel macht sich der Große Bär bei seiner jährlichen Wanderung um den Polarstern nun wieder langsam auf den Weg nach unten. Das Sternbild Kleiner Bär, das auch als Kleiner Wagen bezeichnet wird, balanciert auf seinem Schwanz. Zwischen Großem und Kleinem Bär windet sich der Drache, der seinen trapezförmigen Kopf dem Herkules entgegenreckt.

Horizontnah rahmen zwei helle Sterne das Geschehen ein: links Kapella, der Hauptstern des Fuhrmanns, und rechts Deneb, der Hauptstern des Schwans. Zwischen ihnen liegen die unauffällige Giraffe, die W-förmige Kassiopeia und das Fünfeck des Kepheus.

Die Milchstraße verläuft horizontnah und ist nur noch schlecht zu beobachten.

Wissenswertes *Manchmal scheinen helle Sterne wild zu flackern und ihre Farbe zu ändern, besonders wenn sie nur knapp über dem Horizont stehen. Tatsächlich flackern aber nicht die Sterne, sondern man sieht die Wirkung der unruhigen Erdatmosphäre. Die gleiche Ursache hat das Flimmern der Luft über einer heißen Straße im Sommer.*

Sternbild Drache

APRIL

Hoch am Himmel liegt das Sternbild Rinderhirte mit seinem Hauptstern Arktur. Arktur ist der hellste Stern der nördlichen Himmelshalbkugel. Oberhalb des Rinderhirten entdeckt man neben dem Schwanz des Großen Bären die Jagdhunde und das Haar der Berenike. Unterhalb des Rinderhirten liegt die kleine, aber auffällige Nördliche Krone. An sie schließt sich der Herkules an, ein großes Sternbild, das zusammen mit dem Rinderhirten nun den Anblick des Osthimmels bestimmt.

Horizontnah sind Schwan und Leier nun vollständig zu sehen. Sie künden den nahenden Sommer an. Rechts von ihnen ist inzwischen ein Großteil des Schlangenträgers und der Schlange aufgegangen. Und auch Antares, der Hauptstern des Skorpions, lugt bereits über den Horizont.

Die Milchstraße verläuft annähernd parallel zum Horizont.

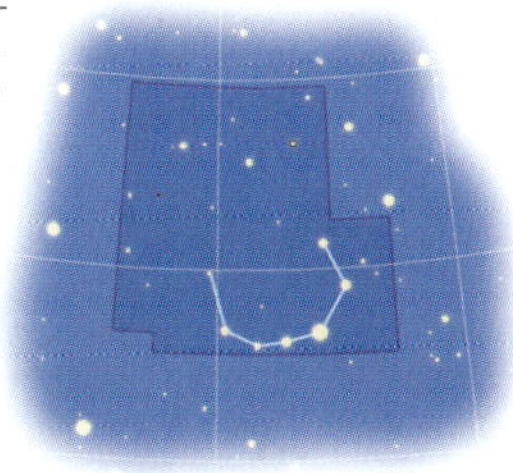

Sternbild Nördliche Krone

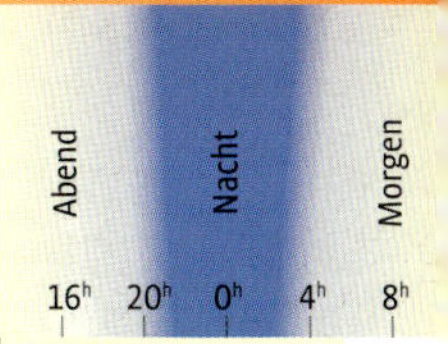

Sonnenzeiten

Auf- und Untergang

1. Apr	*5.57 – 18.51*
10. Apr	*5.38 – 19.06*
20. Apr	*5.18 – 19.21*
30. Apr	*4.59 – 19.37*

Nachtstunden

1. Apr	*20.04 – 4.45*
10. Apr	*20.20 – 4.24*
20. Apr	*20.40 – 4.00*
30. Apr	*21.00 – 3.36*

Zeitangaben in MEZ

__Fernglastipp__ Zwischen den Figuren der Sternbilder Jagdhunde und Rinderhirte liegt der Kugelsternhaufen M 3, der bereits mit einem Fernglas zu erkennen ist. Allerdings zeigt erst ein Teleskop bei höherer Vergrößerung die wahre Pracht seiner zig tausend Einzelsterne.

APRIL

Hoch am Himmel prangt das Frühlingsdreieck, das die Sterne Arktur, Spika und Regulus bilden. Es ist kein Sternbild, sondern eine markante Figur, die an Frühlingsabenden gut am Himmel zu sehen ist. Bei den drei Eckpunkten handelt es sich um die Hauptsterne von drei verschiedenen Sternbildern: Arktur gehört zum Rinderhirte, Regulus zum Löwen und Spika zur Jungfrau.
Horizontnah steht links die Waage, ein unscheinbares Sternbild mit eher lichtschwachen Sternen. Auch der Rabe, der fast genau im Süden steht, besitzt eher lichtschwache Sterne, aber dank der markanten, trapezförmigen Form ist er doch leicht zu finden. Rechts von ihm liegt der Becher.
Die Milchstraße steht so nah am Horizont, dass sie faktisch nicht zu sehen ist.

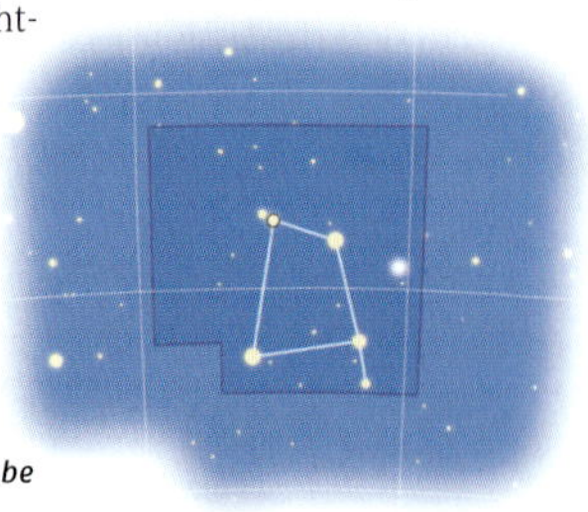

Sternbild Rabe

APRIL

Hoch am Himmel prangt unübersehbar der Große Bär. Das markante Sternbild nimmt einen großen Teil des Westhimmels ein. Links unterhalb stößt man auf den Löwen mit dem hellen Regulus. Die kleinen Sternbilder Jagdhunde, Haar der Berenike, Kleiner Löwe und Luchs vervollständigen den Anblick.

Horizontnah stehen der Kopf der Wasserschlange, das Y-förmige Sternbild Krebs, die Zwillinge mit den hellen Sternen Kastor und Pollux sowie der Fuhrmann mit seinem Hauptstern Kapella. Die scheinbaren Planetenbahnen verlaufen durch Jungfrau, Löwe, Krebs und Zwillinge. Knapp über dem Horizont funkelt Prokyon, der hellste Stern im kleinen Hund.

Die Milchstraße liegt tief am Horizont und steigt Richtung Norden etwas in die Höhe.

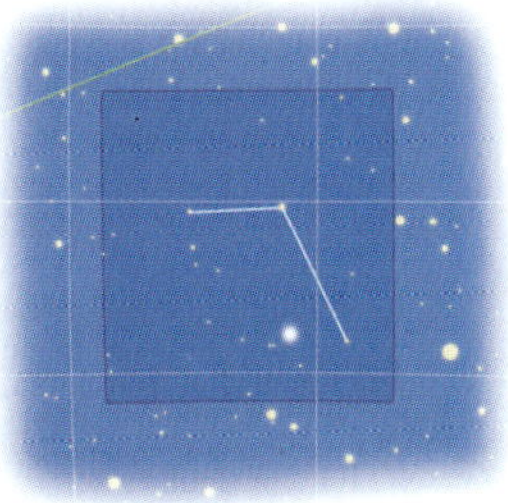

Sternbild Sextant

Mondsichel *Kurz nach Neumond steht der Mond am Himmel noch recht nahe bei der Sonne. Daher kann man ihn im Frühjahr, wenn er aus geometrischen Gründen nach Sonnenuntergang trotzdem noch recht hoch am Himmel steht, besonders gut als schmale Mondsichel über dem Westhorizont sehen.*

Wissenswertes *Rund 6000 Sterne kann man im Lauf eines Jahres am gesamten Himmel mit bloßem Auge sehen. Die Grenze ist fließend, da sie von der Qualität der Nacht, der geografischen Breite und der Erfahrung des Beobachters abhängt.*

MAI

Hoch am Himmel steht das Sternbild Drache, dessen Figur im Sterngewimmel nicht so leicht auszumachen ist. Als Ausgangspunkt kann der markante trapezförmige Drachenkopf dienen. Rechts des Drachen leuchten Wega in der Leier und Deneb im Schwan, unter ihm der eher unauffällige Kepheus. Links vom Drachen sinkt der Große Bär seiner tiefsten Stellung entgegen. Ihm geht der Luchs voraus.

Horizontnah ist Kapella, der Hauptstern des Fuhrmanns, gerade noch zu sehen. Die Kassiopeia hat nun ihre tiefste Stellung hinter sich gelassen. Ganz rechts steigt das lichtschwache Sternbild Eidechse empor.

Die Milchstraße schwingt sich links vom Horizont nach rechts oben in große Höhen.

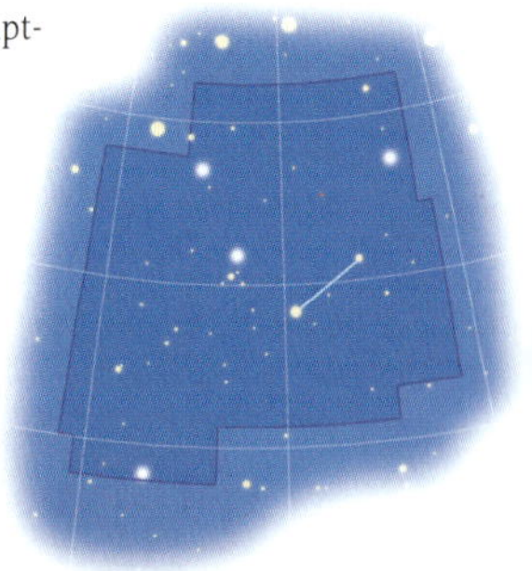

Sternbild Jagdhunde

MAI

Hoch am Himmel hat der Rinderhirte seine größte Höhe über dem Horizont erreicht. Nördliche Krone und Herkules folgen ihm; Schlangenträger und Schlange sind nun endlich vollständig aufgegangen. Die blauweiße Wega sticht sofort ins Auge. Sie ist der Hauptstern der Leier, einem kleinen rautenförmigen Sternbild aus vier durchschnittlich hellen Sternen. Links unterhalb der Leier fliegt der Schwan über den Himmel. Sein Hauptstern Deneb bildet die Schwanzfedern, Albireo am rechten Ende den Kopf.
Horizontnah ist der Adler mit seinem hellen Stern Atair weitgehend zu sehen. Links von ihm liegen die kleinen Sternbilder Füchschen, Pfeil und Delfin.
Die Milchstraße erstreckt sich parallel zum Horizont. Sie weist im Schwan eine deutliche Zweiteilung auf.

Sternbild Herkules

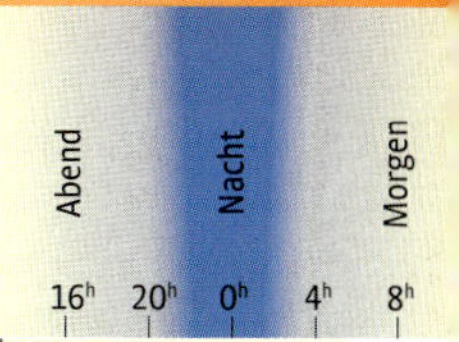

Sonnenzeiten
Auf- und Untergang

1. Mai	*4.57 – 19.38*
10. Mai	*4.42 – 19.52*
20. Mai	*4.28 –20.06*
31. Mai	*4.17 – 20.19*

Nachtstunden

1. Mai	*21.02 – 3.34*
10. Mai	*21.21 – 3.13*
20. Mai	*21.42 – 2.53*
31. Mai	*22.02 – 2.34*

Zeitangaben in MEZ

Süden

***Fernglastipp** Rechts des Hauptsterns der Schlange kann man den Kugelsternhaufen M 5 bereits mit einem Fernglas ausfindig machen. Er gehört zu den hellsten Kugelsternhaufen des Nordhimmels und zeigt schon in kleinen Teleskopen Einzelsterne.*

MAI

Hoch am Himmel stehen die Frühlingssternbilder Herkules, Nördliche Krone und Rinderhirte. Links des Herkules steht die Leier mit ihrem hellen Hauptstern Wega. Die Schlange reckt ihren Kopf zwischen Herkules und Rinderhirte in Richtung der Nördlichen Krone.

Horizontnah liegen die Sternbilder Schlangenträger, Skorpion, Waage und Jungfrau. Durch alle wandern die Planeten, obwohl der Schlangenträger nicht zu den zwölf Tierkreissternbildern gehört. Der rötlich funkelnde Antares im Skorpion ist nicht zu übersehen. Vom Skorpion können Mitteleuropäer nur den vorderen Teil sehen, die ganze Pracht des Sternbilds bleibt südlicheren Gefilden vorbehalten. Ganz rechts geht der Rabe bald unter.

Die Milchstraße verläuft steil von links oben zum Horizont.

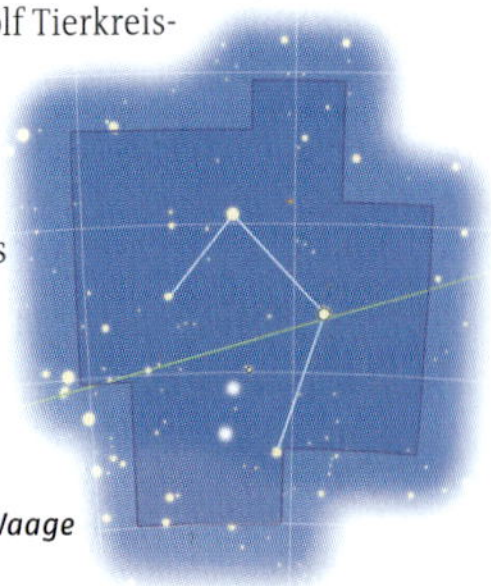

Sternbild Waage

MAI

Hoch am Himmel steht der Große Bär mit den sieben auffälligen Sternen des Großen Wagens. Der Bär streckt seine Tatzen dem Horizont entgegen. Sein Schwanz zeigt auf Arktur, den hellsten Stern des Sternbilds Rinderhirte, das links vom Großen Bären steht. Unterhalb des Rinderhirte ist die Jungfrau zu sehen.

Horizontnah nähert sich der Löwe seinem Untergang. Sein Körper – das große Trapez mit den Sternen Regulus und Denebola am vorderen beziehungsweise hinteren Ende – ist nicht zu übersehen. Die Planetenbahnen am Himmel verlaufen durch die Sternbilder Jungfrau, Löwe, Krebs und Zwillinge. Vom Krebs und von den Zwillingen sind nur noch Teile zu sehen. Bei den Zwillingen vor allem die hellen Sterne Kastor und Pollux.

Die Milchstraße ist in dieser Himmelsrichtung so gut wie nicht erkennbar.

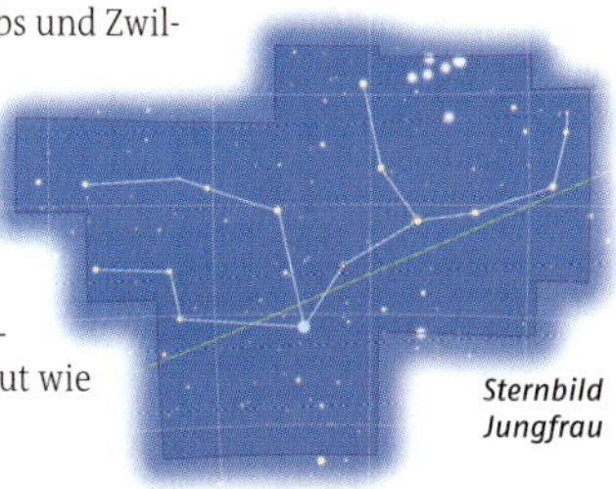

Sternbild Jungfrau

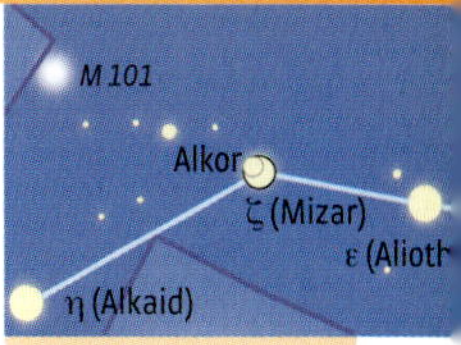

Das Reiterlein *Auf dem Knick der Wagendeichsel im Sternbild Großer Bär kann man einen zweiten Stern mit bloßem Auge erkennen. Es handelt sich um Alkor, auch Reiterlein genannt, der hier zufällig in derselben Richtung wie der hellere Stern Mizar am Himmel steht. Mizar und Alkor gelten als Augenprüfer.*

Norden

Wissenswertes *Im Juni und Juli sinkt die Sonne in weiten Teilen Mitteleuropas nicht mehr so tief unter den Horizont, dass es völlig dunkel wird. Die so genannten weißen Nächte treten nördlich einer Linie Straßburg–Passau auf.*

JUNI

Hoch am Himmel steht das große Sternbild Drache, darunter der Kleine Bär. Rechts von ihnen trifft man auf die beiden unauffälligeren Sternbilder Kepheus und Eidechse sowie – darüber – auf die hellen Sternbilder Schwan und Leier.

Links vom Kleinen Bären steht der Große Bär mit der Figur des Großen Wagens. Verlängert man den Abstand der hinteren beiden Kastensterne um das Fünffache, trifft man auf den Polarstern.

Horizontnah ist das Himmels-W, die Kassiopeia, zu sehen. Sie steigt nun wieder nach oben. Rechts unterhalb von der Kassiopeia funkeln die Sterne der Andromeda.

Die Milchstraße verläuft vom Nordpunkt steil nach oben in Richtung Osthimmel.

Sternbild Kepheus

JUNI

Hoch am Himmel, in der Nähe des Zenits, liegen Drache und Herkules. Darunter ist das Sommerdreieck zu sehen, das die Hauptsterne der Leier, des Schwans und des Adlers bilden: Wega, Deneb und Atair. Diese Figur gehört in der sommerlichen Abenddämmerung zu den ersten Sternen, die sichtbar werden. Der Schwan fliegt mit ausgebreiteten Schwingen von links nach rechts durch die Milchstraße. Etwas links unterhalb des Adlers trifft man das kleine, markante Sternbild Delfin.

Horizontnah sind die Andromeda und große Teile des Pegasus aufgegangen. Sie gehören zu den Herbststernbildern.

Die Milchstraße verläuft parallel zum Horizont durch die Sternbilder Kassiopeia, Kepheus, Schwan, Leier und Adler.

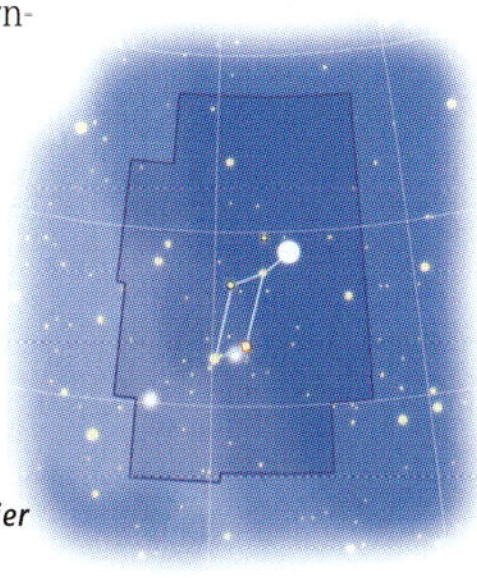

Sternbild Leier

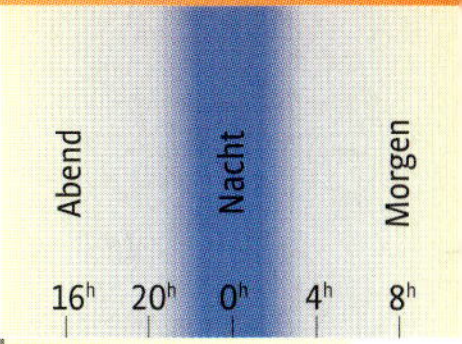

Sonnenzeiten

Auf- und Untergang

1. Jun	*4.16 – 20.20*
10. Jun	*4.11 – 20.28*
20. Jun	*4.10 – 20.33*
30. Jun	*4.14 – 20.33*

Nachtstunden

1. Jun	*22.04 – 2.33*
10. Jun	*22.16 – 2.23*
20. Jun	*22.23 – 2.20*
30. Jun	*22.21 – 2.25*

Zeitangaben in MEZ

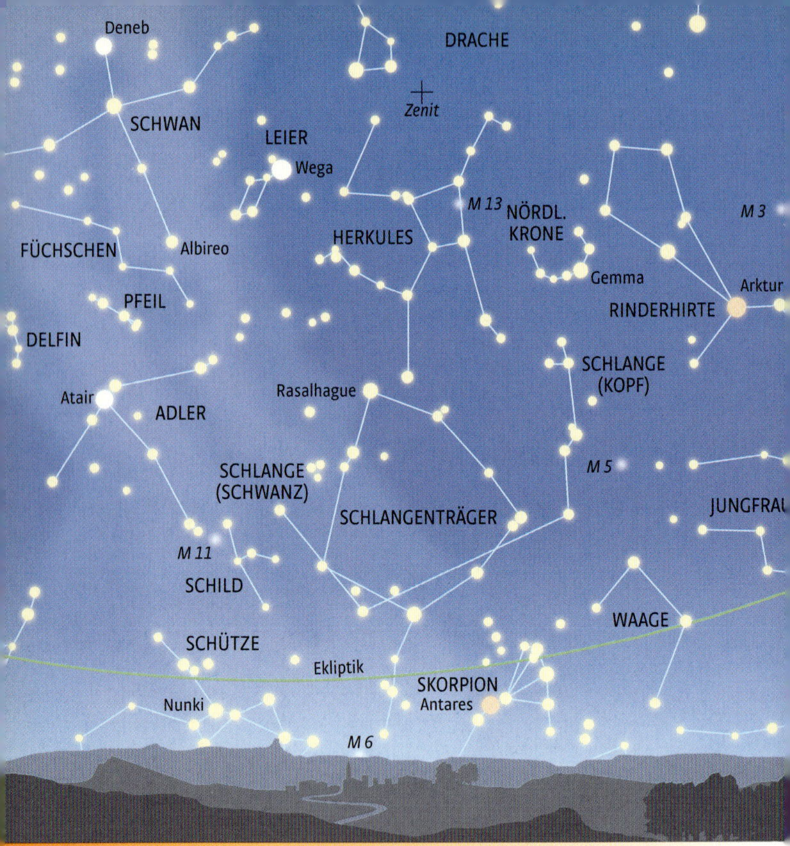

Fernglastipp *Im Trapez des Herkules steht M 13, der problemlos mit einem Fernglas zu sehen ist. Er gilt als das Prunkstück unter den Kugelsternhaufen der nördlichen Himmelshalbkugel. Im Fernrohr zeigt er ein Gewimmel aus unzähligen Sternen.*

JUNI

Hoch am Himmel beherrschen noch die Frühlingssternbilder die Szenerie. Der Herkules hat seine höchste Stellung eingenommen und reicht bis zum Zenit. Im Trapez seines Körpers steht der Kugelsternhaufen M 13 (siehe Kasten „Fernglastipp"). Links vom Herkules streben die Sommersternbilder Schwan und Leier ihren höchsten Positionen am Nachthimmel entgegen. Rechts des Herkules liegen Nördliche Krone und Rinderhirte. Unterhalb des Herkules haben Schlangenträger und Schlange ihre höchste Position erreicht. Ihnen folgt der Adler mit dem hellen Stern Atair.

Horizontnah sind nun die Sternbilder Schütze, Skorpion und Waage zu finden. Am auffälligsten ist der rötlich funkelnde Antares im Skorpion.

Die Milchstraße verläuft von den Sommersternbildern links oben bis zum Südpunkt, wo der Skorpion steht.

Sternbild Schild

JUNI

Hoch am Himmel stehen Herkules und Drache, darunter die Nördliche Krone, in deren halbkreisförmiger Sternkette Gemma am meisten auffällt. Zur Rechten des Rinderhirten, zu dem der rötlich leuchtende Arktur gehört, steht der Große Bär, darunter die beiden kleinen Sternbilder Jagdhunde und das Haar der Berenike.

Horizontnah geht das Frühlingsdreieck aus Arktur im Rinderhirte, Spika in der Jungfrau und Regulus im Löwen seinem Untergang entgegen. Regulus ist bereits verschwunden. Auch die bläulich funkelnde Spika steht schon tief im Südwesten. Über dem Sternbild Löwe ist noch der Kleine Löwe zu sehen, der nur schwächere Sterne enthält.

Die Milchstraße ist nicht zu sehen.

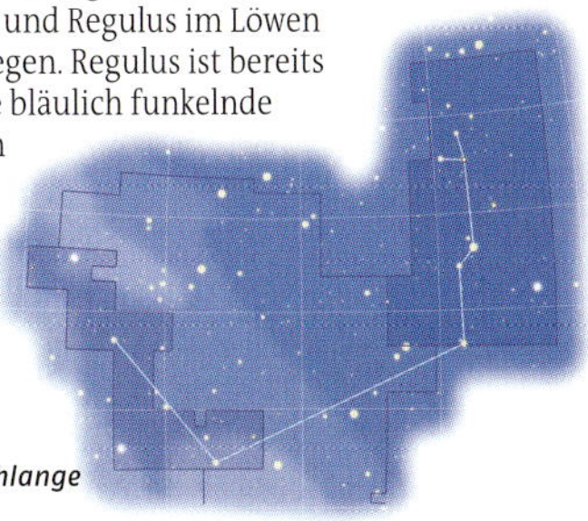

Sternbild Schlange

Satelliten *In der sommerlichen Abenddämmerung kann man oft Lichtpunkte beobachten, die über den Himmel wandern, um dann plötzlich zu verschwinden. Dabei handelt es sich um Satelliten, die von der Sonne beschienen werden. Der hellste dieser Lichtpunkte ist die Internationale Raumstation ISS.*

Norden

JULI

Hoch am Himmel verlässt der Drache nun langsam wieder seine ideale Position und beginnt im Nordwesten Richtung Horizont zu sinken. Der Kleine Bär dreht sich wie ein Uhrzeiger um seinen hellsten Stern am Ende des Schwanzes, den Polarstern. Rechts des Polarsterns steigen die Kassiopeia und der Kepheus in die Höhe.
Horizontnah ist links der Große Bär zu sehen. Seine Tatzen berühren fast den Horizont. Rechts von ihm steht das weitläufige, aber wenig auffällige Sternbild Giraffe, das an den Perseus grenzt. Zum Perseus gehören zwei hellere Sterne: Mirfak (auch Algenib genannt) und Algol.
Die Milchstraße erhebt sich im Nordosten Richtung Zenit. Sie verläuft durch die Sternbilder Perseus, Kassiopeia, Kepheus, Eidechse und Schwan.

Sternbild Eidechse

***Wissenswertes** Kurz nach seinem Aufgang sieht der Mond deutlich größer aus, als wenn er hoch am Himmel steht. Dabei handelt es sich jedoch um eine optische Täuschung, der wahre Monddurchmesser verändert sich nicht, wie man beispielsweise beim Blick durch ein Fernglas oder Teleskop feststellen kann.*

JULI

Hoch am Himmel haben die Sommersternbilder Leier, Schwan und Adler ihre dominierende Position eingenommen. Zwischen Schwan und Adler liegen die kleinen Sternbilder Füchschen und Pfeil, knapp darunter der Delfin. Links von Deneb, dem Hauptstern des Schwans, trifft man auf das Fünfeck des Kepheus. **Horizontnah** beherrschen die Sternkette der Andromeda und das Pegasus-Quadrat die Szenerie. Am rechten Ende des Pegasus, wo der Kopf des geflügelten Pferdes liegt, steht das unscheinbare Sternbild Füllen. Unterhalb von Andromeda und Pegasus stößt man schließlich auf das Dreieck und den Widder, auf Teile der Fische sowie auf einen Großteil des Wassermanns. **Die Milchstraße** verläuft von Perseus und Kassiopeia im Nordosten bis zum Adler im Südosten.

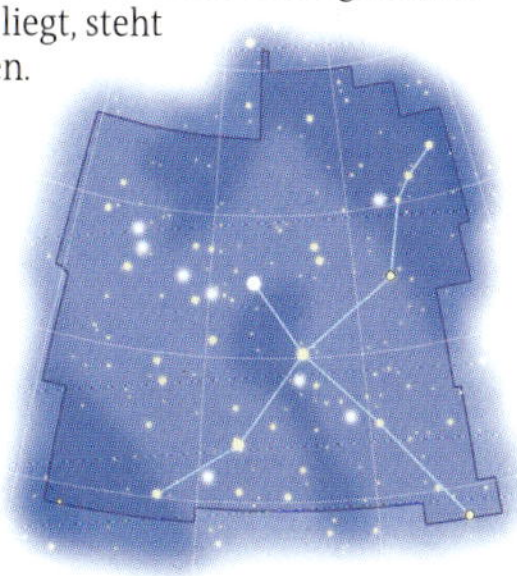

Sternbild Schwan

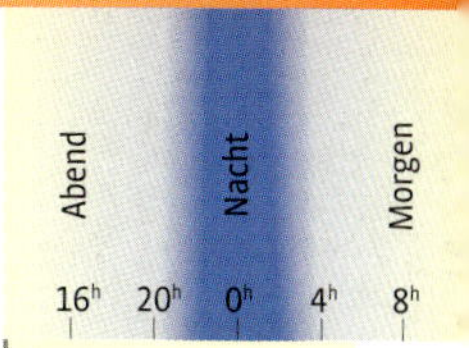

Sonnenzeiten
Auf- und Untergang

1. Jul	*4.15 – 20.32*
10. Jul	*4.22 – 20.28*
20. Jul	*4.33 – 20.19*
31. Jul	*4.47 – 20.04*

Nachtstunden

1. Jul	*22.21 – 2.26*
10. Jul	*22.12 – 2.38*
20. Jul	*21.56 – 2.55*
31. Jul	*21.34 – 3.17*

Zeitangaben in MEZ

Süden

Fernglastipp *Südlich des Adlers liegt der prächtige offene Sternhaufen M 11, der auch als „Wildente" bezeichnet wird. Bereits ein Fernglas zeigt in dem diffusen Wölkchen einzelne Sterne, ein kleines Teleskop löst ihn komplett auf.*

JULI

Hoch am Himmel leuchten unübersehbar die Sterne des Sommerdreiecks: Wega, Deneb und Atair. Die blauweiße Wega ist der Hauptstern der Leier, Deneb der bläuliche Hauptstern des Schwans und Atair der weiße Hauptstern des Adlers. Ungefähr in der „Mitte" des Sommerdreiecks, im Schwerpunkt, liegt der Kopfstern des Schwans, Albireo. Zur Rechten der Leier sieht man das Sternbild Herkules sowie die Nördliche Krone, darunter stehen die beiden weitläufigen Sternbilder Schlangenträger und Schlange.

Horizontnah entdeckt man Steinbock, Schütze und Skorpion. Der Schütze hat nun seine größte Höhe über dem Horizont erreicht.

Die Milchstraße verläuft vom Zenit bis zum Südpunkt. Die Sommermilchstraße ist nun optimal zu sehen, besonders ihre Zweiteilung im Schwan.

Sternbild Füchschen

JULI

Hoch am Himmel funkelt die blauweiße Wega im Sternbild Leier. Das Sternbild hat die Form einer Raute. Unter ihm liegt der Herkules fast auf der Seite. Sein hellster Stern links unten steht nahe beim hellsten Stern des Schlangenträgers, der ganz links zu sehen ist. Richtung Norden schließen sich an den Herkules die Sternbilder Drache und Kleiner Bär an.

Horizontnah gehen die Sternbilder Waage und Jungfrau gerade unter. Nördliche Krone und Rinderhirte behaupten sich noch. Rechts des Rinderhirten wandert der Große Bär seiner tiefsten Position am Himmel entgegen. Der Rinderhirte treibt die Jagdhunde und das Haar der Berenike vor sich her.

Die Milchstraße ist nur links und jenseits des Zenits zu sehen.

Sternbild Schlangenträger

Nachtleuchtende Wolken *Während der Sommermonate kann man Richtung Norden leuchtende, zerfaserte Wolken am Dämmerungshimmel sehen. Diese extrem hoch liegenden Eiskristallwolken sind besonders gut in Norddeutschland zu beobachten.*

Wissenswertes Der August gilt als der Sternschnuppenmonat schlechthin. Jedes Jahr zwischen dem 10. und 14. leuchten besonders viele Sternschnuppen am Himmel auf. Sie scheinen aus dem Sternbild Perseus zu kommen.

AUGUST

Hoch am Himmel steht die fünfeckige Figur des Kepheus. In seiner Nachbarschaft liegen mit Wega in der Leier, Deneb im Schwan und der Kassiopeia mehrere helle Sterne, weshalb er nicht so sehr auffällt. Links des Kepheus steht der Kopf des Drachen, ganz rechts steigt Andromeda steil nach oben. Unter der Andromeda ist der Perseus zu finden.

Horizontnah hat der Große Bär seine Tatzen unter den Horizont getaucht. Die Figur des Großen Wagens ist aber noch immer gut zu sehen. Weiter rechts erhebt sich das Sechseck des Fuhrmanns. Sein funkelnder Hauptstern Kapella ist bereits gut zu erkennen.

Die Milchstraße erhebt sich im Nordosten vom Horizont bis in den Zenit.

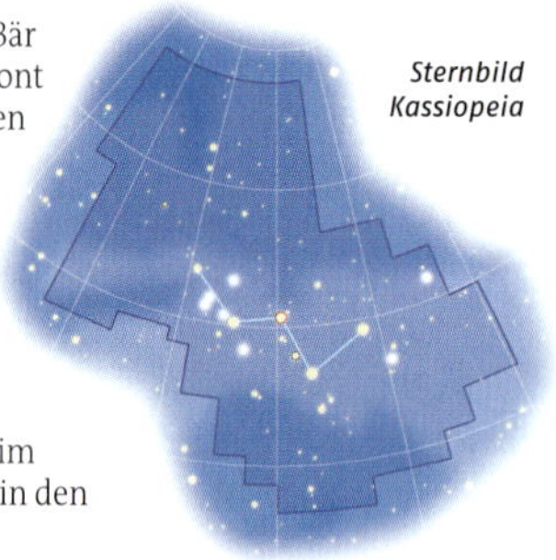

Sternbild Kassiopeia

AUGUST

Hoch am Himmel steht der Kepheus mit seiner fünfeckigen Figur. Unter ihm befindet sich die Kassiopeia, deren Form an den Buchstaben W erinnert. Die beiden großen Sternbilder Andromeda und Pegasus dominieren den Osthimmel. Der rechte Stern der Andromeda-Kette, Sirrah genannt, bildet gleichzeitig eine Ecke des Pegasus-Quadrats. Folgt man dem Schwung der Andromeda-Kette nach links, stößt man auf Mirfak im Perseus.

Horizontnah sind die Fische und Teile des Walfischs aufgegangen. Die kleinen Sternbilder Dreieck und Widder vervollständigen die Szenerie.

Die Milchstraße steigt von Norden her kommend steil nach oben bis in den Zenit. Ihre am höchsten stehenden Partien sind auch die hellsten.

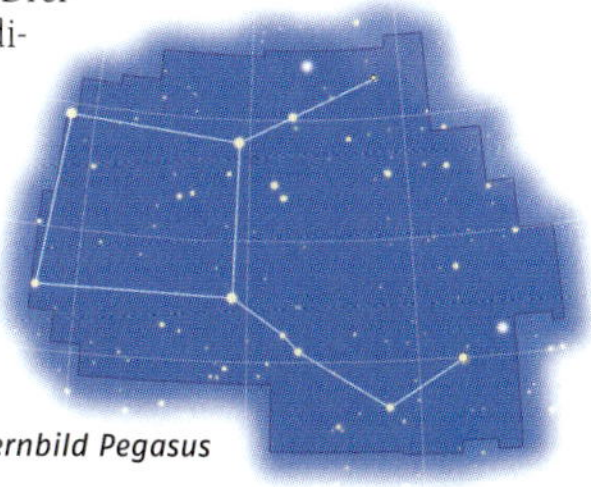

Sternbild Pegasus

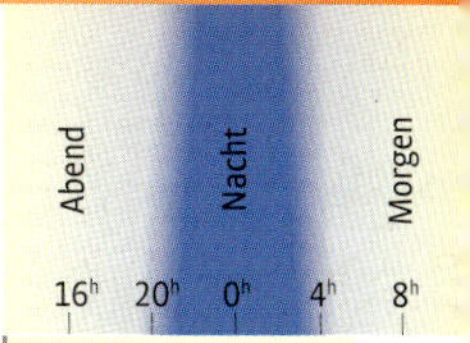

Sonnenzeiten

Auf- und Untergang

1. Aug	*4.49 – 20.03*
10. Aug	*5.02 – 19.48*
20. Aug	*5.17 – 19.29*
31. Aug	*5.33 – 19.07*

Nachtstunden

1. Aug	*21.32 – 3.19*
10. Aug	*21.12 – 3.37*
20. Aug	*20.48 – 3.57*
31. Aug	*20.21 – 4.18*

Zeitangaben in MEZ

Fernglastipp *Südlich des Sterns Albireo im Schwan steht das Sternbild Füchschen, in dem einige Sterne wie ein Kleiderbügel angeordnet sind. Den Kleiderbügel sieht man am besten mit einem Fernglas. Ob die Sterne tatsächlich zusammengehören, ist unklar.*

AUGUST

Hoch am Himmel leuchten noch immer Wega in der Leier und Deneb im Schwan. Atair im Adler vervollständigt das Sommerdreieck. Links von diesen Sommersternbildern stehen die Herbststernbilder, allen voran der Pegasus.

Horizontnah trifft man auf Wassermann, Steinbock und Schütze, der allerdings bereits im Untergehen begriffen ist. Durch diese drei Sternbilder verlaufen auch die Planetenbahnen. Südlich des Wassermanns funkelt ein einsamer Stern: Fomalhaut, der Hauptstern des Südlichen Fisches. Seine anderen Sterne sind nur unter guten Bedingungen zu erkennen.

Die Milchstraße verläuft vom Zenit durch die Sommersternbilder bis zum Schützen am Horizont im Südwesten. Ihre Zweiteilung im Schwan ist relativ leicht erkennbar.

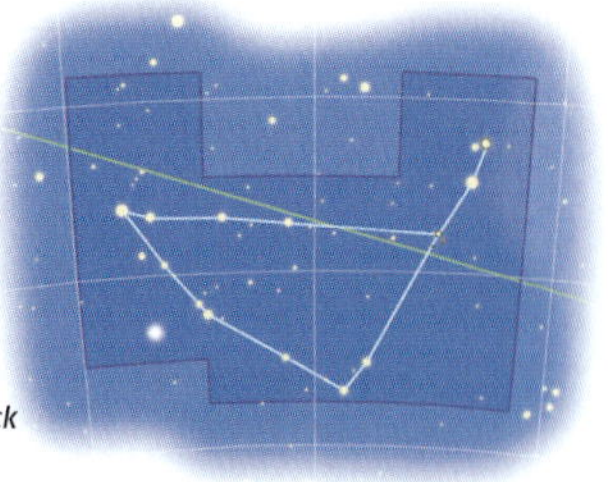

Sternbild Steinbock

AUGUST

Hoch am Himmel funkelt die blauweiße Wega, der Hauptstern der Leier. Die Leier ist ein kleines Sternbild, dessen vier Sterne des Leierkastens eine Raute bilden. Schweift der Blick von Wega zum Zenit, trifft man auf den Schwan, der wegen seines Aussehens auch als „Kreuz des Nordens" bezeichnet wird. Geht man von der Wega nach rechts in Richtung Polarstern, dann trifft man auf das ausgedehnte Sternbild Drache.

Horizontnah sinken die letzten Frühlingssternbilder ihrem Untergang entgegen. In diesem Monat kann man Herkules, Schlangenträger, den Kopf der Schlange, Nördliche Krone und Rinderhirte zum letzten Mal beobachten.

Die Milchstraße erstreckt sich im Südwesten vom Horizont bis zum Zenit.

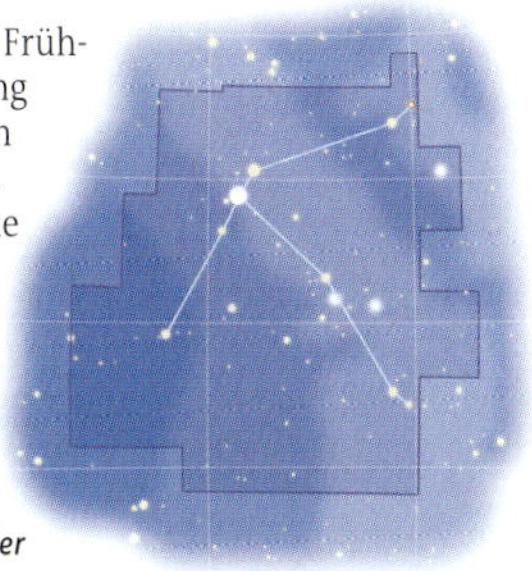

Sternbild Adler

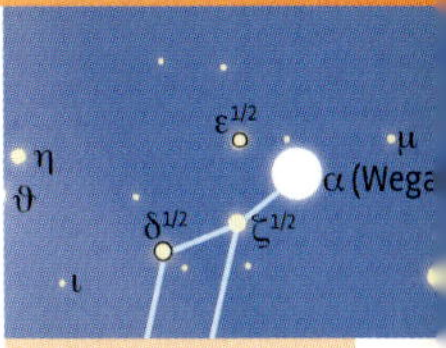

Vierfachstern *Links oberhalb der Wega steht ein schwacher Stern, den Menschen mit scharfen Augen doppelt sehen. Der mit dem griechischen Buchstaben Epsilon (ε) bezeichnete Doppelstern erweist sich beim Blick durch ein Teleskop als Vierfachsystem.*

__Wissenswertes__ Der uns am nächsten stehende Stern ist die Sonne. Geht man weitere 4,22 Lichtjahre ins All hinaus, trifft man im Sternbild Zentaur auf Proxima Centauri, unseren Nachbarstern. Er ist so lichtschwach, dass er nur mit einem Teleskop zu sehen ist.

SEPTEMBER

Hoch am Himmel stehen Kepheus und Kassiopeia, die für Mitteleuropa das ganze Jahr über zu sehen sind. Links des Kepheus sinken Schwan und Leier dem Horizont entgegen. Auch Drache und Kleiner Bär sind auf dem Weg zu ihrer tiefsten Stellung am Nordhimmel. Der Kleine Bär heißt im Volksmund auch Kleiner Wagen. Rechts der Kassiopeia, die nun eher wie der Buchstabe M aussieht, steigt der Perseus empor.

Horizontnah hat der Große Bär seine tiefste Stellung bereits erreicht. Der Große Wagen mit seinen sieben hellen Sternen scheint am Horizont entlang zu rollen.

Die Milchstraße verläuft von Süden über den Zenit bis an den nordöstlichen Horizont.

Sternbild Dreieck

SEPTEMBER

Hoch am Himmel hat der Kepheus seine höchste Position erreicht. Auch die Kassiopeia steht nicht weit vom Zenit entfernt. Rechts unterhalb von ihr liegt die Andromeda, an deren rechtes Ende sich der Pegasus anschließt. Links von der Andromeda stehen Perseus und das unscheinbare Sternbild Giraffe. Unterhalb der Andromeda trifft man auf die markante Figur des Dreiecks und auf den Widder, dessen Hauptstern Hamal heißt. Rechts des Widders, unterhalb des Pegasus-Quadrats, liegen die Fische.

Horizontnah sind der Fuhrmann mit seinem hellen Hauptstern Kapella sowie der Stier mit Aldebaran aufgegangen. Ganz rechts liegt das weitläufige Sternbild Walfisch.

Die Milchstraße steigt im Nordosten steil nach oben bis zum Zenit. Am hellsten ist sie im Bereich Kassiopeia/Perseus.

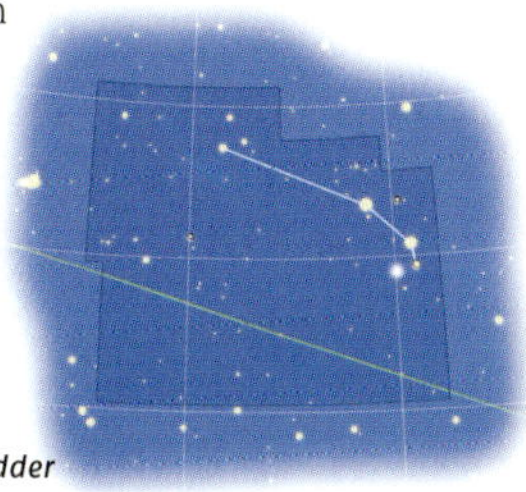

Sternbild Widder

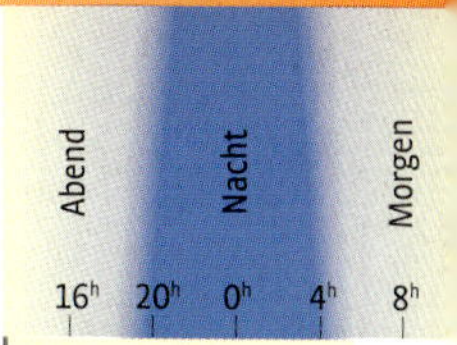

Sonnenzeiten

Auf- und Untergang

1. Sep	*5.34 – 19.04*
10. Sep	*5.48 – 18.45*
20. Sep	*6.03 – 18.23*
30. Sep	*6.18 – 18.01*

Nachtstunden

1. Sep	*20.19 – 4.20*
10. Sep	*19.57 – 4.35*
20. Sep	*19.34 – 4.52*
30. Sep	*19.11 – 5.08*

Zeitangaben in MEZ

Süden

Fernglastipp *Etwas rechts des Sterns Enif im Pegasus liegt der Kugelsternhaufen M 15, der bereits mit dem Fernglas als kleines Fleckchen zu erkennen ist. Um einzelne Sterne in diesem Haufen zu sehen, benötigt man ein mittelgroßes Fernrohr.*

SEPTEMBER

Hoch am Himmel haben nun endgültig die Herbststernbilder das Regiment übernommen. Unübersehbar ist das Quadrat des Pegasus, das auch als Herbstviereck bezeichnet wird. Folgt man dem Hals des Pegasus von der rechten unteren Ecke des Quadrats bis zum Kopf, befindet man sich in der Nähe des Kugelsternhaufens M 15 (siehe „Fernglastipp") Nach links schließt sich an das Herbstviereck die Andromeda an, darunter Dreieck, Widder und Fische.

Horizontnah stehen mehrere weitläufige, aber recht unauffällige Sternbilder: Walfisch, Fische, Wassermann und Steinbock. Nur der Südliche Fisch direkt über dem Südpunkt bildet wegen seines hellen Hauptsterns Fomalhaut eine Ausnahme.

Die Milchstraße verläuft vom Zenit nach Südwesten.

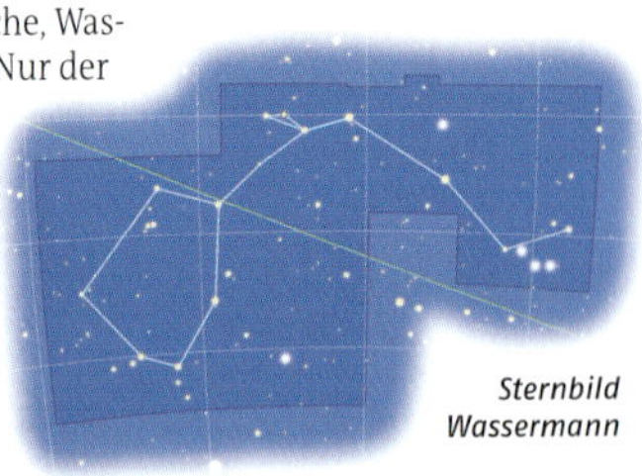

Sternbild Wassermann

SEPTEMBER

Hoch am Himmel stehen noch die Sommersternbilder Schwan und Leier. Der Schwan begibt sich mit ausgebreiteten Schwingen sozusagen auf Sturzflug Richtung Horizont. Deneb markiert den Schwanz, Albireo den Kopf. Oberhalb des Schwans befindet sich die unscheinbare Eidechse, direkt neben ihr der Kepheus.
Horizontnah fällt als Erstes Atair, der weiße Hauptstern des Adlers, auf. Oberhalb von ihm stehen die kleinen Sternbilder Delfin, Pfeil und Füchschen. Von ihnen ist nur der Delfin leicht zu finden. Rechts vom Adler ist noch der Herkules vollständig zu sehen, die Nördliche Krone berührt schon fast den Horizont.
Die Milchstraße verläuft vom Zenit durch das Sommerdreieck bis zum Horizont im Südwesten.

Sternbild Pfeil

Polarlichter *In Zeiten starker Sonnenaktivität kann man manchmal auch in Mitteleuropa ein Polarlicht sehen. Oft handelt es sich um grünliche oder rötliche Schleier am Nordhimmel. Polarlichter entstehen durch geladene Teilchen aus dem All, die die Moleküle der Atmosphäre zum Leuchten bringen.*

Norden

Wissenswertes *Der Planet Uranus ist im Jahr 1781 entdeckt worden, Neptun erst 1846. Beide Planeten lassen sich mit einem Fernglas beobachten. Der bis vor kurzem als neunter Planet geltende Pluto wurde 1930 entdeckt. 2006 wurde ihm sein Planetenstatus aberkannt, er gilt nun zusammen mit Ceres und Eris als Zwergplanet.*

OKTOBER

Hoch am Himmel hat die Kassiopeia nun ihre zenitnahe Position erreicht. Zu ihrer Rechten steht der Perseus mit dem veränderlichen Stern Algol sowie die Giraffe, die zwar ein großes Sternbild ist, aber keine hellen Sterne vorweisen kann. Bereits weit im Nordosten kann man den Fuhrmann sehen, der am Himmel immer höher klettert. Links von der Kassiopeia vervollständigt der Kepheus das Gesamtbild.

Horizontnah schlängelt sich der Drache zwischen Kleinem und Großem Bär hindurch. Da der Große Bär bezogen auf den Polarstern der Kassiopeia direkt gegenüber liegt, steht er derzeit tief am Nordhorizont. Doch er reckt seinen Kopf und die Tatzen schon wieder nach oben.

Die Milchstraße liegt parallel zum Horizont und läuft durch den Zenit.

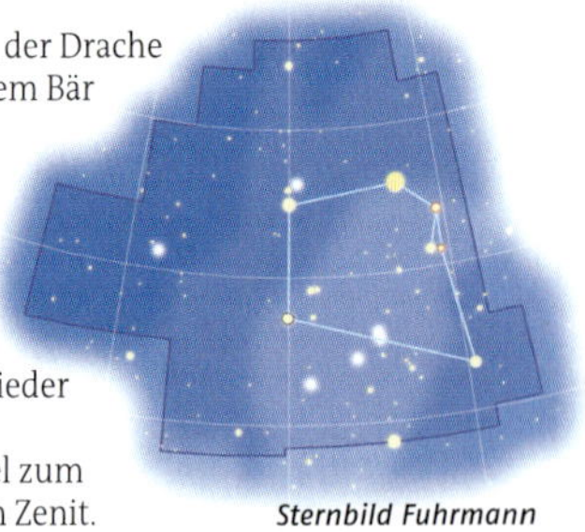
Sternbild Fuhrmann

OKTOBER

Hoch am Himmel fallen Kassiopeia und Andromeda ins Auge. Unter ihnen stehen Perseus und Fuhrmann mit dem gelben Hauptstern Kapella. Rechts unterhalb des Fuhrmanns leuchtet Aldebaran, das rötliche Auge des Stiers.

Horizontnah sind inzwischen die Zwillinge mit den beiden hellen Sternen Kastor und Pollux zu sehen. Auch der Orion ist weitgehend aufgegangen und ist wegen seiner hellen Sterne trotz seiner Nähe zum Horizont bereits unübersehbar. Neben dem Himmelsjäger steht der Nordteil des Sternbilds Eridanus. Angesichts der hellen Sterne in den Wintersternbildern verblassen der Eridanus und der Luchs, der links neben Fuhrmann und Zwillingen liegt.

Die Milchstraße steigt senkrecht in die Höhe, bis zum Zenit.

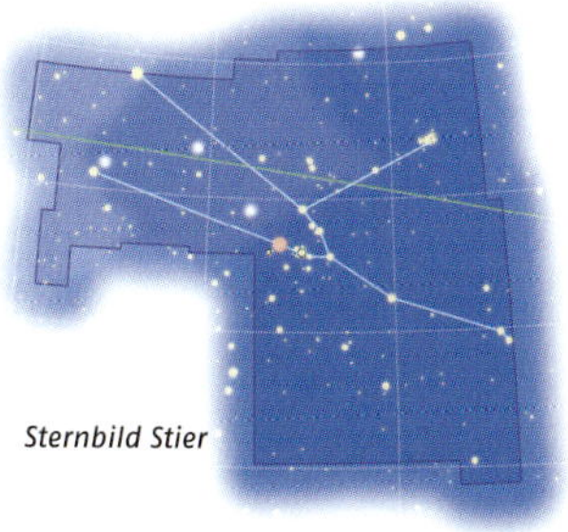

Sternbild Stier

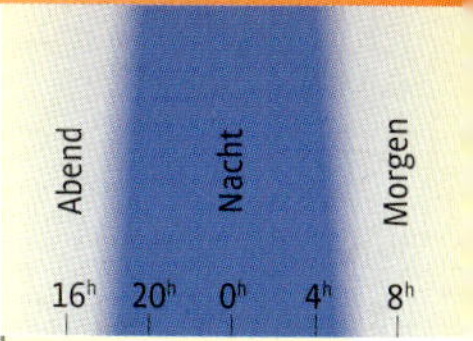

Sonnenzeiten

Auf- und Untergang

1. Okt	6.19 – 17.59
10. Okt	6.33 – 17.40
20. Okt	6.49 – 17.19
31. Okt	7.07 – 16.59

Nachtstunden

1. Okt	19.09 – 5.10
10. Okt	18.49 – 5.24
20. Okt	18.30 – 5.39
31. Okt	18.11 – 5.55

Zeitangaben in MEZ

Fernglastipp *Am Ende der Sternkette, die vom mittleren Stern der Andromeda abzweigt, liegt unsere Nachbargalaxie M 31, der Andromeda-Nebel. Er ist die einzige Galaxie, die man in Mitteleuropa bereits mit dem bloßen Auge sehen kann. Die Spiralarme erkennt man erst im Fernrohr.*

OKTOBER

Hoch am Himmel haben Perseus und Kassiopeia das Regiment übernommen. Unter ihnen stehen mit Andromeda und Pegasus zwei weitere Herbststernbilder in ihrer höchsten Position am Firmament. Angesichts dieser großen, markanten Sternbilder gehen Dreieck und Widder etwas unter. Sie sind aber leichter zu finden als das weitläufige Sternbild Fische, das sich unterhalb von Andromeda und Pegasus erstreckt.

Horizontnah stehen nur Sternbilder mit recht lichtschwachen Sternen. Von links nach rechts sind es der Fluss Eridanus, der Walfisch und der Wassermann. Durch Stier, Widder, Fische und Wassermann verlaufen die Planetenbahnen.

Die Milchstraße steht im Zenit und verläuft von Ost nach West.

Sternbild Maler

OKTOBER

Hoch am Himmel stehen Kassiopeia und Andromeda. An die Sternkette der Andromeda schließt sich nach unten der Pegasus mit seinem markanten Quadrat an. Er ist ein sehr großes Sternbild. Rechts vom Pegasus, unterhalb der Kassiopeia, trifft man noch auf die Eidechse – ein lichtschwaches Sternbild – und den Kepheus.

Horizontnah neigen sich die letzten Sommersternbilder ihrem Untergang entgegen. Der helle Atair im Adler steht knapp über dem Horizont. Günstiger sind noch Wega in der Leier und Deneb im Schwan positioniert. Ganz tief im Nordwesten ist mit dem Herkules noch ein letztes Frühlingssternbild zu erahnen.

Die Milchstraße erstreckt sich vom Zenit bis zum Westpunkt am Horizont.

Sternbild Delfin

Polweiser *Nicht nur der Große Bär, sondern auch die Kassiopeia kann als Polweiser dienen. Fasst man den mittleren Stern des Himmels-Ws als Spitze eines Pfeils auf, so trifft man den Polarstern, wenn man der Pfeilrichtung folgt.*

Norden

***Wissenswertes** In Mitteleuropa gehen manche Sterne nie unter, beispielsweise die des Großen Wagens. Sie werden als Zirkumpolarsterne bezeichnet. Die Höhe des Himmelspols über dem Horizont (also grob gesagt die Höhe des Polarsterns) entspricht der geografischen Breite des Beobachtungsortes.*

NOVEMBER

Hoch am Himmel findet man Kassiopeia und Giraffe. Kapella, der Hauptstern des Fuhrmanns, ist ebenfalls nicht zu übersehen. Rechts der Kassiopeia liegen die Giraffe und der Luchs, unterhalb der Kassiopeia sinkt das Sternbild Kepheus dem Horizont entgegen. Diesen Weg hat der Kleine Bär bereits hinter sich. Derzeit sieht es so aus, als wäre er mit seinem Schwanzende am Polarstern aufgehängt worden.

Horizontnah steht ganz links die Wega, die in Mitteleuropa gerade nicht mehr zirkumpolar ist (siehe Kasten „Wissenswertes"). Ansonsten nehmen der Drache und der Große Bär weite Teile dieses Himmelsbereichs in Beschlag.

Sternbild Andromeda

Die Milchstraße verläuft vom Zenit in Richtung Nordwesthorizont. Ihre hellsten Partien liegen in der Nähe des Zenits.

NOVEMBER

Hoch am Himmel leuchten Perseus, Fuhrmann und Stier. Unter ihnen entdeckt man die beiden parallel verlaufenden Sternketten der Zwillinge und den Himmelsjäger Orion mit seinen beiden hellen Sternen, der rötlichen Beteigeuze und dem bläulichen Rigel. **Horizontnah** sind nun auch die letzten Sterne des Wintersechsecks aufgegangen, dessen Figur helle Sterne aus sechs verschiedenen Sternbildern markieren. Genau im Osten steht der Krebs, weiter rechts folgen der Kleine Hund mit seinem Hauptstern Prokyon sowie der Große Hund, von dem bislang vor allem der Sirius auffällt.
Die Milchstraße verläuft vom Zenit bis zum Horizont im Südwesten.

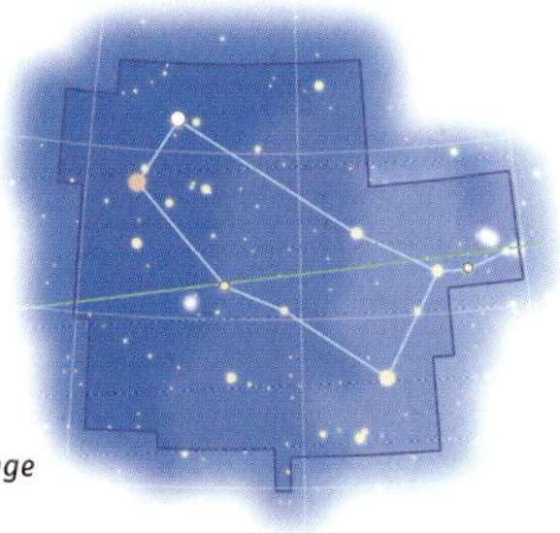

Sternbild Zwillinge

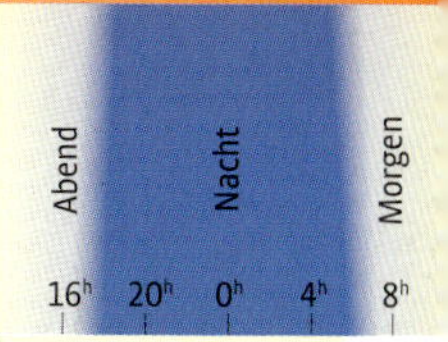

Sonnenzeiten

Auf- und Untergang

1. Nov	*7.09 – 16.57*
10. Nov	*7.24 – 16.43*
20. Nov	*7.40 – 16.30*
30. Nov	*7.55 – 16.22*

Nachtstunden

1. Nov	*18.09 – 5.57*
10. Nov	*17.57 – 6.10*
20. Nov	*17.46 – 6.24*
30. Nov	*17.40 – 6.37*

Zeitangaben in MEZ

Süden

Fernglastipp *Im Sternbild Stier steht einer der schönsten offenen Sternhaufen des Nordhimmels: die Plejaden. Sie heißen auch Siebengestirn und fallen bereits beim flüchtigen Blick an den Himmel auf. Im Fernglas zeigen sie ihre ganze Pracht.*

NOVEMBER

Hoch am Himmel stehen Fuhrmann und Perseus. Die gelbe Kapella, der Hauptstern des Fuhrmanns, ist nicht zu übersehen. Darunter liegt der Stier. Diese Wintersternbilder verdrängen die Herbststernbilder nun aus dem Süden. Andromeda, Pegasus, Dreieck, Widder und Fische sinken wieder in Richtung Horizont. **Horizontnah** entdeckt man den Eridanus, für den nun die günstigste Beobachtungszeit beginnt. Links von ihm stößt man auf das kleine Sternbild Hase, rechts auf den weitläufigen Walfisch. Eindeutiger Blickfang ist aber der Orion mit seinen sieben hellen Sternen.

Die Milchstraße steigt von Südosten kommend bis zum Zenit und läuft dann weiter Richtung Westen.

Sternbild Hase

NOVEMBER

Hoch am Himmel strahlt der Perseus, der nun seine höchste Position erreicht hat. Auch die Andromeda löst sich erst langsam aus ihrer zenitnahen Stellung: Um ihren obersten Stern zu sehen, muss man seinen Kopf noch weit in den Nacken legen. Links von Andromeda liegen Dreieck, Widder und Fische. Durch die letzten beiden Sternbilder verlaufen auch die Planetenbahnen.
Horizontnah behauptet sich tief im Nordwesten noch immer der Schwan. Weiter rechts steht die blauweiß funkelnde Wega. Der Pegasus stürzt kopfüber Richtung Horizont, wo der Wassermann bereits zum Teil verschwunden ist.
Die Milchstraße geht vom Zenit durch Kassiopeia und Schwan bis zum Horizont im Nordwesten.

Sternbild Fische

***Schwan** Obwohl der Sommer schon lange vorbei ist, kann man tief im Westen noch immer das Sternbild Schwan am Himmel sehen. Der Grund dafür ist der immer frühere Beginn der Abenddämmerung in dieser Zeit des Jahres.*

Norden

Wissenswertes *Während der Wintermonate entsteht leicht der Eindruck, dass der Sternhimmel heller ist. Dies liegt daran, dass es am Winterhimmel zufällig mehr helle Sterne gibt, die auch noch hoch am Himmel stehen, als während der restlichen Zeit des Jahres.*

DEZEMBER

Hoch am Himmel findet man Andromeda, Perseus und Kassiopeia. Auch die gelbe Kapella im Fuhrmann ist nahe des Zenits zu sehen. Demgegenüber verblassen Giraffe und Luchs, die zur Rechten von Perseus und Kassiopeia liegen. Der Große Bär hat inzwischen wieder mittlere Höhen erreicht; derzeit steht er auf dem Schwanz beziehungsweise der Wagendeichsel. Links des Polarsterns entdeckt man den Kepheus und die Eidechse.

Horizontnah steht der Schwan, dessen Hauptstern Deneb auffällig funkelt. Neben ihm kann man den Drachen finden, dessen Schwanz sich bereits wieder weit nach oben reckt.

Die Milchstraße verläuft vom Zenit zum Horizont im Nordwesten.

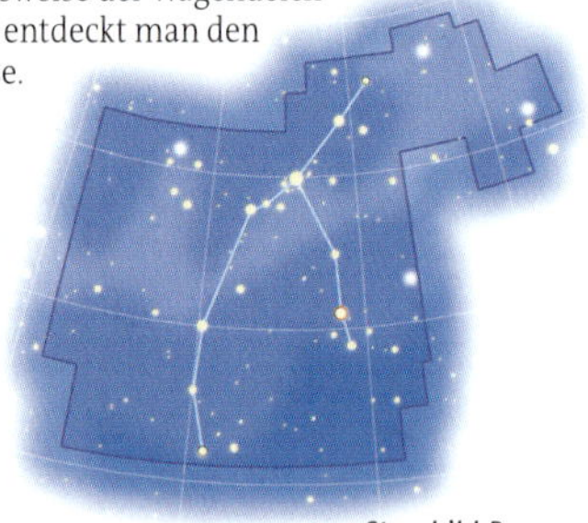

Sternbild Perseus

DEZEMBER

Hoch am Himmel prangt der Fuhrmann mit seinem Hauptstern Kapella. Auf der rechten Seite wird das Sternbild von weiteren Wintersternbildern umringt: Zwillinge, Orion und Stier. Unterhalb der Zwillinge stößt man auf den unscheinbaren Krebs und den Kleinen Hund, dessen Hauptstern Prokyon nicht zu übersehen ist. Ganz links steht in mittleren Höhen der Große Bär, zu dessen Kopf und Vorderbeinen das Sternbild Luchs liegt.

Horizontnah ist der Löwe bereits weitgehend zu sehen. Sein bläulich funkelnder Hauptstern heißt Regulus. Neben ihm ist der Kopf der Wasserschlange aufgetaucht.

Die Milchstraße verläuft durch die Wintersternbilder vom Zenit bis zum Horizont im Südosten.

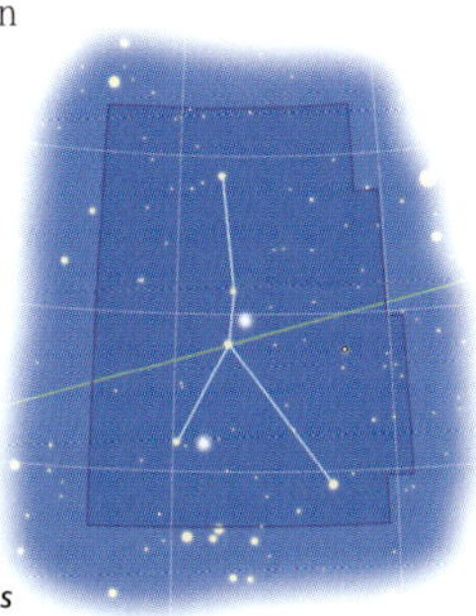

Sternbild Krebs

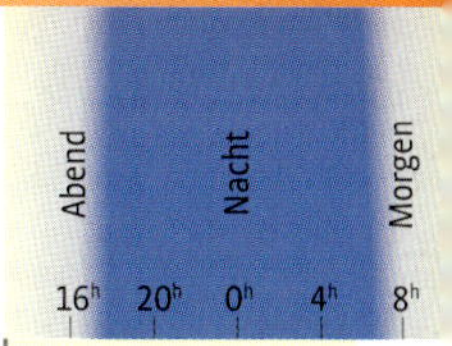

Sonnenzeiten

Auf- und Untergang

1. Dez	7.56 – 16.21
10. Dez	8.07 – 16.18
20. Dez	8.15 – 16.20
31. Dez	8.19 – 16.27

Nachtstunden

1. Dez	17.39 – 6.38
10. Dez	17.37 – 6.48
20. Dez	17.40 – 6.55
31. Dez	17.47 – 6.59

Zeitangaben in MEZ

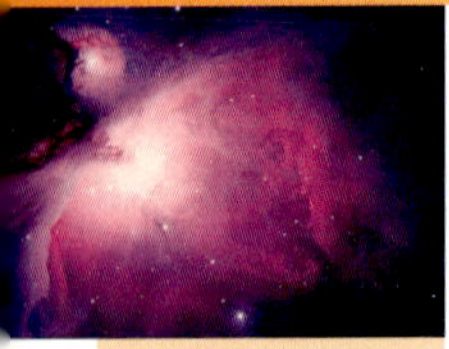

__Fernglastipp__ Unterhalb der drei Gürtelsterne des Orions sieht man schon mit dem bloßen Auge einen kleinen diffusen Fleck. Im Fernglas ist der Orion-Nebel gut zu erkennen, in einem Fernrohr mit großem Gesichtsfeld noch besser. Bei ihm handelt es sich um einen Gasnebel, den Sterne zum Leuchten bringen.

DEZEMBER

Hoch am Himmel steht das Wintersechseck, zu dem die Sterne Kapella im Fuhrmann, Aldebaran im Stier, Rigel im Orion, Sirius im Großen Hund, Prokyon im Kleinen Hund sowie Pollux in den Zwillingen gehören. Das schönste Wintersternbild ist sicherlich der Orion, der die Szenerie halbhoch am Himmel beherrscht. Ganz rechts sind einige Herbststernbilder zu sehen, die nun bereits nach Westen gewandert sind. Zu ihnen gehören Andromeda, Dreieck und Widder.
Horizontnah entdeckt man den Großen Hund mit seinem hellen Hauptstern Sirius. Rechts neben ihm läuft der Hase. Der Eridanus hat seine höchste Position am Himmel bereits hinter sich gelassen.
Die Milchstraße steigt steil nach oben bis über den Zenit hinaus.

Sternbild Einhorn

DEZEMBER

Hoch am Himmel ziehen Stier und Fuhrmann die Aufmerksamkeit auf sich. Neben dem Fuhrmann stehen auch Perseus und Giraffe noch in der Nähe des Zenits. Den Himmelsanblick in mittleren Höhen beherrscht die Andromeda, deren Sternkette fast senkrecht steht. Links von ihr liegen Dreieck und Widder. Die Planetenbahnen verlaufen durch Stier, Widder und Fische.
Horizontnah stehen die Sternbilder Walfisch und Fische, die beide nicht mehr vollständig zu sehen sind. Rechts von ihnen schickt sich das Quadrat des Pegasus an, unter dem Horizont zu verschwinden.
Die Milchstraße erstreckt sich vom Zenit durch Perseus und Kassiopeia bis zum Horizont im Nordwesten.

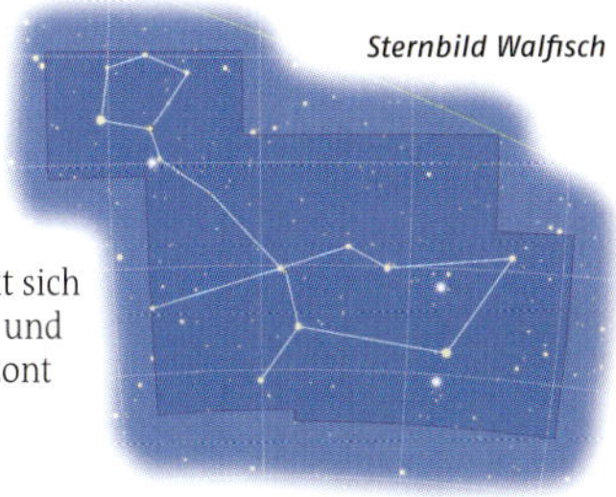

Sternbild Walfisch

Doppelsternhaufen *oder „Doppelsternhaufen h+χ im Perseus". Mit bloßem Auge lassen sich die beiden offenen Haufen erahnen, im Fernglas oder Fernrohr zeigen sie unzählige Einzelsterne.*

Norden

__Wissenswertes__ Viele der bekannten Sternbilder gehen auf die griechische Antike zurück. Erst 1930 legte die Internationale Astronomische Union die Grenzen zwischen den heute gültigen 88 Sternbildern verbindlich fest.

JANUAR

Hoch am Himmel steht der Fuhrmann mit seinem gelben Hauptstern Kapella. Rechts von ihm das unscheinbare Sternbild Luchs. Der Große Bär liegt kopfüber in halber Höhe auf der rechten Seite. Sein Schwanz, die Deichsel der Figur des Großen Wagens, hängt herunter. Unterhalb des Fuhrmanns liegen die Sternbilder Perseus und Giraffe.

Horizontnah stößt man links auf den Kepheus, darüber steht das Himmels-W, die Kassiopeia. Der Kleine Bär hat seine tiefste Stellung bereits hinter sich gelassen und schwingt sich wieder nach oben. Vom Sternbild Drache ist nur der hintere Teil zu sehen.

Die Milchstraße verläuft links vom Zenit Richtung Horizont durch die Winter- und Herbststernbilder.

Sternbild Kleiner Bär

JANUAR

Hoch am Himmel stehen mit den Zwillingen und dem Kleinen Hund noch die letzten Wintersternbilder in dieser Richtung. Kastor und Pollux, die beiden hellsten Sterne der Zwillinge, sowie Prokyon, der Hauptstern des Kleinen Hundes, sind nicht zu übersehen. Unter ihnen haben die Frühlingssternbilder das Regiment übernommen: Luchs, Krebs, Löwe und Wasserschlange. Ganz links steht der Große Bär. Neben den hellen Sternen des Großen Wagens fallen Denebola und Regulus im Löwen sowie Alphard in der Wasserschlange auf.

Horizontnah tauchen die ersten Sterne des Rinderhirten und der Jungfrau auf. Ganz rechts steht das kleine, unscheinbare Sternbild Becher.

Die Milchstraße verläuft vom Zenit zum Horizont im Südosten.

Sternbild Wasserschlange

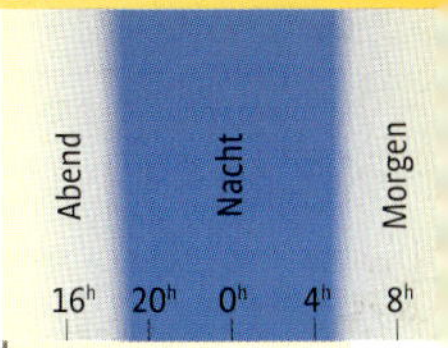

Sonnenzeiten

Auf- und Untergang

1. Jan	7.27 – 17.18
10. Jan	7.28 – 17.26
20. Jan	7.26 – 17.35
31. Jan	7.19 – 17.46

Nachtstunden

1. Jan	18.18 – 6.28
10. Jan	18.25 – 6.29
20. Jan	18.33 – 6.27
31. Jan	18.43 – 6.22

__Fernglastipp__ Schwenkt man von Sirius mit dem Fernglas nach links, trifft man auf die beiden offenen Sternhaufen M 46 und M 47. Während M 47 sehr unterschiedlich helle Mitgliedssterne besitzt, erscheinen die von M 46 gleichförmig hell.

JANUAR

Hoch am Himmel stehen die Wintersternbilder Zwillinge, Fuhrmann, Stier, Orion und Kleiner Hund. Ihre Hauptsterne bilden zusammen mit Sirius im Großen Hund das Wintersechseck. Links neben den Wintersternbildern stehen Krebs, Wasserschlange und Löwe.

Horizontnah entdeckt man sofort den Großen Hund, dessen Hauptstern Sirius der hellste Stern des Himmels ist. Rechts neben dem Großen Hund liegt das kleine Sternbild Hase, das nun gut zur Geltung kommt. Zur Linken schließt sich an den Großen Hund das Hinterdeck des Schiffes an. Von einem so weit südlich gelegenen Standort steigt es quasi vollständig über den Horizont empor.

Die Milchstraße erhebt sich vom Horizont im Südosten steil nach oben bis in die Nähe des Zenits.

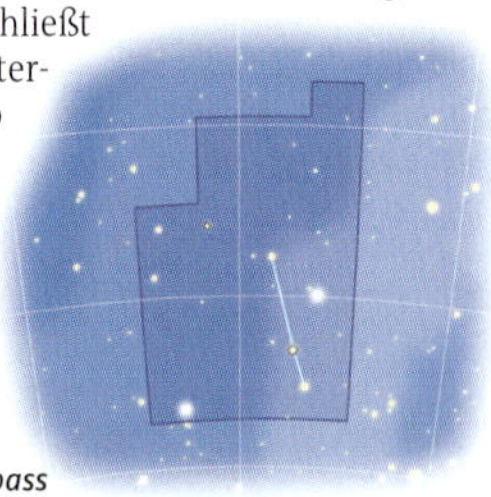

Sternbild Kompass

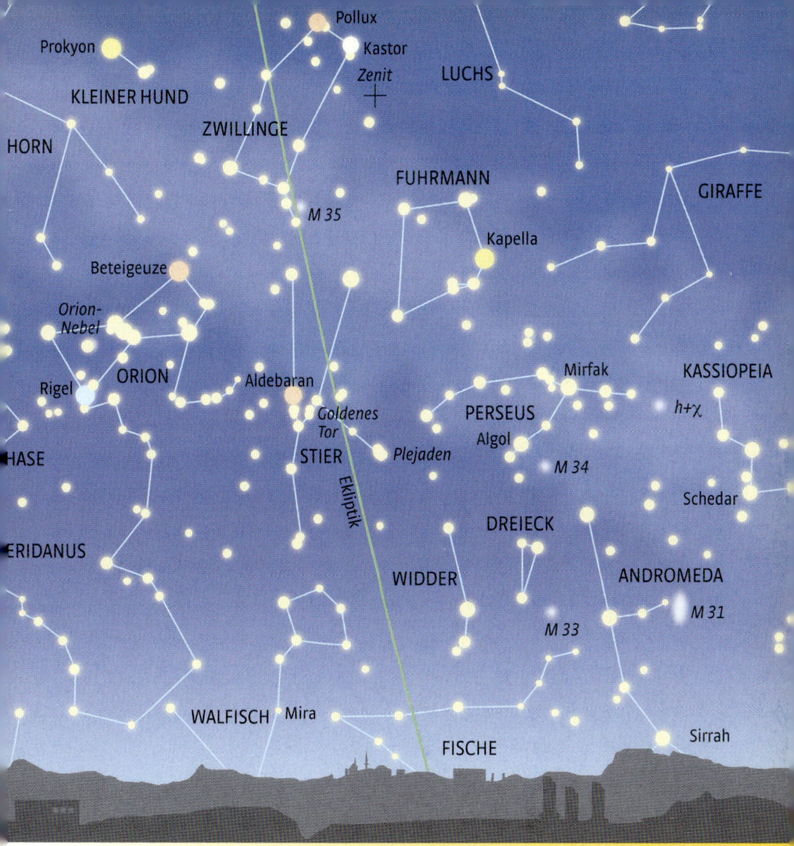

JANUAR

Hoch am Himmel sieht man den Kleinen Hund und die Zwillinge. Unter ihnen ist der Orion mit seiner Figur aus sieben sehr hellen Sternen nicht zu übersehen. Er liegt fast auf der Seite, was seine Interpretation als Schmetterling bei den Bewohnern der Südsee erklärt. An den Orion schließen sich Stier, Fuhrmann, Perseus, Giraffe und Kassiopeia an. Außer der Giraffe enthält jedes der Sternbilder einen oder mehrere helle Sterne.

Horizontnah kann man den nördlichen Teil des Eridanus ausmachen. Walfisch und Fische sind faktisch nicht mehr zu beobachten, dafür bietet sich ein letzter Blick auf Widder und Dreieck an. Rechts der beiden kleinen Sternbilder steht noch unübersehbar die Andromeda.

Die Milchstraße erstreckt sich von links oben Richtung Horizont im Nordwesten.

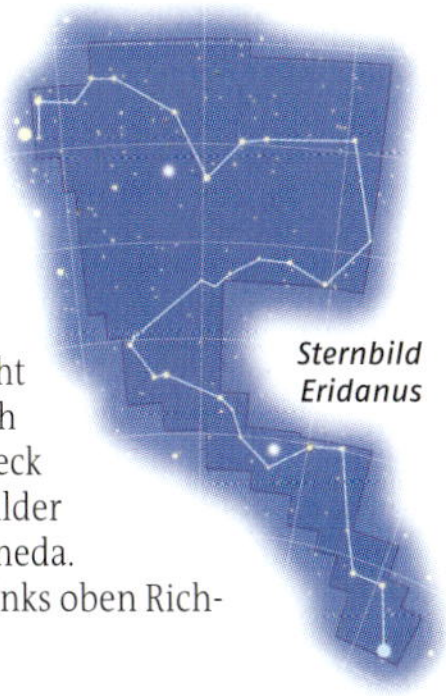

Sternbild Eridanus

Sternhaufen *Zwischen Algol im Perseus und dem obersten Stern der Andromeda befindet sich der offene Sternhaufen M 34. Unter guten Bedingungen ist er mit bloßem Auge zu erahnen, im Fernglas zeigt er Einzelsterne, die über eine Fläche so groß wie das Vollmondscheibchen verstreut liegen.*

Wissenswertes *Projiziert man die Erdbahn an den Himmel, erhält man die Ekliptik. Entlang dieses Kreises wandern im Lauf von Tagen, Monaten und Jahren sowohl unser Mond als auch die anderen Planeten, da ihre jeweiligen Bahnen kaum zur Erdbahn geneigt sind.*

MÄRZ

Hoch am Himmel hat der Große Bär seine ideale Position erreicht, um ihn zu beobachten. Seine Hintertatzen reichen bis zum Zenit. Verlängert man den Abstand der hinteren beiden Sterne des Wagenkastens fünfmal nach unten, trifft man auf den Polarstern. Der Große Bär ist von drei weniger bekannten Sternbildern umgeben: Im Zenit steht der Kleine Löwe, links vom Bärenkopf der Luchs und oberhalb des Schwanzes die Jagdhunde.

Horizontnah kann sich der Perseus gerade noch behaupten; die Kassiopeia ist zum Teil bereits verschwunden. Der Kopf des Drachen ist nun wieder leichter zu sehen, sein Körper reicht bereits weit nach oben bis unter den Großen Bären.

Die Milchstraße streift von Nordwesten her kommend am Horizont entlang und ist daher nur noch schlecht zu erkennen.

Sternbild Großer Bär

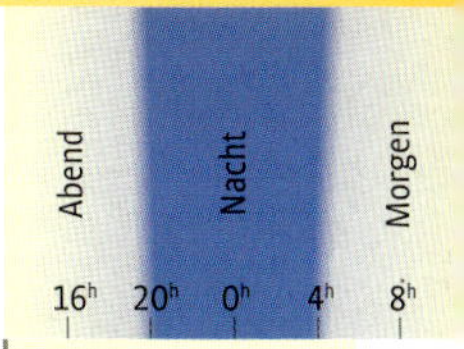

MÄRZ

Hoch am Himmel prangen der Große Bär und der Löwe. Unterhalb der Hintertatzen des Bären stehen die Jagdhunde und das Haar der Berenike. Der Rinderhirte mit seinem rötlichen Hauptstern Arktur liegt waagerecht am Himmel. Unter ihm befindet sich das kleine, aber markante Sternbild Nördliche Krone. Rechts des Rinderhirten steht die Jungfrau, deren blauweißer Hauptstern Spika nicht zu übersehen ist.

Horizontnah funkelt ganz links die Wega im Sternbild Leier. Der Herkules ist nun vollständig zu sehen. Rechts von ihm trifft man auf den Kopf der Schlange und die Waage, beides sind weniger auffällige Sternbilder.

Die Milchstraße ist faktisch nicht zu sehen.

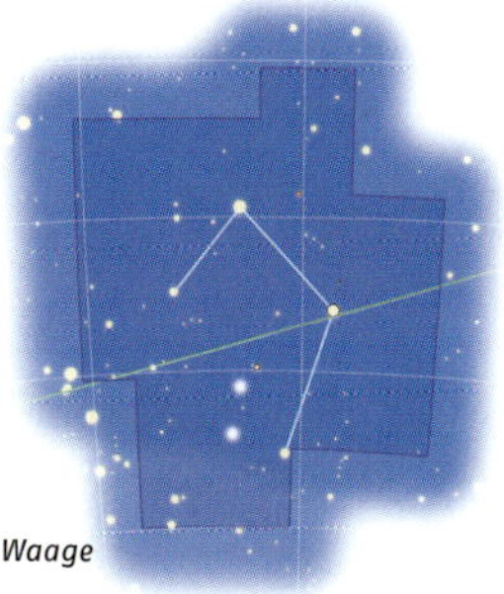

Sternbild Waage

Sonnenzeiten
Auf- und Untergang

1. Mrz	*6.50 – 18.14*
10. Mrz	*6.38 – 18.22*
20. Mrz	*6.24 – 18.30*
31. Mrz	*6.08 – 18.39*

Nachtstunden

1. Mrz	*19.09 – 5.55*
10. Mrz	*19.17 – 5.43*
20. Mrz	*19.25 – 5.29*
31. Mrz	*19.35 – 5.13*

Zeitangaben in MEZ

__Fernglastipp__ Neben der linken Klaue des Krebses, beim Stern Acubens, steht der offene Sternhaufen M 67. In Größe und Helligkeit kann er nicht mit seinem prominenten Bruder, der Praesepe, mithalten, aber ein Fernglas lässt ihn bereits sichtbar werden.

MÄRZ

Hoch am Himmel beherrscht der Löwe das Geschehen. Seine beiden hellen Sterne, Regulus und Denebola, leuchten bläulich. Ganz links oben sieht man den Rinderhirten, links unterhalb des Löwen die Jungfrau. Der Krebs, rechts vom Löwen, ist ein unscheinbares Sternbild. Weite Teile der Wasserschlange lassen sich nun gut beobachten, wobei die einzelnen Sterne nicht ganz einfach zu finden sind. Über der Wasserschlange stehen die kleinen Sternbilder Rabe, Becher und Sextant.

Horizontnah erblickt man links einige Sterne des Zentauren. Rechts ist noch der Nordteil des Hinterdecks zu erkennen. Unter der Wasserschlange liegen auch die beiden kleinen, unscheinbaren Sternbilder Luftpumpe und Kompass.

Die Milchstraße verläuft entlang des Horizonts.

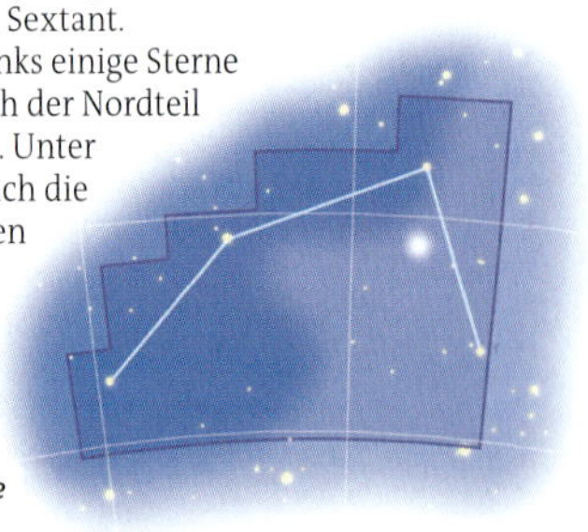

Sternbild Luftpumpe

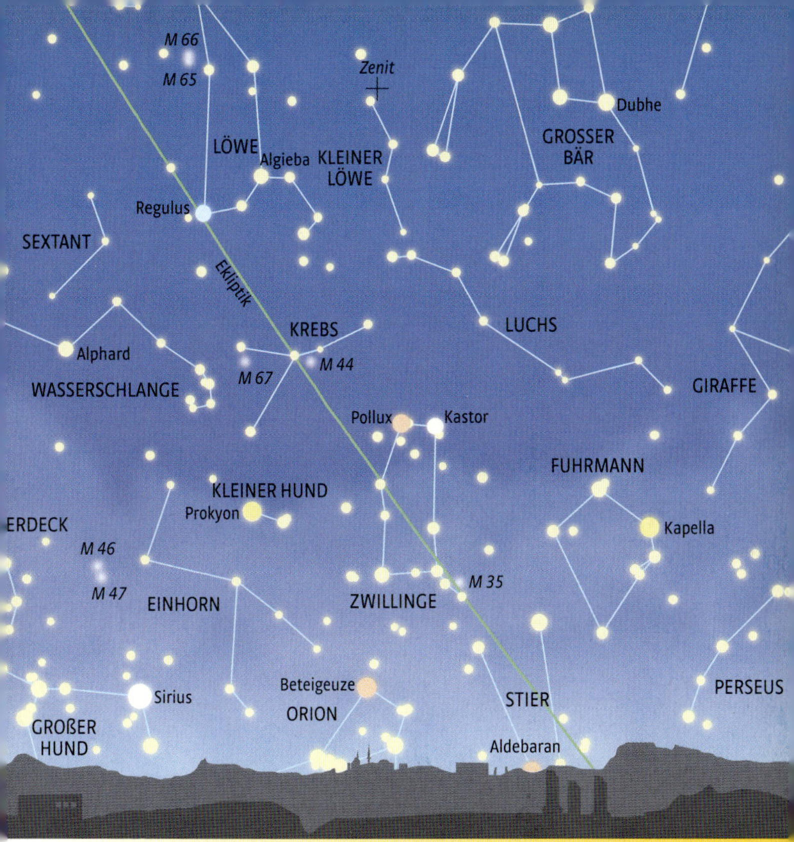

MÄRZ

Hoch am Himmel ziehen Löwe und Großer Bär die Blicke auf sich. Angesichts ihrer auffälligen Konturen gehen Krebs und Luchs unter. Der Bereich, den die Wasserschlange einnimmt, ist wegen ihres Hauptsterns Alphard gut zu finden. Schon recht tief am Himmel stehen die beiden parallelen Sternketten der Zwillinge und der Fuhrmann mit Kapella. Zur Linken der Zwillinge funkelt Prokyon, der gelbliche Hauptstern des Kleinen Hundes. **Horizontnah** funkeln Sirius im Großen Hund und die rötliche Beteigeuze im Orion. Viele Sterne der beiden Sternbilder sind bereits untergegangen. Der Perseus kann sich noch behaupten. **Die Milchstraße** verläuft parallel zum Horizont.

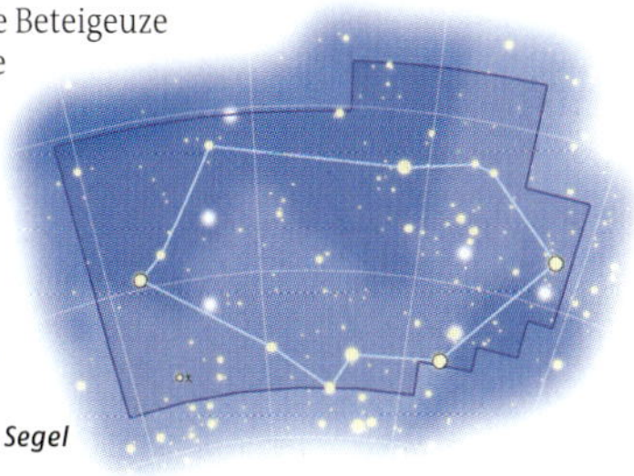

Sternbild Segel

Zodiakallicht *Nach Sonnenuntergang oder vor Sonnenaufgang kann man oberhalb der Sonne ein pyramidenförmiges Leuchten sehen, das durch an Staubteilchen gestreutes Sonnenlicht entsteht. Es ist lichtschwächer als die Milchstraße und erfordert daher gute Sichtbedingungen.*

Wissenswertes *Sonne, Mond und Planeten wandern am Himmel durch 13 Sternbilder. Es handelt sich um die zwölf Tierkreissternbilder sowie den Schlangenträger, durch dessen südlichsten Teil die Ekliptik verläuft.*

MAI

Hoch am Himmel sind Teile des Rinderhirten und des Herkules zu sehen. Ganz rechts strahlen Wega, der Hauptstern der Leier, und Deneb im Schwan. Links sinkt der Große Bär dem Horizont entgegen. Zu seinen Hinterfüßen kann man den Kleinen Löwen finden. Im Bereich zwischen Großem Bär und Rinderhirten liegen die beiden kleinen Sternbilder Jagdhunde und Haar der Berenike. Die beiden Sterne der Jagdhunde sind relativ auffällig. Der Drache hat nun wie der Kleine Bär seine höchste Stellung erreicht.

Horizontnah steht links der weitläufige Luchs. An ihn schließt sich die Giraffe an. Der Kepheus hat sich bereits merklich vom Horizont gelöst.

Die Milchstraße steigt vom Nordhorizont hoch an den Osthimmel.

Sternbild Drache

MAI

Hoch am Himmel steht unübersehbar der Rinderhirte, links von ihm windet sich der Drache. Unter dem Rinderhirten liegt der Halbkreis der Nördlichen Krone. Der hellste Stern des Sternbilds heißt Gemma. Der Herkules reckt seinen Kopf weit nach rechts in Richtung Schlange und Schlangenträger, die nun vollständig zu sehen sind. Der Herkules markiert auch die Grenze der Frühlingssternbilder: Leier und Schwan, links unterhalb von ihm, künden den herannahenden Sommer an.

Horizontnah ist nur bei guten Bedingungen die Eidechse zu erkennen. Bereits aufgegangen sind auch der kleine Delfin und das Sternbild Adler, dessen Hauptstern Atair weiß funkelt. Ganz rechts ist der Schütze zu sehen. **Die Milchstraße** verläuft parallel zum Horizont.

Sternbild Schild

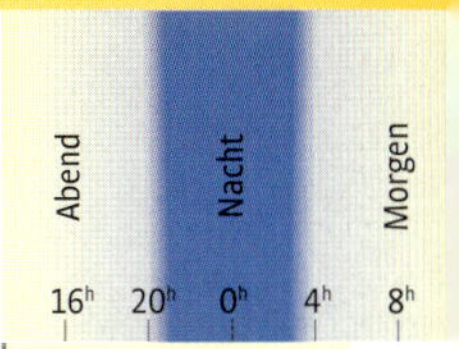

Sonnenzeiten

Auf- und Untergang

1. Mai	5.29 – 19.04
10. Mai	5.20 – 19.11
20. Mai	5.13 – 19.19
31. Mai	5.07 – 19.27

Nachtstunden

1. Mai	20.04 – 4.30
10. Mai	20.13 – 4.19
20. Mai	20.22 – 4.10
31. Mai	20.32 – 4.02

Zeitangaben in MEZ

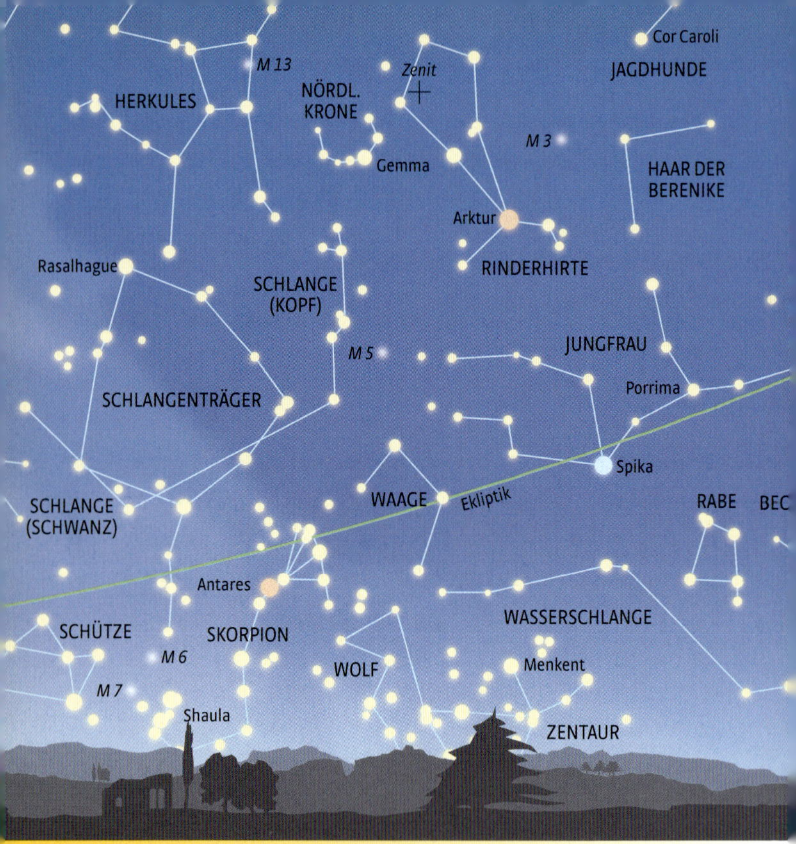

Süden

__Fernglastipp__ Sucht man bei idealer Horizontsicht mit einem Fernglas den Südhorizont ab, stößt man auf den Kugelsternhaufen Omega im Zentauren. Es handelt sich um den hellsten Vertreter seiner Art. Bereits im Fernglas sind einige seiner Einzelsterne zu erkennen.

MAI

Hoch am Himmel stehen die Frühlingssternbilder Herkules, Nördliche Krone und Rinderhirte. Die Jungfrau, unterhalb des Rinderhirten, ist ein weitläufiges Sternbild, dessen Konturen man sich nicht so leicht einprägt. Nicht zu übersehen ist dagegen der Hauptstern der Jungfrau, die blauweiße Spika. Der Schlangenträger bildet ein weitläufiges Vieleck.

Horizontnah entdeckt man den Skorpion, der quasi vollständig zu sehen ist. Sein Stachel und der rötliche Hauptstern Antares fallen sofort ins Auge. Oberhalb der Zangen des Skorpions liegt die Waage, links von ihm steht der Schütze am Horizont. Um den Südpunkt verläuft der von diesen Breiten sichtbare Teil des Zentauren. Omega (siehe Kasten „Fernglastipp") versteckt sich nah am Horizont.

Die Milchstraße erstreckt sich von Osten bis zum Südpunkt am Horizont.

Sternbild Zentaur

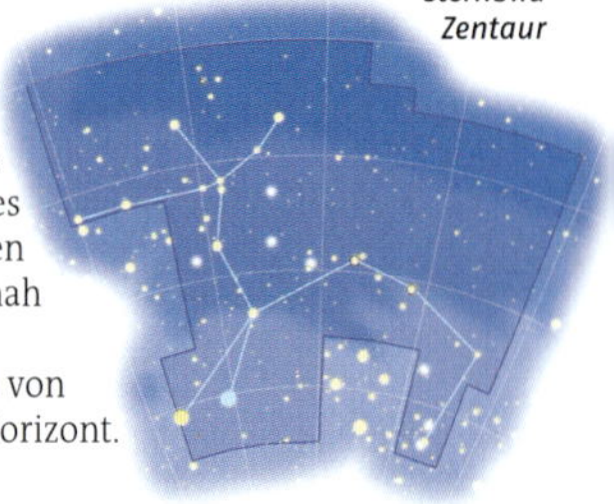

Westen

MAI

Hoch am Himmel steht der Rinderhirte, dessen Form an einen Kinderdrachen erinnert. Sein Hauptstern Arktur bildet zusammen mit Spika in der Jungfrau und Regulus im Löwen das Frühlingsdreieck (siehe Kasten), eine markante Figur, bei der es sich jedoch um kein Sternbild handelt. Ganz rechts liegt der Große Bär, der gemeinsam mit Rinderhirte und Jungfrau die kleinen Sternbilder Jagdhunde und Haar der Berenike einrahmt.

Horizontnah neigt sich der Löwe seinem Untergang entgegen. Rechts neben dem Löwen stößt man auf die Sternbilder Kleiner Löwe und Luchs. Ganz links liegen der trapezförmige Rabe und der unscheinbare Becher.

Die Milchstraße ist nicht sichtbar.

Sternbild Luchs

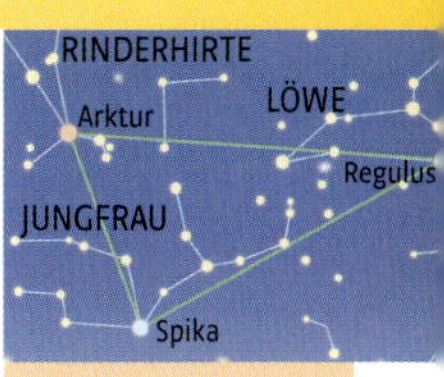

Frühlingsdreieck *Arktur im Rinderhirte, Regulus im Löwen und Spika in der Jungfrau bilden das Frühlingsdreieck. Die Figur ist kein Sternbild, aber an Frühlingsabenden bereits bei Einbruch der Dämmerung am Himmel leicht zu finden. Entsprechend gibt es ein Sommerdreieck, Herbstviereck und Wintersechseck.*

Norden

Wissenswertes *Die Dauer der Dämmerung hängt vom Breitengrad des Standortes ab. Je stärker man sich dem Äquator nähert, desto steiler verläuft die scheinbare Bahn der Sonne zum Horizont. Die Folge: in den Subtropen und Tropen bricht die Nacht merklich schneller herein.*

JULI

Hoch am Himmel stehen Herkules, Leier und Schwan. Zwischen ihnen und dem Kleinen Bären liegen der weitläufige Drache und das Fünfeck des Kepheus. Rechts neben dem Kepheus steigt die unscheinbare Eidechse empor.
Horizontnah treiben Großer Bär und Kassiopeia ihr wechselvolles Spiel um den Polarstern im Sternbild Kleiner Bär: Da der Große Bär seiner tiefsten Stellung entgegen strebt, steigt das Himmels-W wieder nach oben. Die Tatzen des Bären sind bereits unter den Horizont getaucht. Im Schlepptau der Kassiopeia tauchen auch Giraffe und Perseus wieder über dem Horizont auf.
Die Milchstraße steigt vom Horizont im Nordosten zum Zenit, wo sie im Bereich des Schwans sehr auffällig ist.

Sternbild Kepheus

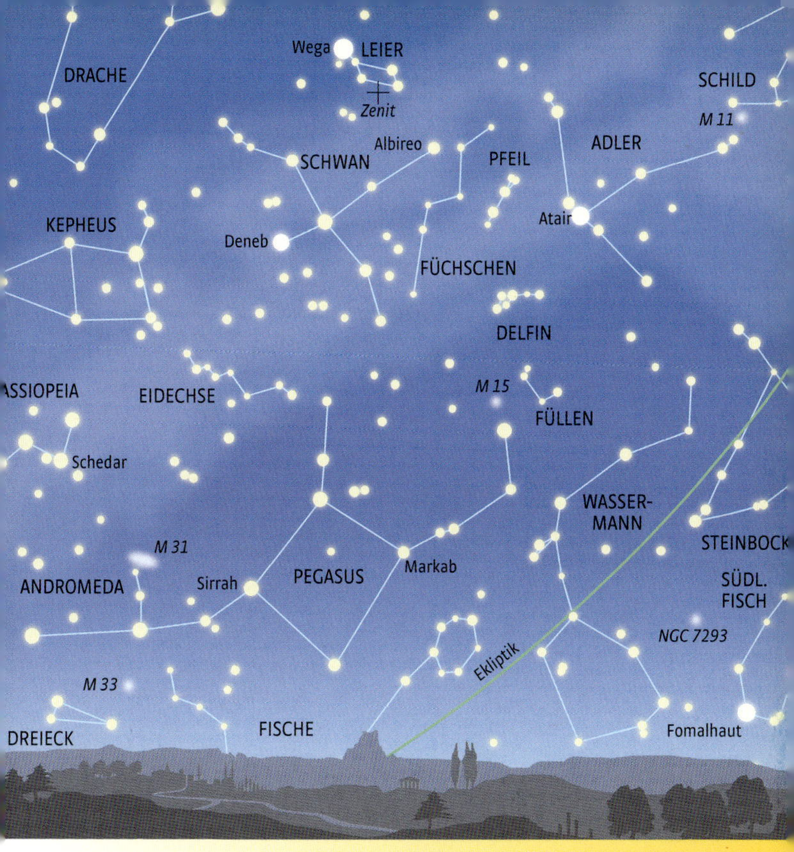

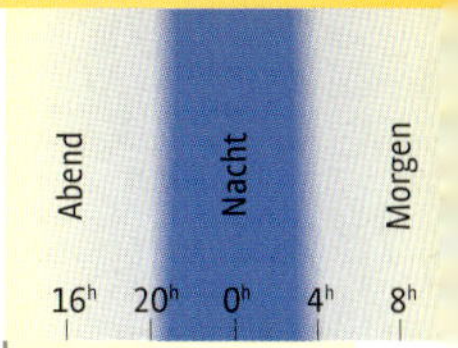

JULI

Hoch am Himmel ist das Sommerdreieck nicht zu übersehen. Es besteht aus den Sternen Wega in der Leier, Deneb im Schwan und Atair im Adler. Die Leier ist ein kleines Sternbild, das im Wesentlichen aus einer rautenförmigen Figur besteht. Der Schwan fliegt nach rechts durch die Milchstraße. Links von ihm steht der Kepheus. Unterhalb des Adlers liegt der kleine Delfin, dessen Form sehr eingängig ist.

Horizontnah sind Andromeda und Pegasus aufgegangen. Die Sternkette der Andromeda schließt sich nahtlos an das Quadrat des Pegasus an. Unterhalb von der Andromeda ist unter guten Bedingungen noch das Dreieck zu erkennen. Rechts des Pegasus liegt der Wassermann.

Die Milchstraße verläuft vom Nordosten über den Zenit bis nach Süden.

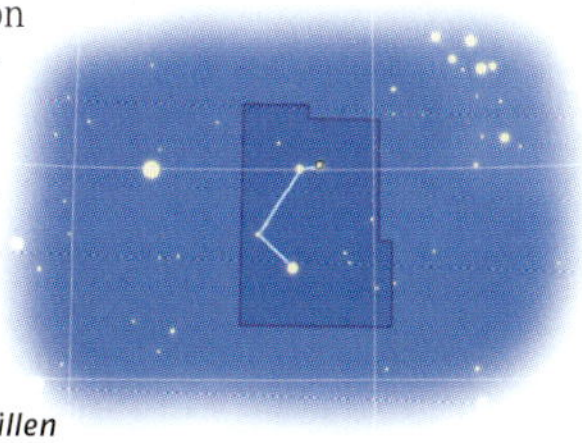

Sternbild Füllen

Sonnenzeiten

Auf- und Untergang

1. Jul	*5.09 – 19.38*
10. Jul	*5.13 – 19.36*
20. Jul	*5.20 – 19.32*
31. Jul	*5.28 – 19.24*

Nachtstunden

1. Jul	*20.44 – 4.03*
10. Jul	*20.41 – 4.08*
20. Jul	*20.36 – 4.16*
31. Jul	*20.26 – 4.26*

Zeitangaben in MEZ

Süden

Fernglastipp Rechts neben dem Schützen erkennt man den Stachel des Skorpions. Links oberhalb von ihm liegen die offenen Sternhaufen M 6 und M 7. M 7 ist der hellere und ausgedehntere der beiden und ist problemlos mit dem bloßen Auge zu erkennen. Ein Fernglas zeigt beide Haufen auf einen Schlag.

JULI

Hoch am Himmel entdeckt man Schwan, Leier und Adler. Zwischen ihnen liegen die beiden kleinen Sternbilder Füchschen und Pfeil, die nur mit etwas Mühe zu finden sind. Links von Pfeil und Adler steht der rautenförmige Delfin, an den sich das Füllen anschließt. Rechts von Leier und Adler folgen Herkules, Schlangenträger und Schlange.

Horizontnah steht ganz links der Südliche Fisch mit seinem hellen Hauptstern Fomalhaut. Darüber liegen der weitläufige Steinbock und rechts der nun ideal zu beobachtende Schütze. Unter ihm steht der Halbkreis der Südlichen Krone. An den Schützen schließt sich rechts der Skorpion mit dem rötlichen Antares an.

Die Milchstraße verläuft vom Zenit bis zum Horizont im Südwesten.

Sternbild Schütze

JULI

Hoch am Himmel behauptet sich die Leier mit der blauweißen Wega. Unter ihr liegt der Herkules, dessen Trapez – der Oberkörper des Helden – ins Auge fällt. Links von Herkules kann man den Schlangenträger noch gut beobachten, rechts den Drache.

Horizontnah steht links die Waage, rechts über ihr der Kopf der Schlange. Auch der Rinderhirte nähert sich mit seinem Hauptstern Arktur dem Untergang. Die Nördliche Krone hat er im Schlepptau. Ganz rechts stehen die Jagdhunde und der Schwanz des Großen Bären. Das Haar der Berenike ist nur bei sehr guter Sicht in der Nähe des Horizonts zu erkennen.

Die Milchstraße geht vom Zenit zum Horizont im Südwesten.

Sternbild Skorpion

Grüner Blitz *Je niedriger die Sonne über dem Horizont steht, desto stärker werden ihre Strahlen in der Atmosphäre gebrochen. Im Extremfall kann man bei Sonnenaufgang oder -untergang kurz die Sonne in den einzelnen Spektralfarben sehen. Das Grün ist dabei am auffälligsten und erklärt den Namen des Phänomens.*

Norden

Wissenswertes *Im Schnitt kommt es pro Jahr zu zwei bis drei Sonnenfinsternissen und ein bis zwei Mondfinsternissen. Da Sonnenfinsternisse aber immer nur in einem sehr begrenzten Gebiet auftreten, kann man Mondfinsternisse an einem bestimmten Standort häufiger erleben.*

SEPTEMBER

Hoch am Himmel findet man links das Kreuz des Nordens, den Schwan. Rechts steht die Sternkette der Andromeda, die von Dreieck und Widder begleitet wird. Zwischen Schwan und Andromeda liegt das unscheinbare Sternbild Eidechse. Links unterhalb des Schwans sinkt die Leier nach unten. Kepheus, Kassiopeia und Perseus sind nun schon wieder sehr gut zu beobachten.

Horizontnah funkeln die verbleibenden Sterne des Großen Bären, der für diesen Breitengrad nicht mehr zirkumpolar ist. Der Bär hat nun seine tiefste Stellung erreicht. Über ihm sieht man Drache und Kleinen Bär mit dem Polarstern. Ganz rechts funkelt die gelbe Kapella, der Hauptstern des Fuhrmanns.

Die Milchstraße verläuft von Westen fast über den Zenit bis nach Osten.

Sternbild Kassiopeia

SEPTEMBER

Hoch am Himmel leuchten die Sterne der Andromeda und des Pegasus-Quadrats. Links von ihnen sieht man den lichtschwächeren Kepheus und die markante Kassiopeia. Folgt man dem Schwung der Andromeda-Sternkette nach unten, trifft man auf den Perseus. Rechts unterhalb der Andromeda liegen Dreieck und Widder, an die sich das weitläufige, aber unscheinbare Sternbild Fische anschließt. Es füllt den Bereich zwischen Pegasus, Wassermann und Walfisch aus.

Horizontnah leuchten Kapella im Fuhrmann und Aldebaran im Stier. Die beiden Sternbilder sind Vorboten des Winters. Nach rechts schließt sich an sie der Walfisch an.

Die Milchstraße steigt steil vom Horizont im Nordosten hinauf zum Zenit.

Sternbild Chemischer Ofen

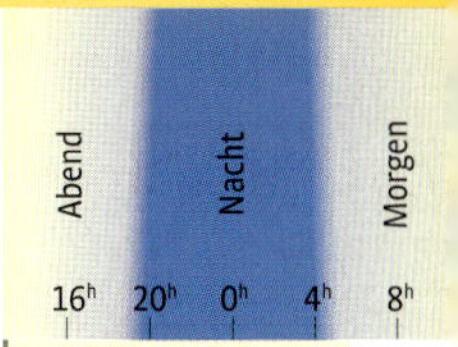

Sonnenzeiten

Auf- und Untergang

1. Sep	*5.52 – 18.48*
10. Sep	*5.58 – 18.35*
20. Sep	*6.06 – 18.21*
30. Sep	*6.13 – 18.06*

Nachtstunden

1. Sep	*19.44 – 4.55*
10. Sep	*19.31 – 5.03*
20. Sep	*19.16 – 5.11*
30. Sep	*19.01 – 5.18*

Zeitangaben in MEZ

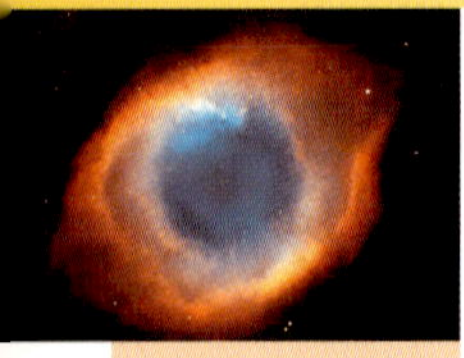

__Fernglastipp__ Ein Stück nördlich des Sterns Fomalhaut liegt der uns am nächsten stehende Planetarische Nebel. NGC 7293 im Wassermann ist nur 300 Lichtjahre entfernt und erscheint daher halb so groß wie das Vollmondscheibchen. Dunklen Himmel vorausgesetzt, zeigt ihn jedes Fernglas.

SEPTEMBER

Hoch am Himmel erkennt man bereits viele Herbststernbilder. Bei ihnen gibt es eine Art Zweiklassengesellschaft: In Zenitnähe stehen Andromeda und Pegasus, die viele helle Sterne enthalten. Unter ihnen Dreieck, Widder, Walfisch, Fische und Wassermann. Die drei letztgenannten sind zwar weitläufig, enthalten aber kaum helle Sterne.

Horizontnah hat nun der Südliche Fisch mit dem hellen, blauweißen Hauptstern Fomalhaut seine höchste Position erreicht. Rechts oberhalb von ihm steht der Steinbock, der ebenfalls zu den unauffälligeren Herbststernbildern gehört. Links des Südlichen Fisches trifft man auf den unscheinbaren Bildhauer. Unter den beiden Sternbildern kann man zumindest teilweise den Phönix und den Kranich erkennen.

Die Milchstraße liegt ganz am Rand in Richtung Westen.

Sternbild Südlicher Fisch

SEPTEMBER

Hoch am Himmel sieht man einen Teil des Pegasus, rechts von ihm liegen Eidechse und Kepheus. Ganz links erkennt man einen Teil des Wassermanns und den Steinbock. Doch vor allem der Schwan, rechts unterhalb des Pegasus, zieht die Blicke auf sich. Sein Hauptstern Deneb funkelt bläulich und steht der brillanten, blauweißen Wega nur wenig nach. Sie ist der Hauptstern der Leier. Links von Albireo (siehe Kasten „Doppelstern“), dem Kopf des Schwans, stehen Füchschen, Pfeil und Delfin.

Horizontnah behauptet sich der Adler mit dem weißen Atair. Zu seiner Rechten steht der Herkules.

Die Milchstraße erstreckt sich fast vom Zenit bis an den Horizont im Südwesten.

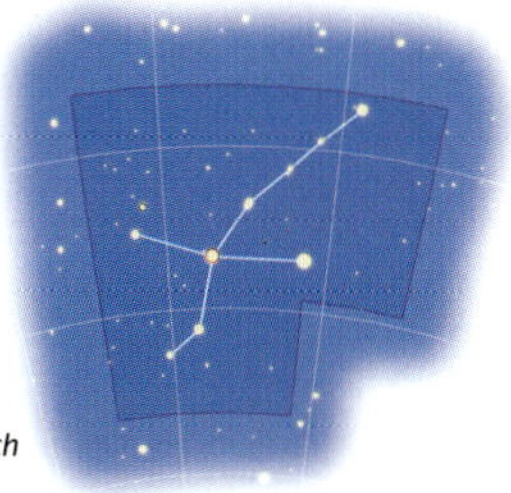

Sternbild Kranich

Doppelstern *Am Kopf des Schwans findet man ein Paradebeispiel für einen schönen Doppelstern. Albireo besteht aus einer gelborangefarbigen und einer blauen Komponente, die im kleinen Fernrohr einen wunderschönen Farbkontrast bilden.*

Norden

__Wissenswertes__ Bereits mit bloßem Auge kann man die Andromeda-Galaxie (M 31) im gleichnamigen Sternbild sehen. Damit ist sie das am weitesten entfernte Objekt, das noch ohne optische Hilfsmittel am Himmel zu erkennen ist.

NOVEMBER

Hoch am Himmel reihen sich Andromeda, Perseus und Fuhrmann aneinander. Ihre hellen Sterne – die drei in der Andromeda, Mirfak im Perseus und Kapella im Fuhrmann – bilden einen weiten geschwungen Bogen, der sich über gut drei gespreizte Hände (am ausgestreckten Arm) zieht. Unter Andromeda und Perseus findet man die Kassiopeia, das Himmels-W, und die Giraffe.

Horizontnah steht links außen Deneb im Schwan. Drache sowie Kleiner und Großer Bär füllen den restlichen Bereich aus. Der Drache hat seine tiefste Stellung erreicht, der Große Bär hat sie bereits hinter sich. Bis auf den Schwanz und die Hintertatzen ist er wieder vollständig zu sehen.

Die Milchstraße verläuft von links unten nach rechts oben.

Sternbild Giraffe

NOVEMBER

Hoch am Himmel prangt der Perseus, der aus zwei Sternketten besteht, die bei Mirfak zusammentreffen. Links von ihm steht die Giraffe, unter ihm der Fuhrmann, dessen Hauptstern Kapella gelb leuchtet. An den Fuhrmann schließt sich das V-förmige Sternbild Stier an. Der rötliche Aldebaran markiert dessen Auge. Noch tiefer liegen die beiden Sternketten der Zwillinge, an deren linke Enden Kastor und Pollux stehen, sowie der Orion. Zu Orions Füßen kann man den Hasen erkennen.

Horizontnah fallen sofort Prokyon im Kleinen Hund und Sirius im Großen Hund auf. Das zwischen ihnen liegende Sternbild Einhorn wird angesichts dieser beiden hellen Sterne leicht übersehen.

Die Milchstraße verläuft vom Zenit bis nach Südosten.

Sternbild Taube

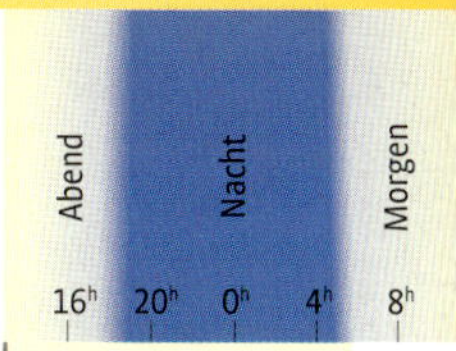

Sonnenzeiten

Auf- und Untergang

1. Nov	*6.40 – 17.26*
10. Nov	*6.49 – 17.18*
20. Nov	*6.58 – 17.12*
30. Nov	*7.08 – 17.08*

Nachtstunden

1. Nov	*18.22 – 5.44*
10. Nov	*18.15 – 5.52*
20. Nov	*18.10 – 6.00*
30. Nov	*18.07 – 6.09*

Fernglastipp Schwenkt man vom mittleren Stern der Andromeda-Sternkette nicht zur Andromeda-Galaxie, sondern in die entgegengesetzte Richtung, so trifft man auf M 33. Diese Spiralgalaxie sehen wir direkt von oben. Dazu sollten einigermaßen gute Sichtbedingungen herrschen.

NOVEMBER

Hoch am Himmel findet der Wechsel zwischen Herbst- und Wintersternbildern statt. Rechts stehen mit Andromeda, Dreieck, Widder, Fischen und Walfisch klassische Herbststernbilder. Von links drängen Stier und Orion auf die Bühne.

Horizontnah entdeckt man zuerst den funkelnden Sirius im Großen Hund. Ihm geht das kleine Sternbild Hase voraus. Der Eridanus hat nun seine günstigste Position im Süden erreicht. Er ist ein weitläufiges Sternbild, dessen hellster Stern selbst im Mittelmeerraum nie aufgeht. Ganz rechts sinkt das unscheinbare Sternbild Bildhauer wieder unter den Horizont.

Die Milchstraße ist nur ganz links zu sehen.

Sternbild Grabstichel

NOVEMBER

Hoch am Himmel ist der Perseus zusammen mit Andromeda und Kassiopeia die dominante Figur. Die Kassiopeia lässt sich nun als M oder W deuten. Links von der Andromeda fallen die beiden kleinen Sternbilder Dreieck und Widder auf. Walfisch und Fische sind dagegen nicht sehr markant. Die Andromeda steht fast senkrecht auf dem Quadrat des Pegasus. Rechts des Pegasus liegen die Sternbilder Eidechse und Kepheus.

Horizontnah geht der Wassermann nun vollends unter. Auch der Schwan behauptet sich nur noch mit seinem nördlichen Teil: Der bläulich leuchtende Deneb und die ausgebreiteten Schwingen sind noch gut zu erkennen.

Die Milchstraße verläuft vom Zenit nach Nordwesten zum Horizont.

Sternbild Bildhauer

Morgenstern *In der herbstlichen Morgendämmerung sind die beiden Planeten Merkur und Venus besonders gut vor Sonnenaufgang zu beobachten, weil sie schon relativ hoch am Himmel stehen, bevor die Sonne am Horizont auftaucht. Venus heißt dann Morgenstern.*

Abplattung: Das Verhältnis zwischen Äquator- und Poldurchmesser eines Planeten. Gasplaneten wie Jupiter sind wegen ihrer schnelleren Rotation stärker abgeplattet als Gesteinsplaneten wie die Erde.
Absolute Helligkeit: *Scheinbare Helligkeit* in 32,6 Lichtjahren Entfernung
Aphel: Der Punkt, an dem sich ein Objekt des *Sonnensystems* am weitesten von der *Sonne* entfernt hat. Siehe auch *Perihel.*
Asteroid: Ein kleiner Körper, der um die Sonne wandert und auch als Kleinplanet oder Planetoid bezeichnet wird. Die meisten Asteroiden gehören dem *Asteroidengürtel* an.
Asteroidengürtel: Ein Bereich zwischen den Umlaufbahnen des *Mars* und des *Jupiters*, in dem sich die meisten *Asteroiden* befinden.
Auflösungsvermögen: Der kleinste Winkelabstand zwischen zwei Sternen, bei denen man die beiden Sterne noch in einem Fernrohr unterscheiden kann.
Bedeckungsveränderlicher: Ein Doppelstern, dessen Komponenten sich von der Erde aus gesehen gegenseitig bedecken und die so nahe beisammen stehen, dass man sie nur als einen Stern wahrnimmt. Man sieht also, wie sich die scheinbare Helligkeit des Gesamtsystems ändert.
Bogenminute (Symbol: '): Ein Sechzigstel *Grad*
Bogensekunde (Symbol: "): Eine Sechzigstel *Bogenminute* oder 1/3600 *Grad.*
Brennweite: Der Abstand zwischen *Objektivlinse* oder *Hauptspiegel* eines *Teleskops* und dem Punkt, an dem alle Lichtstrahlen zusammentreffen (dem Brennpunkt).
Cepheiden: Eine Klasse *Veränderlicher*, die innerhalb von einigen Tagen einen sehr regelmäßigen Lichtwechsel zeigt.
Deep-Sky-Objekte: Bezeichnung amerikanischer Amateurastronomen für Beobachtungsobjekte, die keine *Sterne* sind † also *Galaxien, Sternhaufen, Planetarische Nebel* und andere *Nebel.*
Doppelstern: Zwei Sterne, die ihren gemeinsamen Massenschwerpunkt umkreisen. Siehe *Mehrfachstern.* Stehen die Sterne nur zufällig in derselben Himmelsrichtung eng beisammen, aber in ganz verschiedenen Entfernungen, spricht man von einem optischen Doppelstern.
Dunkelnebel: siehe *Nebel*
Ekliptik: Die Projektion der Erdumlaufbahn an die *Himmelskugel*, auch als *Tierkreis* bekannt.
Emissionsnebel: Siehe *Nebel*
Fernglas: Zwei kleine Fernrohre, die für eine beidäugige Beobachtung miteinander verbunden sind und ein aufrecht stehendes Bild liefern.
Fernrohr: Siehe *Teleskop*
Galaxie: Eine große Ansammlung von *Sternen*, die massereicher als ein *Kugelsternhaufen* ist und durch die Schwerkraft zusammengehalten wird. Fast alle Sterne im All gehören einer Galaxie an.
Galaxienhaufen: Gravitativ zusammengehörige Ansammlung von *Galaxien*, die meist eine Ausdehnung von einigen zehn Millionen Lichtjahren hat. Große Haufen enthalten tausende von Galaxien.
Galaxien-Superhaufen:
Siehe *Superhaufen*
Galaxis: Siehe *Milchstraßensystem*
Grad: Eine Einheit, um Winkel zu messen. Ein Kreis hat 360 Grad, ein Bogen von 90 Grad erstreckt sich beispielsweise vom *Horizont* bis zum *Zenit*. Jedes Grad wird in 60 Bogenminuten unterteilt, jede Bogenminute in 60 Bogensekunden.
Größe, Größenklasse: Astronomische Helligkeitsskala, in der die hellsten *Sterne* ungefähr erste Größe haben und die schwächsten, mit dem bloßen Auge sichtbaren Sterne ungefähr sechste Größe. Ein Unterschied von einer Größenklasse bedeutet eine Helligkeitsdifferenz um den Faktor 2,5. Sehr helle Objekte bekommen negative Helligkeiten zugewiesen: der Vollmond hat -13. Größenklasse, *Jupiter* kann -2,9 Größenklassen erreichen.
Hauptspiegel: Der große, Licht sammelnde Spiegel eines *Reflektors.*
Hauptstern: Meistens der hellste *Stern* eines *Sternbilds.*
Himmelsäquator: Projektion des Erdäquators an die *Himmelskugel*. Er unterteilt die *Himmelskugel* in zwei Hälften.
Himmelskugel: Der Nachthimmel sieht wie die Innenseite einer Kugel aus, von einem festen Standort aus wie eine Halbkugel.
Himmelspole: Die beiden Punkte, an denen die verlängerte Erdachse die Himmelskugel trifft. In der Nähe des nördlichen Himmelspols steht zufällig der Polarstern.

Horizont: Die Stelle, wo der Himmel die Erde trifft. Der ideale Horizont liegt meist tiefer als der wahre Horizont eines Beobachtungsortes, da Berge, Häuser und ähnliches die Sicht versperren.
IC: Kürzel für nicht-stellare Objekte, die in den beiden Index Catalogues stehen, die 1895 und 1908 als Ergänzung zum New General Catalog (*NGC*) veröffentlicht wurden.
Jupiter: Der fünfte und größte *Planet* des *Sonnensystems*.
Komet: Ein Objekt des *Sonnensystems* aus gefrorenen Gasen, Staub und Gestein, das sich auf einer sehr lang gestreckten Ellipsenbahn um die Sonne bewegt. Nähert sich ein Komet der *Sonne*, so bildet sich ein *Kometenschweif* aus.
Kometenschweif: Staub- und Gasteilchen, die ein Komet verliert, wenn er sich der Sonne nähert. Solche Schweife sind Millionen von Kilometer lang.
Kleinplanet: Siehe *Asteroid*
Kugelsternhaufen: Siehe *Sternhaufen*
Kuiper-Gürtel-Objekt: Gefrorene Objekte, die sich in einem Gebiet bewegen, dessen innere Grenze jenseits der Neptunbahn liegt. Wie weit sich der Kuiper-Gürtel ins All erstreckt, ist noch unbekannt. *Pluto* gehört zu diesen Objekten.
Kulmination: Zeitpunkt, zu dem ein Stern oder anderes Objekt genau im Süden (auf der Nordhalbkugel) bzw. genau im Norden (auf der Südhalbkugel) steht.
Leuchtkraft: Die tatsächliche Helligkeit eines Sterns. Die Leuchtkräfte der Sterne variieren stark: Manche sind 10 000-mal schwächer als die Sonne, während massereiche, junge Sterne eine Million Mal so hell wie die Sonne sind.
Lichtjahr: Entfernungseinheit im All. Es ist jene Entfernung, die das Licht innerhalb eines Jahres zurücklegt: 9,46 Billionen Kilometer.
Lokale Gruppe: Die Galaxiengruppe, zu der das *Milchstraßensystem* und die Andromeda-Galaxie gehören.
M: Kürzel für Objekte des Messier-Katalogs, einer Liste relativ heller *Deep-Sky-Objekte*. Der französische Kometenjäger Charles Messier stellte den Katalog im 17. Jahrhundert zusammen, damit er diese Objekte nicht mit Kometen verwechselte.
Magellansche Wolken, Große und Kleine: Zwei Begleitgalaxien des Milchstraßensystems.
Mare: (Plural: Maria) Große, dunkle Lavaebenen auf dem Mond.
Mars: Der vierte Planet des *Sonnensystems*. Er ist erdähnlich, da er auch Polkappen, Jahreszeiten und eine Atmosphäre hat. Aber er ist kleiner und kälter als die Erde, und seine Atmosphäre ist sehr viel dünner.
Masse: Die Menge der Materie in einem Objekt. Die Masse hängt direkt mit der Schwerkraft zusammen. Je größer die Masse, desto größer die Schwerkraft (auch Anziehungskraft).
Mehrfachstern: Zwei oder mehr *Sterne*, die ihren gemeinsamen Massenschwerpunkt umkreisen. Bei zwei Komponenten spricht man von einem Doppelstern.
Meridian: Eine Linie, die am Himmel von Norden nach Süden verläuft und durch den Zenit geht. Sterne und andere Himmelsobjekte stehen am höchsten, wenn sie den Meridian überqueren. Man spricht dann von *Kulmination*.
Merkur: Der sonnennächste Planet. Merkur ist klein, heiß und mit Kratern übersät.
Meteor: Kleine Brocken aus Staub, Stein oder Eis, die aus dem All in die Erdatmosphäre eindringen. Sie heißen Meteore oder Sternschnuppen, wenn sie am Himmel aufleuchten, und Meteoriten, wenn sie am Boden aufschlagen.
Milchstraße: Siehe *Milchstraßensystem*
Milchstraßensystem: Die Spiralgalaxie, zu der das *Sonnensystem* gehört, auch Galaxis genannt. Als Milchstraße bezeichnet man streng genommen dagegen nur das am Himmel sichtbare, schwache Lichtband. Wir sehen es, weil wir uns in einem Spiralarm unserer Galaxis befinden.
Mira-Stern: Eine Klasse *Veränderlicher*, deren Helligkeit einigermaßen regelmäßig um viele Größenklassen schwankt. Dieser Lichtwechsel dauert oft ein Jahr oder länger.
Mond: Im engeren Sinn der Begleiter der Erde, aber auch viele andere *Planeten* besitzen Monde.
Mondfinsternis: Der Mond wandert durch den Erdschatten. Die Finsternis ist

total, wenn der Mond vollständig im Schatten steht, ansonsten ist die Finsternis partiell.
Mondphase: Siehe *Phase*
Montierung: Das Gerät, mit dessen Hilfe man ein Teleskop auf jeden Punkt des Himmels richten kann. Sie besteht im Wesentlichen aus zwei Achsen, die senkrecht aufeinander stehen.
Nebel: Ungenauer Sammelbegriff für diffuse Fleckchen am Himmel. Emissionsnebel strahlen Energie wieder ab, die sie von nahe gelegenen Sternen bekommen haben. Dunkelnebel leuchten nicht, allerdings kann man ihre Konturen sehen. Emissionsnebel und Dunkelnebel treten oft gemeinsam auf. Reflexionsnebel sind dunkle Wolken, die von reflektiertem Sternlicht beleuchtet werden. Siehe auch *Planetarische Nebel.*
Neptun: Der achte und äußerste Planet des *Sonnensystems.*
Newton: Ein Spiegelteleskop mit einem *Hauptspiegel* am hinteren Ende und einem kleinen Fangspiegel am vorderen Ende, der das Licht aus der Röhre des Teleskops ins *Okular* lenkt. Weit verbreitetes Konstruktionsprinzip bei Amateurfernrohren.
NGC: Kürzel für nicht-stellare Objekte, die im „New General Catalogue of Nebulae and Clusters of Stars" aufgeführt sind. Das Verzeichnis wurde ursprünglich 1888 veröffentlicht und beruht auf den Arbeiten von William und John Herschel.
Nordlicht: Siehe *Polarlicht*
Objektivlinse: Die große, Licht sammelnde Linse eines *Refraktors* oder *Fernglases.*
Offener Sternhaufen: Siehe *Sternhaufen*
Okular: Kleines, optisches Bauteil, das im Brennpunkt eines *Teleskops* das dortige Bild vergrößert. Die *Vergrößerung* ergibt sich aus der *Brennweite* des Fernrohrs geteilt durch die des Okulars. Je kürzer die Brennweite eines Okulars also ist, desto höher fällt die Vergrößerung aus.
Opposition: Die Position eines *Planeten* oder eines anderen Objekts im *Sonnensystem*, wenn es von der Erde aus gesehen der Sonne genau gegenüber steht. Dann ist der Planet am besten zu beobachten.
Perihel: Der Bahnpunkt, an dem ein *Planet* oder ein anderes Objekt des *Sonnensystems* der *Sonne* am nächsten steht.
Phase: Der beleuchtete Teil eines *Planeten* oder Mondes zu einem bestimmten Zeitpunkt. Die Mondphasen sind: Neumond, erstes Viertel (zunehmender Halbmond), Vollmond, letztes Viertel (abnehmender Halbmond).
Planet: Ein astronomisches Objekt, das einen *Stern* umkreist. Es hat weniger Masse als ein Stern, aber mehr als *Zwergplaneten, Asteroiden, Kometen* oder *Kuiper-Gürtel-Objekte.*
Planetarischer Nebel: Eine leuchtende Gashülle, die ein *Stern* gegen Ende seines Lebens ausgestoßen hat. Der Name leitet sich aus der runden Form beim Anblick im Fernrohr ab.
Planetensystem: Alle Planeten, die aufgrund der Schwerkraft um einen *Stern* kreisen. Im engeren Sinne ist es unser Sonnensystem, zu dem neben den Planeten auch *Asteroiden, Kometen* und *Kuiper-Gürtel-Objekte* gehören.
Planetoid: Siehe *Asteroid*
Pluto: Ein mit Eis überzogenes Objekt, das die *Sonne* auf einer Bahn umkreist, die die Neptunbahn kreuzt. Offiziell gehört Pluto seit 2006 zu den *Zwergplaneten.*
Polarlicht: Ein Leuchten in der Atmosphäre in großer Höhe, das durch Teilchen entsteht, die von der Sonne stammen und dann im irdischen Magnetfeld gefangen werden. Dort treten sie mit Atomen und Molekülen der Lufthülle in Wechselwirkung. Auf der Nordhalbkugel heißt das Polarlicht auch Nordlicht, auf der Südhalbkugel entsprechend Südlicht.
Protuberanz: Eine Eruption heißen Gases auf der Sonnenoberfläche.
R-Coronae-Borealis-Sterne: Eine Klasse *Veränderlicher*, die von Zeit zu Zeit innerhalb von einigen Tagen drastisch lichtschwächer werden, um dann wieder langsam ihre Ausgangshelligkeit zu erreichen.
Reflektor: Siehe *Teleskop*
Reflexionsnebel: Siehe *Nebel*
Refraktor: Siehe *Teleskop*
Saturn: Der sechste Planet des Sonnensystems, der etwas kleiner als Jupiter ist. Saturns Ring ist bereits mit kleinen Fernrohren zu sehen.

Scheinbare Helligkeit: Siehe *Größenklasse*
Schmidt-Cassegrain: Ein Spiegelteleskop mit einem gefalteten Strahlengang und einer Korrekturlinse am vorderen Ende des Fernrohrs. Weit verbreitetes Konstruktionsprinzip bei Amateurfernrohren.
Sirius: *Hauptstern* des *Sternbilds* Großer Hund und hellster *Stern* des Himmels.
Sonne: Der *Stern*, den die Erde umkreist.
Sonnenfinsternis: Steht der Mond zwischen Sonne und Erde, trifft sein Schatten gelegentlichen einen kleinen Teil der Erdoberfläche. Im zentralen Teil des Schattens ist die Finsternis total, der Mond bedeckt die Sonnenscheibe also vollständig. Die Beobachter direkt außerhalb dieser Totalitätszone sehen eine partielle Finsternis.
Sonnenfleck: Ein vergleichsweise dunkler, kühler Bereich auf der sichtbaren Sonnenoberfläche. Mit einem geeigneten Filter sind Sonnenflecken bereits mit dem bloßen Auge oder einem kleinen Teleskop sichtbar.
Sonnenprotuberanz: Siehe *Protuberanz*
Sonnensystem: Siehe *Planetensystem*
Stern: Eine Gaskugel mit genügend Masse, um im Kern eine Kernreaktion aufrechtzuerhalten. Der nächste Stern ist unsere Sonne.
Sternbild: Jene 88 Bereiche, in die der Himmel eingeteilt ist. Ursprünglich waren es nur die Fantasiefiguren, zu denen die Menschen manche Sterne am Himmel zusammengefasst hatten.
Sternhaufen: Eine aufgrund der Schwerkraft zusammengehörige Sterngruppe. Kugelsternhaufen sind groß, massereich und alt. Offene Sternhaufen sind kleiner, weniger dicht bevölkert und meistens jünger.
Sternschnuppe: Ein *Meteor*
Südlicht: Siehe *Polarlicht*
Superhaufen: Eine Ansammlung von tausenden *Galaxien*, die eine typische Ausdehnung von 150 bis 300 Millionen Lichtjahre hat und mehr als hundert Galaxienhaufen enthält.
Supernova: Ein explodierender Stern. Supernovae sind oft so hell wie alle Sterne einer *Galaxie* zusammen.
Gebundene Rotation: Der Erdmond rotiert so schnell um seine Achse, wie er auch die Erde umrundet. Dadurch kehrt er uns immer dieselbe Seite zu. Andere Monde des *Sonnensystems* rotieren ebenfalls gebunden.
Teleskop: Ein Gerät, das Licht sammelt und in einem Brennpunkt vereint. Ein Fernrohr, das einen Hauptspiegel als Objektiv verwendet heißt Reflektor oder Spiegelteleskop. Ein Fernrohr, das eine Linse verwendet heißt Refraktor oder Linsenteleskop.
Tierkreis: Der Bereich, in dem die Planeten sich am irdischen Himmel bewegen, also die Ekliptik. Der Name Tierkreis erklärt sich aus der Tatsache, dass die meisten Sternbilder entlang der Ekliptik Tierfiguren darstellen, nämlich Steinbock, Fische, Widder, Stier, Krebs, Löwe, Skorpion und – zur Hälfte – der Schütze.
Venus: Der zweite Planet des Sonnensystems. Venus ist fast ein Zwilling der Erde im Hinblick auf Größe und Masse, aber sehr viel heißer und mit einer dichteren Atmosphäre.
Veränderlicher: Ein *Stern*, dessen Helligkeit schwankt.
Vergrößerung: Die Teleskopbrennweite geteilt durch die Okularbrennweite ergibt die Vergrößerung. Es existiert fur jedes Gerät eine sinnvolle Obergrenze bei der Vergrößerung.
Weißer Zwerg: Ein Stern am Ende seiner Entwicklung. Auch die Sonne wird als Weißer Zwerg enden.
Zenit: Der senkrecht über einem Beobachter stehende Punkt am Himmel.
Zentrallinie: Bei einer *Sonnenfinsternis* der Bereich des Mondschattens auf der Erde, in dem die Sonne total verfinstert ist.
Zirkumpolar: Das ganze Jahr über zu sehen. Gewisse Sterne und Deep-Sky-Objekte in der Nähe des Himmelspols gehen für eine bestimmte geografische Breite niemals unter.
Zodiakallicht: An Staubteilchen gestreutes Sonnenlicht, das in dunklen Nächten als ein Lichtkegel entlang der *Ekliptik* zu sehen ist.
Zwergplanet: Seit dem Jahr 2006 ein neue Klasse von Objekten des Sonnensystems, zu der *Pluto*, Ceres (der größte *Asteroid*) und Eris (das bislang größte entdeckte *Kuiper Gürtel-Objekt*) gehören.

Zum Weiterlesen und Weiterklicken

Lesetipps

Celnik, W.: *Kosmos Himmelspraxis*, Kosmos-Verlag, Stuttgart
Für aktive Beobachter mit Praxistipps

Keller, H.-U.: *Das Kosmos Himmelsjahr,* Kosmos-Verlag, Stuttgart
Das beliebteste Jahrbuch für Hobby-Astronomen

Emmerich, M./Melchert, S.: *Astronomie,* Kosmos-Verlag, Stuttgart, 2005
Umfassendes Einsteigerlesebuch für wenig Geld

Feitzinger, J.V.: *Galaxien und Kosmologie,* Kosmos-Verlag, Stuttgart, 2006
Der Bauplan unseres Universums

Garlick, M.: *Der große Atlas des Universums,* Kosmos-Verlag, Stuttgart, 2006
Große Enzyklopädie plus CD-ROM

Hahn, H.-M.: *Was tut sich am Himmel,* Kosmos-Verlag, Stuttgart
Das Pocketjahrbuch für Einsteiger

Hahn, H.-M.: *Unser Sonnensystem,* Kosmos-Verlag, Stuttgart, 2004
Sonne und Planeten im Fokus der Forschung

Hamel, J.: *Meilensteine der Astronomie,* Kosmos-Verlag, Stuttgart, 2006
Große Entdeckungen und Persönlichkeiten der Astronomie

Herrmann, D.B.: *Die große Kosmos Himmelskunde,* Kosmos-Verlag, Stuttgart, 2007
Einführung in die Astronomie; mit Animationen auf DVD

Herrmann, D.B.: *Die Milchstraße,* Kosmos-Verlag, Stuttgart, 2003
Sterne, Nebel und Sternsysteme der Milchstraße im Fokus

Keller, H.-U.: *Wörterbuch der Astronomie*, Kosmos-Verlag, Stuttgart, 2005
Das Lexikon für Einsteiger

Keller, H.-U.: *Astrowissen,* Kosmos-Verlag, Stuttgart, 2004
Umfassendes Grund- und Nachschlagewerk zugleich

Schilling, G.: *Das Kosmos-Buch der Astronomie,* Kosmos-Verlag, Stuttgart, 2003
Leicht verständliches Basiswissen

Schittenhelm, K.-M..: *Sterne finden ganz einfach,* Kosmos-Verlag, Stuttgart, 2005
Die schönsten Sternbilder für Einsteiger

Seip, S.: *Astrofotografie Digital*, Kosmos-Verlag, Stuttgart, 2006
Den Sternenhimmel selbst fotografieren

Vogel, M.: *Der Kosmos-Sternführer für unterwegs,* Kosmos-Verlag, Stuttgart, 2006
Praktischer Sternführer für die Jackentasche

Sternkarten und Sternatlanten

Dunlop, S., Tirion, W.: *Polaris – Drehbare Sternkarte,* Kosmos-Verlag, Stuttgart, 2003
Große drehbare Sternkarte für Hobby-Astronomen

Dunlop, S., Tirion, W.: *Der Kosmos-Atlas Sterne und Planeten,* Kosmos-Verlag, Stuttgart, 2005; Umfangreicher Himmelsatlas mit großen Sternkarten

Hahn, H.-M., Weiland, G.: *Drehbare Kosmos-Sternkarte,* Kosmos-Verlag, Stuttgart, 2007; Die Neuausgabe des Klassikers – über 500.000-mal verkauft

Hahn, H.-M., Weiland, G.: *Drehbare Mini-Sternkarte,* Kosmos-Verlag, Stuttgart, 2002
Praktische drehbare Sternkarte für die Jackentasche

Hahn, H.-M., Weiland, G.: *Sternkarte für Einsteiger,* Kosmos-Verlag, Stuttgart, 2006
Zum Auffinden der wichtigsten Sternbilder

Hahn, H.-M., Weiland, G.: *Nachtleuchtende Sternkarte für Einsteiger,* Stuttgart, 1999
Mit leuchtenden Sternen – auch für Kinder geeignet

Karkoschka, E.: *Atlas für Himmelsbeobachter,* Kosmos-Verlag, Stuttgart, 2004
Das beste Buch zur Beobachtung mit Fernglas und Fernrohr

Ridpath, I., Tirion, W.: *Der Kosmos Himmelsführer,* Kosmos-Verlag, Stuttgart, 2002
Ausführliche Informationen zu allen Sternbildern

Zeitschriften

Astronomie heute, Spektrum der Wissenschaft Verlagsgesellschaft, Heidelberg
Ein modernes Magazin für Einsteiger
Astronomie und Raumfahrt im Unterricht, Erhard Friedrich Verlag, Seelze
Astronomie-Zeitschrift für Lehrer und Schüler
Interstellarum, Oculum-Verlag, Erlangen
Zeitschrift für beobachtende Hobby-Astronomen
Sterne und Weltraum, Spektrum der Wissenschaft Verlagsgesellschaft Heidelberg
Fachzeitschrift für Astronomie

Astronomie im Internet

http://www.astrolink.de Aktuelle Infos über den Weltraum
http://www.astronomie.de Das große Astronomie-Portal in Deutschland
http://antwrp.gsfc.nasa.gov Das Astrofoto des Tages
http://www.esa.int Die europäische Raumfahrt-Agentur ESA
http://www.eso.org Die europäische Südsternwarte ESO
http://www.jpl.nasa.gov Die Planetensonden der NASA
http://www.heavens-above.com Infos über Sichtbarkeit von Satelliten
http://hubblesite.org Das Neueste vom Hubble-Weltraumteleskop
http://www.vds-astro.de Die Homepage der Vereinigung der Sternfreunde

Teleskope und Astronomie-Zubehör

Astrocom GmbH
Frauenhofstraße 14, 82152 Martinsried
www.astrocom.de
Baader Planetarium GmbH
Zur Sternwarte, 82291 Mammendorf
www.baader-planetarium.de
Fernrohrland
Max-Planck-Straße 28, 70736 Fellbach
www.fernrohrland.de
Intercon Spacetec
Gablinger Weg 9, 86154 Augsburg
www.intercon-spacetec.de
Meade Europe GmbH
Gutenbergstraße 2, 46414 Rhede
www.meade.de
OSDV GmbH
Herbert-Wehner-Straße 1, 59174 Kamen
www.osdv.de
Teleskop-Service
Keferloher Marktstraße 19c, 85640 Putzbrunn
www.teleskop-service.de

Astronomische Vereinigungen

Vereinigung der Sternfreunde e.V.
Am Tonwerk 6, 64646 Heppenheim
www.vds-astro.de
Österreichischer Astronomischer Verein
Baumgartenstraße 23/4, 1140 Wien
Schweizerische Astronomische Gesellschaft
Gristenbühl 13, 9315 Neukirch
www.astronomie.ch/sag

Stichwortregister

Zeichnungen
Alle Sternkarten und Illustrationen von Gerhard Weiland/Kosmos nach Vorlagen von Sven Melchert/Kosmos.

Fotografien
Abkürzungen zur Position der Fotografien auf den jeweiligen Seiten: o = oben; m = Mitte; u = unten; oli = oben links; ore = oben rechts; mli = Mitte links; mre = Mitte rechts; uli = unten links; ure = unten rechts

2MASS: 75mre, 77mre; **Capella Observatory (www.capella-observatory.com):** 90mre, 156mli, 157m; **Werner E. Celnik:** 16o, 16u, 27o, 32mli; **Stefan Binnewies/Jens Moser:** 8u; **Chandra/NASA:** 35mre; **Digitized Sky Survey:** 14m, 32o, 43u, 46u, 55o, 59m, 70ure, 74mli, 78mli, 93u, 95ore, 99u, 102ore, 102mli, 106oli, 107mre, 108m, 109u, 113ore, 117u, 118mli, 120mli, 125u, 131m, 133oli, 135oli, 138ore, 139u, 145o, 149u, 152ore, 153ore, 153ure, 155u, 162m, 163m, 167mre; **Mark Emmerich/Sven Melchert:** 9o, 15m, 33mre, 35o, 37u, 57u, 66mli, 70uli, 74u, 83u, 92m, 98m, 128m, 138mli, 151m, 154mli, 166m, 177, 200, 241; **European Southern Observatory (ESO):** 34uli, 34ure, 42u, 48o, 68m, 68u, 85ore, 89oli, 99o, 147m; **Bernd Flach-Wilken/Volker Wendel (www.spiegelteam.de):** 54o, 58m, 68mli, 73o, 84ore, 85u, 96 (beide), 104o, 15u, 110m, 115u, 120mre, 124 (beide), 126m, 127u, 135mre, 142ore, 144ore, 158 (beide); **Martin Gertz/Sternwarte Welzheim:** 10o, 15mli, 16mre, 20o, 20m, 27m, 28uli, 213; **Walter Gröning:** 64o, 65u, 81o; **Hubble-Weltraumteleskop NASA/ESA:** 14o, 23m, 24o, 26m, 29o, 29m, 30o, 30m, 31o, 31m (beide), 31 u (beide), 33mli, 34mli, 36 alle, 37o, 40ure, 45o, 45u, 46o, 48mli, 58o, 61m, 72mli, 74u, 75u, 79mre, 82o, 86m, 89mre, 92ore, 97re, 107ore, 112ore, 122mli, 122mre, 154ore, 156ore, 162ore, 164m, 165m; **Bernhard Hubl:** 70o, 123u, 150o; **JPL/NASA:** 18o, 18m, 19o, 19m, 21o, 21m, 22o, 22m, 23o, 24m, 25o, 25m, 25u, 26o, 26u, 27u; **Meade Europe:** 16 alle, 17o, 17m, 28ure, 31mre; **Axel Mellinger:** 54u, 81 ure, 119mre, 128o, 167u; **Stephan Messner:** 115mre; **NOAO:** 32mre, 32u, 33o, 34o, 34m, 37mli, 37mre, 44u, 50-51 (alle), 52m, 57m, 58uli, 59u, 62m, 64u, 66mre, 72u, 74mli, 82u, 90ore, 104m, 106ore, 111u, 116ore, 116mli, 120ore, 126mli, 129u, 136 (alle), 140mli, 141 (beide), 142m, 143u, 144m, 146m, 148mli, 148u, 172, 176, 180, 181, 184, 188, 192, 196, 204, 208, 216, 217, 220, 221, 224, 232, 236, 240; **Christopher J. Picking:** 118ore; **Andreas Roerig:** 103o; **Thomas Seliger:** 197; **SOHO/NASA:** 28o, 28m; **Stefan Seip (www.astromeeting.de):** 8o, 13o, 13m, 18u-19u, 38-39, 40m, 185, 193, 205, 212, 233; **Universität Montreal/OPIOMM:** 49o; **Peter Wienerroither:** 237.

Autor

Journalismus ist sein Beruf, Astronomie sein Hobby: Der Diplomphysiker Michael Vogel hat schon vielen Astro-Neulingen die Sterne näher gebracht. Er ist einer der beiden Initiatoren der Robert-Mayer-Volks- und Schulsternwarte in Heilbronn und war lange Jahre deren Erster Vorsitzender. Nach seinem Studium der Physik und Astronomie in Heidelberg arbeitete er als Redakteur für verschiedene Fachpublikationen und die Stuttgarter Zeitung. Seit 2003 ist er als freier Journalist, Übersetzer und Buchautor tätig. Michael Vogel ist verheiratet, hat zwei Kinder und lebt zusammen mit seiner Familie in Bietigheim-Bissingen bei Stuttgart.

Impressum

Mit 323 Farb- und Schwarzweißfotos (Bildnachweis S. 253) und 504 farbigen Illustrationen von Gerhard Weiland/Kosmos. Das Foto auf Seite 2 zeigt das Sternbild Orion; das Foto auf Seite 6-7 zeigt eine Abendszene vor dem Observatorium Calar Alto in Südspanien; das Foto auf Seite 38-39 zeigt die Milchstraße in Richtung der Sternbilder Schütze/Skorpion, und das Foto auf Seite 168-169 zeigt eine Strichspuraufnahme des Wintersternhimmels.

Umschlaggestaltung von eStudio Calamar unter Verwendung einer Illustration von Shigemi Numazawa/Bildagentur Astrofoto

Bibliografische Information Der Deutschen Nationalbibliothek:
Die Deutsche Nationalbibliothek verzeichnet diese Publikation in der Deutschen Nationalbibliografie; detaillierte bibliografische Daten sind im Internet über http://dnb.ddb.de abrufbar.

Gedruckt auf chlorfrei gebleichtem Papier

ISBN: 978-3-440-10889-5
Redaktion: Sven Melchert
Produktion: Markus Schärtlein
Grundlayout: eStudio Calamar
Printed in Italy/Imprimé en Italie